21世纪全国高职高专建筑设计专业技能型规划教材

建筑装饰设计

主　编　杨丽君
副主编　孙来忠　王　琼
　　　　冷春丽
主　审　田树涛

内容简介

本书是为适应高职教育教学改革要求，组织多年从事建筑设计专业理论教学工作和具有相关设计工程实践的教师而编写的。

本书共有9章，主要包括室内设计的含义、发展和基本观点，装饰设计概述，室内家具与陈设，室内空间组织和界面处理，家装空间装饰设计，公装空间装饰设计，室内装饰设计的创造性思维，室内装饰的绿化和生态设计，室外装饰设计等内容。本书理论简明扼要，突出重点，并切实结合相关工程案例，通过专题的解析模式，培养学生的方案设计能力。

本书可作为高职高专建筑装饰设计工程技术、室内设计工程技术、装饰艺术设计等专业的教学用书，也可作为相关设计人员的岗位培训教材、参考书或自学教材。

图书在版编目(CIP)数据

建筑装饰设计/杨丽君主编. —北京：北京大学出版社，2012.2
(21世纪全国高职高专建筑设计专业技能型规划教材)
ISBN 978-7-301-20022-3

I. ①建… II. ①杨… III. ①建筑装饰—建筑设计—高等职业教育—教材 IV. ①TU238

中国版本图书馆 CIP 数据核字(2011)第281175号

书　　　　名：	建筑装饰设计
著作责任者：	杨丽君　主编
策 划 编 辑：	赖　青　张永见
责 任 编 辑：	刘健军
标 准 书 号：	ISBN 978-7-301-20022-3/TU · 0214
出　版　者：	北京大学出版社
地　　　　址：	北京市海淀区成府路205号　100871
网　　　　址：	http://www.pup.cn　http://www.pup6.cn
电　　　　话：	邮购部 62752015　发行部 62750672　编辑部 62750667　出版部 62754962
电 子 邮 箱：	pup_6@163.com
印　刷　者：	北京富生印刷厂
发　行　者：	北京大学出版社
经　销　者：	新华书店
	787mm×1092mm　16 开本　19.75 印张　465 千字
	2012 年 2 月第 1 版　2012 年 2 月第 1 次印刷
定　　　　价：	36.00 元

未经许可，不得以任何方式复制或抄袭本书之部分或全部内容。
版权所有　侵权必究　　举报电话：010-62752024
电子邮箱：fd@pup.pku.edu.cn

前 言

教材建设是高等职业院校基本建设的主要工作之一,是教学内容改革的重要基础,高职院校都十分重视教材建设。本书正是在这样的背景下,为适应高职院校教学改革的要求而编写的。

本书共有9章,主要包括室内设计的含义、发展和基本观点,装饰设计概述,室内家具与陈设,室内空间组织和界面处理,家装空间装饰设计,公装空间装饰设计,室内装饰设计的创造性思维,室内装饰的绿化和生态设计,室外装饰设计等内容。

本书在编写中力求体现以下特点。

(1) 概念准确清楚,理论简明扼要,突出重点,体现理论的连贯性和实用性。

(2) 切实结合相关工程案例,使广大读者更深刻地理解专业理论知识,更好地去指导工程实践。

(3) 通过专题的解析模式,着重培养方案设计能力,全面把握设计中的重点和思路。

本书建议学时70课时,详见下表。任课教师可按实际情况做出调整。

教学单元	课程内容	学时分配		
		总学时	理论教学	实践教学
第1章	室内设计的含义、发展和基本观点	4	4	
第2章	装饰设计概述	8	6	2
第3章	室内家具与陈设	4	4	
第4章	室内空间组织和界面处理	10	8	2
第5章	家装空间装饰设计	12	8	4
第6章	公装空间装饰设计	16	12	4
第7章	室内装饰设计的创造性思维	4	4	
第8章	室内装饰的绿化和生态设计	4	4	
第9章	室外装饰设计	8	4	4
	合计	70	54	16

本书编者具有丰富的设计专业理论教学经验和设计工程实践经验。本书由甘肃建筑职业技术学院杨丽君任主编,甘肃建筑职业技术学院孙来忠、黑龙江生态工程职业学院王琼、哈尔滨铁道职业技术学院冷春丽任副主编,甘肃建筑职业技术学院田树涛任主审。具

体编写分工如下：杨丽君编写第1章，王琼编写第2章，冷春丽编写第3章，孙来忠编写第4~9章。

  本书在编写过程中得到了许多同行和专家的大力支持和帮助，在此表示衷心的感谢！

  本书附有家装空间、展示空间、办公空间、餐饮空间、娱乐空间、商业空间等6套装饰设计套图，有需要的读者可登录www.pup6.cn下载。

  由于编者水平有限，本书难免存在不妥之处，敬请读者批评指正。

编 者

2011年9月

目 录

第1章 室内设计的含义、发展和基本观点 ………………………………… 1
  1.1 室内设计的含义 ……………………… 3
  1.2 室内设计的发展 ……………………… 4
  1.3 室内设计的基本观点 ………………… 10

第2章 装饰设计概述 …………………………… 19
  2.1 概述 …………………………………… 20
  2.2 室内设计的内容、分类和方法步骤 …… 21
  2.3 室内设计风格欣赏 …………………… 25
  2.4 室内装饰设计的内容和要点 ………… 38
  2.5 室内设计的依据、要求和特点 ……… 41

第3章 室内家具与陈设 ………………………… 47
  3.1 家具的发展 …………………………… 48
  3.2 家具的尺度与分类 …………………… 58
  3.3 家具在室内环境中的作用 …………… 61
  3.4 家具的选用和布置原则 ……………… 62
  3.5 室内陈设及其布置原则 ……………… 64

第4章 室内空间组织和界面处理 ……………… 71
  4.1 室内空间 ……………………………… 72
  4.2 室内界面处理 ………………………… 79
  4.3 室内设计的艺术规律 ………………… 81
  4.4 室内设计美学的原则 ………………… 102
  4.5 室内设计常用尺寸 …………………… 105

第5章 家装空间装饰设计 ……………………… 111
  5.1 生活空间的基本概念及发展 ………… 112
  5.2 室内设计的内容 ……………………… 116
  5.3 生活空间的设计 ……………………… 119
  5.4 生活空间组织与界面及处理 ………… 137

第6章 公装空间装饰设计 ……………………… 147
  6.1 专题一：商业空间室内设计 ………… 148
  6.2 专题二：办公建筑室内设计 ………… 155
  6.3 专题三：餐饮空间设计 ……………… 170
  6.4 专题四：现代商业空间展示设计 …… 188
  6.5 专题五：商业购物空间设计 ………… 199
  6.6 专题六：展示空间设计 ……………… 210
  6.7 专题七：旅游建筑、宾馆大堂设计 …… 215
  6.8 专题八：文化场馆、博览建筑设计 …… 224

第7章 室内装饰设计的创造性思维 …………… 251
  7.1 创造性思维的形式 …………………… 252
  7.2 环境心理学与室内装饰设计 ………… 255
  7.3 室内采光与照明 ……………………… 258
  7.4 室内采光部位与照明方式 …………… 260
  7.5 室内照明作用与艺术效果 …………… 264
  7.6 色彩搭配技巧 ………………………… 267

第8章 室内装饰的绿化和生态设计 …………… 269
  8.1 室内绿化 ……………………………… 270
  8.2 室内装饰的生态设计 ………………… 280

第9章 室外装饰设计 …………………………… 289
  9.1 概述 …………………………………… 290
  9.2 室外装饰设计的历史概况 …………… 293
  9.3 室外装饰设计与环境 ………………… 297
  9.4 建筑立面装饰设计 …………………… 300
  9.5 室外装饰的局部设计 ………………… 301
  9.6 店面装饰设计 ………………………… 303

参考文献 ………………………………………… 308

第 1 章
室内设计的含义、发展和基本观点

学习目标

通过本章的学习，应对建筑装饰设计的含义等基础知识有所认识，熟悉国内外建筑装饰设计的发展过程，掌握建筑装饰设计的基本设计观点。

学习要求

能力目标	知识要点	相关知识	权重
理解能力	建筑装饰设计的基本含义、装饰设计的发展过程	(1) 建筑装饰设计的含义 (2) 国内外的发展	40%
掌握能力	建筑装饰设计的基本设计观点	(1) 以满足人和人际活动的需要为核心 (2) 加强环境的整体观	60%

【引例】

安藤忠雄的建筑作品大量使用裸露的混凝土材料，建筑造型多为简单的几何形体，墙面光滑干净，不加装饰，但由此构成的内部空间却变化丰富，给人以意想不到的效果。安藤忠雄在设计中着意将自然界的多种要素如光、影、风、雨、草、木、水流等引入建筑之中，给建筑物带来生机和诗意。水之教堂如图1.1所示。

图1.1　水之教堂

墙的意愿：

"在建筑的墙体中，有的是侵入性的，有的是抵御性的。换言之，它们既可能是暴突的，也可能是拒绝的……在邀入的时候必定拒绝，在拒绝的时候必定邀入。它们表现的是一种建筑的反叛。"

如图1.2所示，风之教堂中，除了主体的围合外，墙的意图显得比较被动——作为限定，温和地回归其原本的作为。至于反叛之心则在光之教堂(图1.3)的空间形式上发挥得淋漓尽致。

图1.2　风之教堂

光的个性：

光与风，如同细语着韵律与和谐；光与水，在镜像中碰触光的形态；光与黑暗，则像一柄利刃撕裂虚无。光的本身不存在个性，只是在运用中作为某种自然现象的附属，但有趣的是它总能很讨巧地抓住人的心理变化。如图1.3所示的光之教堂。

图1.3　光之教堂

力场：

意味着人工环境和自然的融合。

"在一个场地中，建筑试图去控制空无，而空无同时也在控制建筑。如果一个建筑想要获得自律和特性，不仅是建筑，空无本身也应具有自身的逻辑。"

第1章 室内设计的含义、发展和基本观点

1.1 室内设计的含义

1.1.1 含义

室内设计是根据建筑物的使用性质，所处的环境和相应的标准，运用物质技术手段和美学原理，创造功能合理、舒适优美、满足人们物质和精神生活需要的空间环境。客厅如图1.4所示。

图1.4 客厅

1.1.2 室内装饰、装修和设计

1．室内装饰或装潢

装饰和装潢原意是指器物或商品外表的修饰，是着重从外表的视觉艺术的角度来探讨和研究问题，例如对室内地面、墙面等各界面的处理。

2．室内装修

室内装修着重于工程技术、施工工艺和构造做法等方面，主要是指土建工程施工完成以后，对室内各个界面、门窗、隔断等最终的装修工程。

3．室内设计

室内设计是综合的室内环境设计，它既包括视觉环境和工程技术方面的问题，也包括声、光、热等物质环境，以及氛围、意境等心理环境和文化内涵等内容。

也就是说，无论室内装饰、装修，指的都是具体的施工制作过程，而室内设计则是对前者的策划指导。

1.2 室内设计的发展

现代室内设计是一门新兴的学科。但是人们有意识地对自己的生活、生产活动的室内进行安排布置，甚至美化装饰，并且赋予室内环境以所祈许的气氛，却早已从人类文明的伊始时期就存在了。

1.2.1 国内室内设计发展

如图1.5所示，原始社会西安半坡村的方形、圆形居住空间，已考虑按使用需要将室内做出分割，使入口和火坑的位置布置合理。方形居住空间近门的火坑安排有进风的浅槽，圆形的居住空间入口两侧也设置了起引导气流作用的短墙。

早在原始氏族社会的居室里，已经有人工做成的平整光洁的石灰质地面，新石器时代的居室遗址里，还留有修饰精细、坚硬美观的红色烧土地面。即使是原始人穴居的洞窟里，壁面上也已绘有兽形和围猎的图形。也就是说，在人类建筑活动的初始阶段，人们就已经开始对"使用和氛围"、"物质和精神"两方面的功能同时给予了关注。

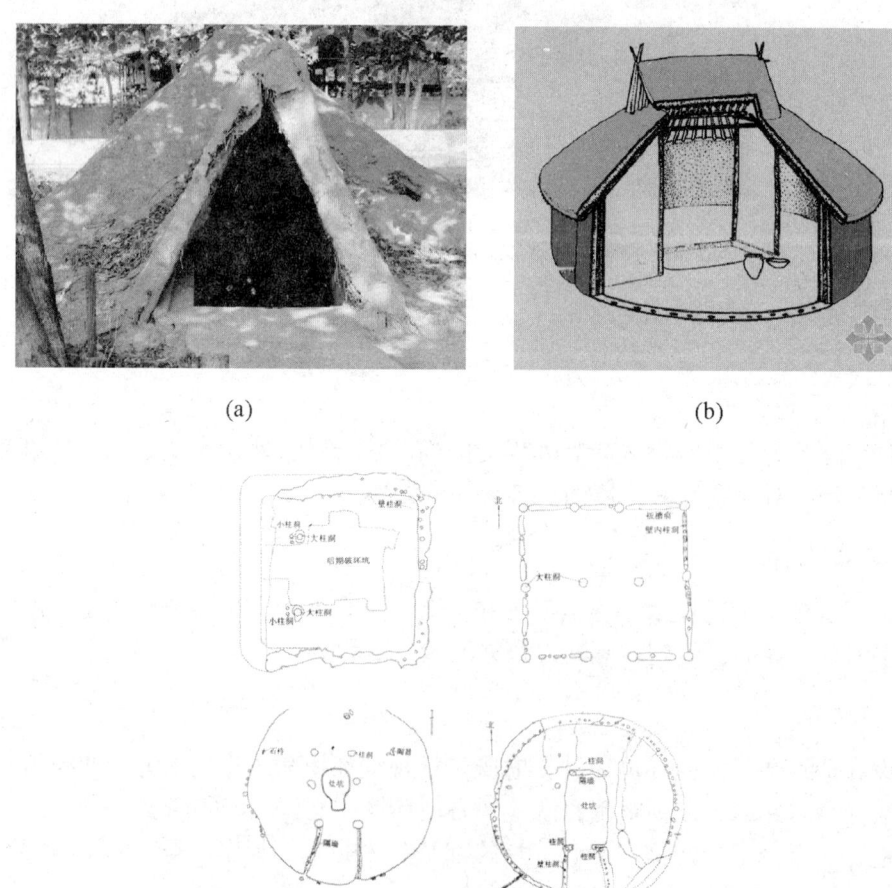

图1.5 西安半坡村居住空间

商朝的宫室从出土遗址显示，建筑空间秩序井然，严谨规正，宫室里装饰着朱彩木料，雕饰白石，柱下置有云雷纹的铜盘。秦时的阿房宫和西汉的未央宫，虽然宫室建筑已荡然无存，但从文献的记载，从出土的瓦当、器皿等实物的制作，以及从墓室石刻精美的窗棂、栏杆的装饰纹样来看，毋庸置疑，当时的室内装饰已经相当精细和华丽了。

春秋时期思想家老子在《道德经》中提出："凿户牖以为室，当其无，有室之用。故有之以为利，无之以为用。"形象生动地论述了"有"与"无"、围护与空间的辩证关系，也提示了室内空间的围合、组织和利用是建筑室内设计的核心问题。同时，从老子朴素的辩证法思想来看，"有"与"无"也是相互依存，不可分割的。

室内设计与建筑装饰紧密地联系在一起，对建筑装饰纹样的运用也正说明了人们对生活环境、精神功能方面的需求。

在历代的文献《考工记》、《梓人传》、《营造法式》以及计成的《园冶》中，均有涉及室内设计的内容。

清代名人笠翁李渔对我国传统建筑室内设计的构思立意，对室内装修的要领和做法，有极为深刻的见解。在专著《一家言居室器玩部》的居室篇中李渔论述："盖居室之前，贵精不贵丽，贵新奇大雅，不贵纤巧烂漫"，"窗棂以明透为先，栏杆以玲珑为主，然此皆属第二义，其首重者，止在一字之坚，坚而后论工拙"，对室内设计和装修的构思立意有独到和精辟的见解。

我国各类民居，如北京的四合院、四川的山地住宅、云南的"一颗印"(图1.6)、傣族的干阑式住宅(图1.7)、故宫太和殿(图1.8)、苏州万卷堂(图1.9)以及上海的里弄建筑等，在体现地域文化的建筑形体和室内空间组织，在建筑装饰的设计与制作，等等许多方面，都有极为宝贵的可供借鉴的成果。

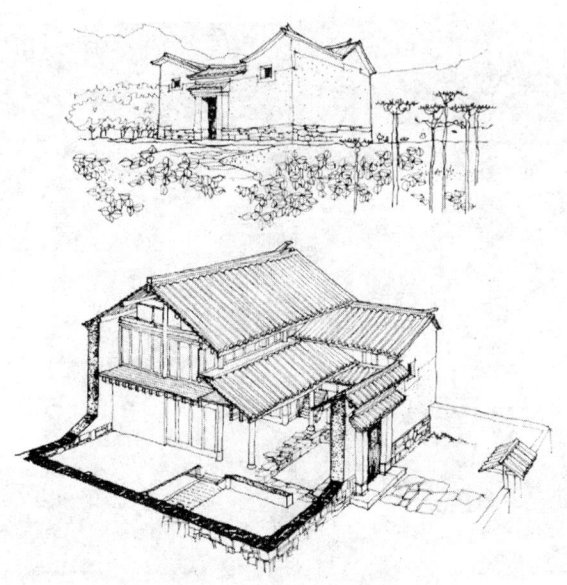

图1.6 云南"一颗印"

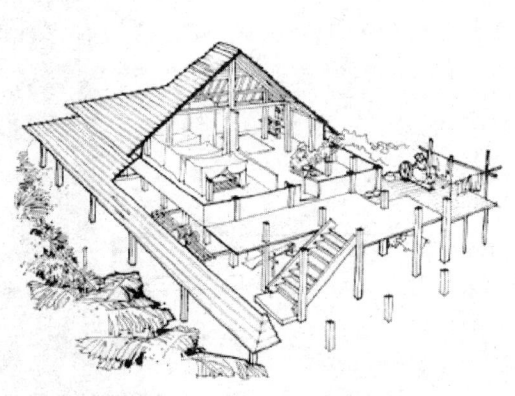

图1.7 傣族干阑式住宅

始建于公元1420年，公元1625年重建。面阔10间，进深5间，室内面积达2 370m2，是紫禁城外朝部分第一大殿，在柱子、枋、斗拱和天花板上布满了金龙装饰，令人仿佛进入了龙的世界。

图1.8　故宫太和殿

堂内木作装修，梁柱门窗、家具字画甚至悬挂在梁上的灯笼都做对称摆设，使人产生有条不紊、井然有序的感觉，充满庄重、不求华丽的中国风格，是清代江南文人园林室内装饰的典型代表。

图1.9　苏州万卷堂

1.2.2　国外室内设计发展

公元前古埃及贵族宅邸的遗址中，抹灰墙上绘有彩色竖直条纹，地上铺有草编织物，配有各类家具和生活用品。古埃及卡纳克的阿蒙神庙，庙前雕塑及庙内石柱的装饰纹样均极为精美，神庙大柱厅内硕大的石柱群和极为压抑的厅内空间，正是符合古埃及神庙所需的森严神秘的室内氛围，是神庙的精神功能所需要的。

古希腊和罗马在建筑艺术和室内装饰方面已发展到很高的水平。古希腊雅典卫城帕提隆神庙的柱廊，起到室内外空间过渡的作用，精心推敲的尺度、比例和石材性能的合理运用，形成了梁、柱、枋的构成体系和具有个性的各类柱式。古罗马庞贝城的遗址中，从贵族宅邸室内墙面的壁饰，铺地的大理石地面，以及家具、灯饰等加工制作的精细程度来看，当时的室内装饰已相当成熟。罗马万神庙室内高旷的、具有公众聚会特征的拱形空间，是当今公共建筑内中庭设置最早的原型。图1.10~图1.12给出了几种具有代表性的建筑。

欧洲中世纪和文艺复兴以来，哥特式(图1.13)、古典式、巴洛克和洛可可等风格的各类建筑及其室内均日臻完美，艺术风格更趋成熟，历代优美的装饰风格和手法，至今仍是人们创作时可供借鉴的源泉。

建于公元1世纪，整个家庭设计得严谨而大方，气度从容，充分反映出罗马市民在日常生活中的精神状态。

图 1.10　罗马家居

图1.11 凡尔赛太子寝宫

建于公元1661—1756年，位于法国巴黎。集中体现了法国17~18世纪的建筑风格和伟大成就，此宫位于主要宫殿的楼下，是太子翼楼的主要空间之一，过去路易十六当太子时多于此地活动。

图1.12 罗马万神庙

建于公元118—128年，是罗马帝国时代的圆形庙宇里面最大的一个，也是世界上最早的大跨度建筑。其最具特色的是那半穹窿顶，其正中有一直径八九米的圆形大天窗，这是唯一的采光口，从早到晚随着太阳的移动，室内光线也发生着变化，造成一种神幻的意境和气氛，反映了对上天神灵的崇拜。其室内处理也很统一，墙面和柱面都用大理石装饰面，整个室内感觉和谐而圣洁。

其穹顶上凹陷的方形图案设计得也非常巧妙，加上顶部的采光产生的阴影变化，更增强了室内的空间效果。

约建于1446年，位于英国伦敦，属垂直式哥特风格建筑。这种漂亮的扇形穹隆顶是英国所独有的一种建筑样式，它很普遍并得到很好的发展。

图 1.13　剑桥皇家学院礼拜堂内部

1919年在德国创建的鲍豪斯学派，摒弃因循守旧，倡导重视功能，推进了现代工艺技术和新型材料的运用，在建筑和室内设计方面，提出与工业社会相适应的新观念。鲍豪斯学派的创始人格罗皮乌斯当时就曾提出："我们正处在一个生活大变动的时期。旧社会在机器的冲击之下破碎了，新社会正在形成之中。在我们的设计工作里，重要的是不断地发展，随着生活的变化而改变表现方式……"19世纪20年代，格罗皮乌斯设计的鲍豪斯校舍和密斯·凡·德·罗设计的巴塞罗那展览馆都是上述新观念的典型实例。

1.2.3　当前我国室内设计和建筑装饰应注意的问题

我国现代室内设计，虽然早在19世纪50年代人民大会堂等十大建筑工程建设时已经起步，但是室内设计和装饰行业的大范围兴起和发展还是近10多年的事。由于改革开放，从旅游建筑、商业建筑开始，以及办公、金融和涉及千家万户的居住建筑，在室内设计和建筑装饰方面都有了蓬勃的发展。1990年前后，相继成立了中国建筑装饰协会和中国室内建筑师学会，在众多的艺术院校和理工科院校里相继成立了室内设计专业。为加强建筑装饰行业的规范化管理，1995年8月建设部颁发了《建筑装饰装修管理规定》。

预计在未来的若干年内，我国的室内设计和建筑装饰事业必将在广度和深度两方面取得进一步的发展。

虽然我国室内设计和建筑装饰行业取得了蓬勃的发展，但是也出现了一些问题，主要体现在以下几个方面。

1．环境整体和建筑功能意识薄弱

对所设计的室内空间内外环境的特点，对所在建筑的使用功能、类型性格考虑不够，容易把室内设计孤立地、封闭地对待。

2．对大量性、生产性建筑的室内设计有所忽视

当前设计者和施工人员对旅游宾馆、大型商场、高级餐厅等的室内设计比较重视，相对地对涉及大多数人使用的大量性建筑，如学校、幼儿园、诊所、社区生活服务设施等的室内设计重视程度不够，对职工集体宿舍、大量性住宅以及各类生产性建筑的室内设计也有所忽视。

3．对技术、经济、管理、法规等问题注意不够

现代室内设计与结构、构造、设备材料、施工工艺等技术因素结合非常紧密，科技的含量日益增高，设计者除了应有必要的建筑艺术修养外，还必须认真学习和了解现代建筑装修的技术与工艺等有关内容；同时，应加强室内设计与建筑装饰中有关法规的完善与执行，如工程项目管理法、合同法、招投标法以及消防、卫生防疫、环保、工程监理、设计定额指标等各项有关法规和规定的实施。

4．应增强室内设计的创新精神

室内设计固然可以借鉴国内外传统和当今已有的设计成果，但不应是简单的"抄袭"，或不顾环境和建筑类型性格的"套用"，现代室内设计理应倡导结合时代精神的创新。

21世纪是一个经济、信息、科技、文化等各方面都高速发展的时期，人们对社会的物质生活和精神生活不断提出新的要求，相应地人们对自身所处的生产、生活活动环境的质量，也必将提出更高的要求。怎样才能创造出安全、健康、适用、美观、能满足现代室内综合要求、具有文化内涵的室内环境，这就需要我们从实践到理论认真学习、钻研和探索这一新兴学科中的规律性和许多问题。

1.3　室内设计的基本观点

现代室内设计从创造出满足现代功能、符合时代精神的要求出发，强调需要确立下述的一些基本观点。

1.3.1　以满足人和人际活动的需要为核心

"为人服务，这正是室内设计社会功能的基石"。室内设计的目的是通过创造室内空间环境为人服务,设计者始终需要把人对室内环境的要求,包括物质使用和精神两方面放在设计的首位。由于设计的过程中矛盾错综复杂,问题千头万绪,设计者需要清醒地认识到以人为本,为人服务,为确保人们的安全和身心健康,为满足人和人际活动的需要作为设计的核心。为人服务这一平凡的真理,在设计时往往会有意无意地因从多项局部因素考虑而被忽视。

现代室内设计需要满足人们的生理、心理等要求,需要综合地处理人与环境、人际交往等多项关系,需要在为人服务的前提下,综合解决使用功能、经济效益、舒适美观、环境氛围等种种要求。设计及实施的过程中还会涉及材料、设备、定额法规以及与施工管理的协调等诸多问题。可以认为现代室内设计是一项综合性极强的系统工程,但是现代室内设计的出发点和归宿只能是为人和人际活动服务。

从为人服务这一"功能的基石"出发,需要设计者细致入微、设身处地地为人们创造美好的室内环境。因此,现代室内设计特别重视人体工程、环境心理学、审美心理学等方面的研究,用以深入地了解人们的生理特点、行为心理和视觉感受等方面对室内环境的设计要求。

针对不同的人、不同的使用对象,相应地应该考虑有不同的要求。例如幼儿园室内的窗台,考虑到适应幼儿的尺度,窗高度常由通常的900～1 000cm降至450～550cm,楼梯踏步的高度也在12cm左右,并设置适应儿童和成人尺度的二档扶手;一些公共建筑顾及残疾人的通行和活动,在室内外高差、垂直交通、厕所盥洗等许多方面应做无障碍设计;近年来地下空间的疏散设计,如上海的地铁车站,考虑到老年人和活动反应较迟缓的人们,安全疏散时间的公式中,引入了为这些人安全疏散多留1min的疏散时间余地。上面的3个例子,着重是从儿童、老年人、残疾人等的行为生理的特点来考虑的。

人群疏散理论,可以推导出人群疏散时间的计算公式为

$$T = \frac{1}{fB}\left[N_a - \sum_{i=1}^{n}\int_{T_0}^{T} f_i(t)B_i(t)\,\mathrm{d}t\right] + T_0$$

各国对于疏散时间的计算公式都是这个公式的简化形式,简化计算公式为

$$T = \frac{N_a}{fB} + \frac{k_s}{v}$$

式中:T——疏散时间,s;

F——通道(门或走廊)中的人群流动系数,人/m·s^{-1};

B——通道宽度,m;

N_a——建筑内需要疏散的总人数;

k_s——N_a中第一个人移动到门或走廊的距离,m;

v——人群的移动速度,m/s。

在室内空间的组织、色彩和照明的选用方面,以及对相应使用性质室内环境氛围的烘托等方面,更需要研究人们的行为心理、视觉感受方面的要求。例如教堂高耸的室内空间具有神秘感,会议厅规正的室内空间具有庄严感,而娱乐场所绚丽的色彩和缤纷闪烁的照明给人以兴奋、愉悦的心理感受。我们应该充分运用现时可行的物质技术手段和相应的经

济条件，创造出首先是为了满足人和人际活动所需的室内人工环境。

1.3.2 加强环境整体观

现代室内设计的立意、构思，室内风格和环境氛围的创造，需要着眼于对环境整面的考虑。现代室内设计，从整体观念上来理解，应该看成是环境设计系列中的"链中一环"。

室内设计的"里"和室外环境的"外"，可以说是一对相辅相成辩证统一的矛盾，正是为了更深入地做好室内设计，就愈加需要对环境整体有足够的了解和分析，着手于室内，但着眼于"室外"。当前室内设计的弊病之一是相互类同，很少有创新和个性，对环境整体缺乏必要的了解和研究，从而使设计的依据局限于一般，设计构思也局限封闭。看来，忽视环境与室内设计关系的分析，也是重要的原因之一。现代室内设计，或称室内环境设计，这里的"环境"着重有两层含义：

一层含义是，室内环境是指包括室内空间环境、视觉环境、空气质量环境、声光热等物理环境、心理环境等许多方面，在室内设计时固然需要重视视觉环境的设计，但是不应局限于视觉环境，对室内声、光、热等物理环境，空气质量环境以及心理环境等因素也应极为重视，因为人们对室内环境是否舒适的感受，总是综合的。一个闷热、噪声背景很高的室内，即使看上去很漂亮，待在其中也很难给人愉悦的感受。一些涉外宾馆中投拆意见是比较集中的，往往是晚间电梯、锅炉房的低频噪声和盥洗室中洁具管道的噪声，影响休息。不少宾馆的大堂，单纯从视觉感受出发，过量地选用光亮硬质的装饰材料，从地面到墙面，从楼梯、走廊的栏板到服务台的台面、柜面，使大堂内的混响时间过长，说话时清晰度很差，当然造价也很高。美国室内设计师费歇尔来访上海时，对落脚的一家宾馆就有类似上述的评价。 另一层含义是，把室内设计看成自然环境——城乡环境——社区街坊、建筑室外环境——室内环境，这一环境系列的有机组成部分，是"链中一环"，它们相互之间有许多前因后果，或相互制约和提示的因素存在。

下面是室内设计的一些例子，如图1.14～图1.22所示。

建造于公元1859—1860年，位于英国肯特郡，由建筑师菲力浦·韦伯设计。这座红屋是艺术与手工艺运动发起人威廉·莫里斯的住宅，自然反映出艺术与手工艺运动的巨大影响，其内部装修设计独具特色，展示出一种完全不同于古典建筑样式的"田园"之风，也营造出一种和谐、自然、亲切宜人的气氛。

图 1.14　肯特红屋内景

第1章 室内设计的含义、发展和基本观点

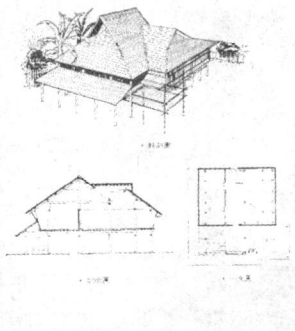

(a)

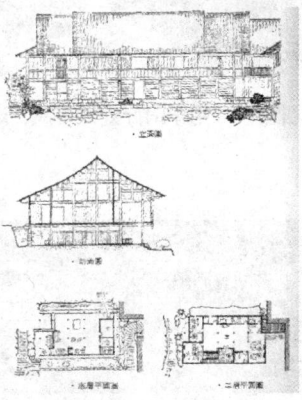

(b)

图 1.15　肯特红屋

图 1.16　美国帕萨迪纳双棕榈餐厅内景

图 1.17 用于门厅处做屏风，玻璃砖墙令客厅增色不少

图 1.18 玻璃与金属也许在厨房中运用得最多

(a) 圣心大教堂

由著名的设计师伊万·马高林设计，落成于1933年，教堂中殿设计尤显精妙，教堂四壁为砖结构。

(b) 圣心大教堂祭坛

图 1.19 前捷克斯洛伐克的圣心大教堂祭坛设计

室内设计的含义、发展和基本观点

这是一处典型的现代主义风格的卧室，整个空间几乎没有任何装饰，完全以黑白两种色调为主，但给人的视觉感受却非常的强烈。

图 1.20 现代主义风格的卧室

敞开的卧室与客厅相融，强化了的形象。

图 1.21 休闲空间

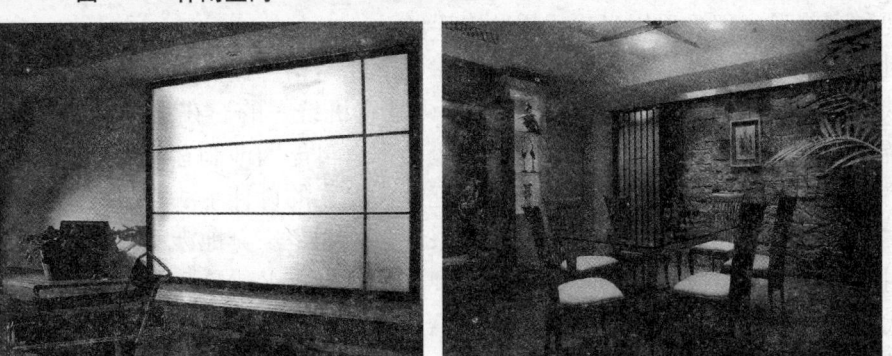

图 1.22 餐厅

本餐厅天花板以特殊的五金玻璃设计而成，墙面则是以参差不齐的文化石镶嵌，韵律感很强。

1.3.3 科学性与艺术性的结合

现代室内设计的又一个基本观点，是在创造室内环境中高度重视科学性，高度重视艺术性，及其相互的结合。从建筑和室内发展的历史来看，具有创新精神的新的风格的兴起，总是和社会生产力的发展相适应。社会生活和科学技术的进步，人们价值观和审美观的改变，促使室内设计必须充分重视并积极运用当代科学技术的成果，包括新型的材料、结构构成和施工工艺，以及为创造良好声、光、热环境的设施设备。现代室内设计的科学性，除了在设计观念上需要进一步确立以外，在设计方法和表现手段等方面，也日益予以重视，设计者已开始认真的以科学的方法来分析和确定室内物理环境和心理环境的优劣，并已运用电子计算机技术辅助设计和绘图。贝聿铭先生早在20世纪80年代来上海讲学时所展示的华盛顿艺术馆东馆室内透视的比较方案，就是以电子计算机绘制的，这些精确绘制的非直角的形体和空间关系，极为细致真实地表达了室内空间的视觉形象。

一方面需要充分重视科学性，另一方面又需要充分重视艺术性，在重视物质技术手段的同时，高度重视建筑美学原理，重视创造具有表现力和感染力的室内空间和形象，创造具有视觉愉悦感和文化内涵的室内环境，使生活在现代社会高科技、高节奏中的人们，在心理上、精神上得到平衡，即现代建筑和室内设计中的高科技和高感情问题。总之，是科学性与艺术性、生理要求与心理要求、物质因素与精神因素的平衡和综合。

在具体工程设计时，会遇到不同类型和功能特点的室内环境，对待上述两个方面的具体处理，可能会有所侧重，但从宏观整体的设计观念出发，仍然需要将两者结合。科学性与艺术性两者决不是割裂或者对立，而是可以密切结合的。意大利设计师P•纳维设计的罗马小体育宫和都灵展览馆，尼迈亚设计的巴西利亚菲特拉教堂，屋盖的造型既符合钢筋混凝土和钢丝网水泥的结构受力要求，结构的构成和构件本身又极具艺术表现力；荷兰鹿特丹办理工程审批的市政办公楼，室内拱形顶的走廊结合顶部采光，不做装饰的梁柱处理，在办公建筑中很好地体现了科学性与艺术性的结合。

从宏观整体看，正如前述，建筑物和室内环境，总是从一个侧面反映当代社会物质生活和精神生活的特征，铭刻着时代的印记，但是现代室内设计更需要强调自觉地在设计中体现时代精神，主动地考虑满足当代社会生活活动和行为模式的需要，分析具有时代精神的价值观和审美观，积极采用当代物质技术手段。

同时，人类社会的发展，不论是物质技术的，还是精神文化的，都具有历史延续性。追踪时代和尊重历史，就其社会发展的本质讲是有机统一的。在室内设计中，在生活居住、旅游休息和文化娱乐等类型的室内环境里，都有可能因地制宜地采取具有民族特点、地方风格、乡土风格，充分考虑历史文化的延续和发展的设计手法。应该指出，这里所说的历史文脉，并不能简单地只从形式、符号来理解，而是广义地涉及规划思想、平面布局和空间组织特征，甚至设计中的哲学思想和观点。日本著名建筑师丹下健三为东京奥运会设计的代代木国立竞技馆，尽管是一座采用悬索结构的现代体育馆，但从建筑形体和室内空间的整体效果看，它既具时代精神，又有日本建筑风格的某些内在特征；阿联酋沙加的国际机场，同样也既是现代的，又凝聚着伊斯兰建筑的特征，它不是某些符号的简单搬用，而是体现这一建筑和室内环境既具时代感、又尊重历史文脉的整体风格。

1.3.4 动态和可持续的发展观

我国清代文人李渔,在他室内装修的专著中曾写道:"与时变化,就地权宜""幽斋陈设,妙在日异月新"即所谓"贵活变"的论点。他还建议不同房间的门窗,应设计成不同的体裁和花式,但是具有相同的尺寸和规格,以便根据使用要求和室内意境的需要,使各室的门窗可以更替和互换。李渔"活变"的论点,虽然还只是从室内装修的构件和陈设等方面去考虑,但是它已经涉及了因时、因地的变化,把室内设计以动态的发展过程来对待。

现代室内设计的一个显著的特点,是它对由于时间的推移,从而引起室内功能相应的变化和改变,显得特别突出和敏感。当今社会生活节奏日益加快,建筑室内的功能复杂而又多变,室内装饰材料、设施设备、甚至门窗等构配件的更新换代也很快。总之,室内设计和建筑装修的"无形折旧"更趋突出,更新周期日益缩短,而且人们对室内环境艺术风格和气氛的欣赏和追求,也是随着时间的推移而在改变。

本 章 小 结

本章要解决的是建筑装饰设计的含义,使大家熟悉建筑装饰设计的国内外发展状况,以及明确当前建筑装饰设计所面临的问题,掌握设计的基本观点,给学生培养准确的设计思维方式。

第2章 装饰设计概述

学习目标

通过本章的学习，使学生了解室内装饰设计的含义和分类；熟悉装饰设计的方法和程序步骤；掌握装饰设计的内容和要点。

学习要求

能力目标	知识要点	相关知识	权重
理解能力	装饰设计的含义和分类 装饰设计风格	装饰设计风格	30%
掌握能力	装饰设计的方法和程序步骤	装饰设计的方法	30%
应用能力	装饰设计的内容和要点	装饰设计的内容和要点	40%

【引例】

包豪斯学派的创始人W·格罗皮乌斯对现代建筑的观点是非常鲜明的，他认为"美的观念随着思想和技术的进步而改变"。"建筑没有终极，只有不断的变革"。"在建筑表现中不能抹杀现代建筑技术，建筑表现要应用前所未有的形象"。当时杰出的代表人物还有Le·柯布西耶和斯·凡·德·罗等。现在，广义的现代风格也可泛指造型简洁新颖，具有当今时代感的建筑形象和室内环境。

包豪斯校舍和英国Petroleum Plaza大厦大厅内景分别如图2.1和图2.2所示。

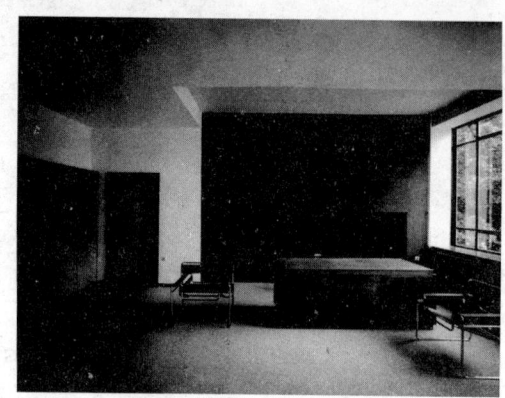
图 2.1 包豪斯校舍

图 2.2 英国 Petroleum Plaza 大厦大厅内景

2.1 概 述

2.1.1 基本概念

人的一生，绝大部分时间是在室内度过的，因此，人们设计创造的室内环境，必然会直接关系到室内生活、生产活动的质量，关系到人们的安全、健康、效率、舒适等。室内设计应该把保障安全和有利于人们的身心健康作为首要前提。对于室内环境，除了有使用安排、冷暖、光照等物质功能方面的要求之外，还常有与建筑物的类型、性格相适应的室内环境氛围、风格文脉等精神功能方面的要求。

1. 含义

室内设计是根据建筑物的使用性质、所处环境和相应标准，运用物质技术手段和建筑美学原理，创造功能合理、舒适优美、满足人们物质和精神生活需要的室内环境。这一空间环境既具有使用价值，满足相应的功能要求，同时也反映了历史文脉、建筑风格、环境气氛等精神因素。

2. 室内装饰或装潢

室内装饰或装潢、室内装修、室内设计是几个通常被人们认为词义相同的词，但内在含义实际上是有所区别的。

（1）室内装饰或装潢：装饰和装潢原义是指"器物或商品外表"的"修饰"，是着重从外表的、视觉艺术的角度来探讨和研究问题。例如对室内地面、墙面、顶棚等界面的处理，装饰材料的选用，对家具、灯具、陈设和小品的选用、配置和设计。

(2) 室内装修一词有最终完成的含义，是指着重于从工程技术、施工工艺和构造做法等方面，在土建工程施工完成之后，对室内各个界面、门窗、隔断等最终的装修工程。

(3) 室内设计：现代室内设计是综合的室内环境设计，它既包括视觉环境和工程技术方面的问题，也包括声、光、热等物理环境，以及氛围、意境等心理环境和文化内涵等内容。

3．装修设计

装修设计是指以方案设计的形式,形成一整套的设计文件。客户通过对方案设计的审查，最后确定装修的用材、施工方法及达到的标准。室内装饰设计是根据建筑物的使用性质所处环境和相应的标准，运用物质技术手段和建筑美学原理，创造功能合理、舒适优美、满足人的物质和精神生活需要的室内环境，它是建筑物与人类之间、精神文明与物质文明之间起连接作用的纽带。

2.1.2 室内装饰设计的分类

室内设计和建筑设计类同，从大的类别来分可分为居住建筑室内设计、公共建筑室内设计、工业建筑室内设计；农业建筑室内设计。

各类建筑中不同类型的建筑之间，还有一些使用功能相同的室内空间，例如门厅、过厅、电梯厅、中庭、盥洗间、浴厕，以及一般功能的门卫室、办公室、会议室、接待室等。当然在具体工程项目的设计任务中，这些室内空间的规模、标准和相应的使用要求有不少差异，需要具体分析。

各种类型建筑室内设计的分类以及主要房间的设计如下。

由于室内空间使用功能的性质和特点不同，各类建筑主要房间的室内设计对文化艺术和工艺过程等方面的要求也各有侧重。例如对纪念性建筑和宗教建筑等有特殊功能要求的主厅，对纪念性、艺术性、文化内涵等精神功能的设计方面的要求就比较突出；而工业、农业等生产性建筑的车间和用房，相对地对生产工艺流程以及室内物理环境的创造方面的要求较为严密。

室内空间环境按建筑类型极其功能的设计分类，其意义主要在于：使设计者在接受室内设计任务时，首先应该明确所设计的室内空间的使用性质，也即是所谓设计的"功能定位"，这是由于室内设计造型风格的确定、色彩和照明的考虑以及装饰材质的选用，无不与所设计的室内空间的使用性质和设计对象的物质功能、精神功能紧密联系在一起。例如住宅建筑的室内，即使经济上有可能，也不适宜在造型、用色、用材方面使"居住装饰宾馆化"，因为住宅的居室和宾馆大堂、游乐场所之间的基本功能和要求的环境氛围是截然不同的。

2.2 室内设计的内容、分类和方法步骤

现代室内设计，也称为室内环境设计，所包含的内容和传统的室内装饰相比，涉及的

面更广，相关的因素更多，内容也更为深入。

2.2.1 室内环境的内容和感受

室内环境的内容涉及由界面围成的空间形状、空间尺度的室内空间环境，室内声、光、热环境，室内空气环境(空气质量、有害气体和粉尘含量、放射剂量……)等室内客观环境因素。由于人是室内环境设计服务的主体，从人们对室内环境身心感受的角度来分析，主要有室内视觉环境、听觉环境、触感环境、嗅觉环境等，即人们对环境的生理和心理的主观感受，其中又以视觉感受最为直接和强烈。客观环境因素和人们对环境的主观感受，是现代室内环境设计需要探讨和研究的主要问题。

室内环境设计需要考虑的方面，随着社会生活发展和科技的进步，还会有许多新的内容，对于从事室内设计的人员来说，虽然不可能对所有涉及的内容全部掌握，但是根据不同功能的室内设计，也应尽可能熟悉有关的基本内容，了解与该室内设计项目关系密切、影响最大的环境因素，使设计时能主动和自觉地考虑诸项因素，也能与有关工种专业人员相互协调、密切配合，有效地提高室内环境设计的内在质量。

例如现代影视厅，从室内声环境的质量考虑，对声音清晰度的要求极高。室内声音的清晰与否，主要决定于混响时间的长短，而混响时间与室内空间的大小、界面的表面处理和用材料关系最为密切。室内的混响时间越短，声音的清晰度越高，这就要求在室内设计时合理地降低平顶，包进平面中的隙面，使室内空间适当缩小，对墙面、地面以及座椅面料均选用高吸声的纺织面料，采用穿孔的吸声平顶，等等措施，以增大界面的吸声效果。上海新建影城中不少的影视厅，即采用了上述手法，室内混响时间400Hz高频仅在0.7s左右，影响演播时的音质效果较好，而音乐厅由于相应要求混响时间较长，因此厅内体积较大，装饰材料的吸声要求及布置方式也与影视厅不同。这说明对影视厅、音乐厅室内的艺术处理，必须要以室内声环境的要求为前提。

又如近年来一些住宅的室内装修，在居室中过多地铺设陶瓷类地砖，也许是从美观和易于清洁的角度考虑而选用的，但是从室内热环境来看，由于这类铺地材料的导热系数过大，给较长时间停留于居室中的人体带来不适。

上述的两个例子说明，室内舒适优美环境的创造，一方面需要富有激情，考虑文化的内涵，运用建筑美原理进行创作，同时又需要以相关的客观环境因素作为设计的基础。主观的视觉感受或环境气氛的创造，需要与客观环境因素紧密结合在一起；或者说，上述的客观环境因素是创造优美视觉环境时的"潜台词"，因为通常这些因素需要从理性的角度去分析掌握，尽管它们并不那么显露，但对现代室内设计却是至关重要的。

2.2.2 室内设计的内容和相关因素

现代室内设计涉及的面很广，但是设计的主要内容可以归纳为以下3个方面，这些方面的内容相互之间又有一定的内在联系。

1. 室内空间组织和界面处理

室内设计的空间组织，包括平面布置，首先需要对原有建筑设计的意图充分理解，对建筑物的总体布局、功能分析、人流动向以及结构体系等有深入的了解，在室内设计时对室内空间和平面布置予以完善、调整或再创造。由于现代社会生活的节奏加快，建筑功能发展或变换，也需要对室内空间进行改造或重新组织，这在当前对各类建筑的更新改建任务中是最为常见的。室内空间组织和平面布置，也必然包括对室内空间各界面围合方式的设计。

室内界面处理是指对室内空间的各个围合——地面、墙面、隔断、平顶等各界面的使用功能和特点的分析，界面的形状、图形线脚、肌理构成的设计，以及界面和结构的连接构造，界面和风、水、电等管线设施的协调配合等方面的设计。

■ 特别提示

需要指明的一点是，界面处理不一定要做"加法"。从建筑的使用性质、功能特点方面考虑，一些建筑物的结构构件，也可以不加装饰，作为界面处理的手法之一，这正是单纯的装饰和室内设计在设计思路上的不同之处。

室内空间组织和界面处理是确定室内环境基本形体和线形的设计内容，设计时以物质功能和精神功能为依据，考虑相关的客观环境因素和主观的身心感受。

2. 室内光照、色彩设计和材质选用

正是由于有了光，才使人眼能够分清不同的建筑形体和细部，光照是人们对外界视觉感受的前提。

室内光照是指室内环境的天然采光和人工照明，光照除了能满足正常的工作生活环境的采光、照明要求外，光照和光影效果还能有效地起到烘托室内环境气氛的作用。

色彩是室内设计中最为生动、最为活跃的因素，室内色彩往往给人们留下室内环境的第一印象。色彩最具表现力，通过人们的视觉感受产生的生理、心理和类似物理的效应，形成丰富的联想、深刻的寓意和象征。

光和色不能分离，除了色、光以外，色彩还必须依附于界面、家具、室内织物、绿化等物体。室内色彩设计需要根据建筑物的性格、室内使用性质、工作活动特点、停留时间长短等因素，确定室内主色调，选择适当的色彩配置。

材料质地的选用是室内设计中直接关系到实用效果和经济效益的重要环节，巧于用材是室内设计中的一大学问。饰面材料的选用，同时具有满足使用功能和人们身心感受这两方面的要求，例如坚硬、平整的花岗石地面，平滑、精巧的镜面饰面，轻柔、细软的室内纺织品，以及自然、亲切的本质面材，等等。室内设计毕竟不能停留于一幅彩稿，设计中的形、色最终必须和所选"载体"——材质，这一物质构成相统一，在光照下，室内的形、色、质融为一体，赋予人们以综合的视觉心理感受。

3. 室内内含物

家具、陈设、灯具、绿化等的设计和选用家具、陈设、灯具、绿化等室内设计的内容相对地可以脱离界面布置于室内空间里，在室内环境中，实用和观赏的作用都极为突出，通常它们都处于视觉中显著的位置，家具还直接与人体相接触，感受距离最为接近。家具、陈设、灯具、绿化等对烘托室内环境气氛，形成室内设计风格等方面起到举足轻重的作用。

室内绿化在现代室内设计中具有不能代替的特殊作用。室内绿化具有改革室内小气候和吸附粉尘的功能，更为主要的是，室内绿化使室内环境生机勃勃，带来自然气息，令人赏心悦目，起到柔化室内人工环境，在高节奏的现代社会生活中具有调节人们心理使之平衡的作用。

2.2.3 室内设计的方法

室内设计的方法，这里着重从设计者的思考方法来分析，主要有以下两点：

1．大处着眼、细处着手，总体与细部深入推敲

大处着眼，即是如第一章中所叙述的，室内设计应考虑的几个基本观点。这样，在设计时思考问题和着手设计的起点就高，有一个设计的全局观念。细处着手是指具体进行设计时，必须根据室内的使用性质，深入调查、收集信息，掌握必要的资料和数据，从最基本的人体尺度、人流动线、活动范围和特点、家具与设备等的尺寸和使用它们必需的空间等着手。

2．从里到外、从外到里，局部与整体协调统一

建筑师A·依可尼可夫曾说："任何建筑创作，应是内部构成因素和外部联系之间相互作用的结果，也就是'从里到外'、'从外到里'。"室内环境的"里"，以及和这一室内环境连接的其他室内环境，以至建筑室外环境的"外"，它们之间有着相互依存的密切关系，设计时需要从里到外，从外到里多次反复协调，务必使其更趋完善合理。室内环境需要与建筑整体的性质、标准、风格以及室外环境相协调统一。

2.2.4 室内设计的程序步骤

室内设计根据设计的进程，通常可以分为4个阶段，即设计准备阶段、方案设计阶段、施工图设计阶段和设计实施阶段。

1．设计准备阶段

设计准备阶段主要是接受委托任务书，签订合同，或者根据标书要求参加投标；明确设计期限并制订设计计划进度安排，考虑各有关工种的配合与协调；明确设计任务和要求，如室内设计任务的使用性质、功能特点、设计规模、等级标准、总造价，根据任务的使用性质所需创造的室内环境氛围、文化内涵或艺术风格等。

熟悉设计有关的规范和定额标准，收集分析必要的资料和信息，包括对现场的调查踏勘以及对同类型实例的参观等。在签订合同或制定投标文件时，还包括设计进度安排、设计费率标准，即室内设计收取业主设计费占室内装饰总投入资金的百分比。

2．方案设计阶段

方案设计阶段是在设计准备阶段的基础上，进一步收集、分析、运用与设计任务有关的资料与信息，构思立意，进行初步方案设计，深入设计，进行方案的分析与较。

第2章 装饰设计概述

确定初步设计方案，提供设计文件。室内初步方案的文件通常包括以下几种。

（1）平面图，常用比例1∶50，1∶100。

（2）室内立面展开图，常用比例1∶20，1∶50。

（3）平顶图或仰视图，常用比例1∶50，1∶100。

（4）室内透视图。

（5）室内装饰材料实样版面。

（6）设计意图说明和造价概算。

初步设计方案需经审定后，方可进行施工图设计。

3．施工图设计阶段

施工图设计阶段需要补充施工所必要的有关平面布置、室内立面和平顶等图纸，还需包括构造节点详细、细部大样图以及设备管线图，编制施工说明和造价预算。

4．设计实施阶段

设计实施阶段也即是工程的施工阶段。室内工程在施工前，设计人员应向施工单位进行设计意图说明及图纸的技术交底；工程施工期间需按图纸要求核对施工实况，有时还需根据现场实况提出对图纸的局部修改或补充；施工结束时，会同质检部门和建设单位进行工程验收。

为了使设计取得预期的效果，室内设计人员必须抓好设计各阶段的环节，充分重视设计、施工、材料、设备等各个方面，并熟悉、重视与原建筑物的建筑设计、设施设计的衔接，同时还须协调好与建设单位、施工单位之间的相互关系，在设计意图和构思方面取得沟通与共识，以期取得理想的设计工程成果。

2.3 室内设计风格欣赏

这里所谓的室内设计风格，是指宏观上各主要国家和地区的室内设计风貌，为从事建筑工程专业等相关的人员提供某种参考资料，作为了解和认识世界各地区建筑风格的阶梯，从而打开一扇欣赏建筑美的窗户。主要内容包括中国传统建筑的室内风格、西洋传统建筑的室内风格、现代建筑的室内风格。

不同室内风格的形成不是偶然的。它是受不同时代和地域的特殊条件，经过创造性的构想而逐渐形成的，是与各民族、地区的自然条件和社会条件紧密相关的，特别是与民族特性、社会制度、生活方式、文化思潮、风俗习惯、宗教信仰条件等都有直接的关系。同时，人类文明的发展和进步是个连续不断的过程，所有新文化的出现和成长，都是与古代文明相缘的。因此分析和研究传统风格的主要演变过程和它的特点，对于欣赏者将是大有裨益的。

2.3.1 中国传统的室内风格

从宏观上看，中国传统的室内风格在演变的过程中始终保持着一贯的作风，与西方世界迥异。数千年来，它无视外来影响而保持自己固有的色彩。图2.3所示的就是传统风格的餐饮空间。

图2.3　传统风格的餐饮空间

在门窗装修方面可以分为"框栏"和"格扇"两个部分。框栏是固定的，它是安装隔扇的架子。普通房子多在中栏与下栏之间安装门扇，上栏与中栏之间安装横披。门窗和横披统称为格扇，它们的不同之处就是门窗可以开启，而横披则是固定不动的。中间有"棂子"，上面有花格图案，以菱花、方格、六角和八角等几何形为主。

中国室内设计风格的另一特点是色彩强烈，多用原色，色不混调。雕梁画柱十分富丽堂皇。它对建筑构件还具有保护作用。

彩画以梁枋为主。顶棚施彩画，分为"天花"和"藻井"两种形式，如图2.4所示。天花以木条相交成方格形，上覆木板，多用蓝色或绿色为底色，圆尖和岔角部分使用鲜明颜色。藻井是以木块叠成，结构复杂，色彩斑斓，是顶棚的重要组成部分。

图2.4　天花和藻井

中国建筑的室内装修，从结构到装饰图案所表现的风格均为一种端庄的气度和丰华的文采，如图2.5所示。在格律构成的约束下，凡是间架的配置，图案的构成，家具的陈设，字画、玩器的摆设等均采用对称的形式和均衡的手法。这种格局是中国传统礼教精神的直接反映。另外，中国传统建筑设计常常巧妙地运用题字、字画、玩器和借景等手段，努力创造出一种含蓄而清雅的意境。这种室内设计的特质也是中国传统文化和生活修养的集中表现，是现代室内布置和设计可以借鉴的宝贵精神遗产。

图 2.5　传统风格装饰

2.3.2　西洋传统的室内风格

1．古代风格

如图2.6所示，西洋古代风格当以古希腊和罗马为代表，可以说，它们是西方文化的主要源头。人们可以从少数柱上看到一点粗略的轮廓。

图 2.6　西洋古代风格

2．文艺复兴风格

文艺复兴是指公元15世纪初期，以意大利为中心所展开的古代希腊、罗马文化的复兴运动。倡导人文主义，主张以"人"为中心，是对神权的一种反抗。它追求真理，促进了近代文明的发展，使得建筑、雕刻、绘画等艺术取得了光辉灿烂的伟大成就。

文艺复兴风格是以古希腊和古罗马风格为基础，并用新的表现手法，对山形墙、檐板、柱廊等建筑的细部重新进行组织，而后获得了崭新的形式。不仅表现出稳健的气势，同时又显示出华丽的装饰效果。但发展到后期有些过分堆砌，显得烦琐和杂乱，成为以后浪漫风格发展的前奏。

3．浪漫风格

浪漫风格如图2.7所示，它的形式是以浪漫主义精神为基础的，在造型意识上与古典主义针锋相对，势不两立。古典主义倾向于理智，形式严肃、堂正、高雅，而浪漫主义风格则倾向于热情、华丽、柔美，表现出一种动态的美感。它在家具装饰上经常使用蚌壳镶嵌，装饰中融合了自然主义的影响，所以形成了纯粹的浪漫主义形式。

古罗马建筑的装饰风格，反映着罗马人追求奢华生活的欲望。室内的家具和帷幔等陈设无不表现出华丽的形式。

图2.7　浪漫风格

拜占庭风格又称东罗马风格。它在建筑上的最大特点就是方基圆顶结构，上面装饰几何形碎锦砖，风格上既庄严而又有纤致的效果。拜占庭式家具形式基本上继承了古希腊后期风格。由于当时崇尚奢华生活，家具装饰形式更为华美了，也由于丝织业的兴盛，使家具的衬垫装饰和室内壁挂以及帷幔等饰物得到了很快的发展，部分丝织品以动物图案为装饰，明显地表露出波斯王朝的特异风格。

仿罗马式建筑以罗马传统形式为主体，同时在装饰上融合了拜占庭风格的特色。初期多采用平顶，后期则流行十字交叉式拱顶，四角采用圆柱或方柱支撑，并以半圆拱作为两柱之间的联结。上端开设半圆拱形的窗户，柱型则以方柱最为普遍。内墙均以各色小石片镶嵌装饰，成为罗马式室内的另一主要特色。

哥特式建筑的特色表现在尖顶、尖塔等细部的灵巧结构上面。

1) 巴洛克风格

它的特点是豪华、富丽堂皇。主要用于宫廷，以装饰奢华为主要风尚，如图2.8所示。室内墙面装饰多采用大理石、石膏灰泥和雕刻墙板制作，再装饰些华丽多彩的织物、壁毯或大型油画。高大的天花板用精细的模塑装饰，宽敞的地面，铺盖华贵的地毯。家具的造型体量很大，多采用高级的檀木、花梨木和胡桃木制作，并加以精工雕刻。路易十四式靠椅以豪华、堂皇而著称于世。椅背、扶手和椅腿部分均采用涡纹雕饰，配上优美的弯腿，整体上有优雅、柔和的效果。座位和背垫均饰以高贵的锦缎等织物，色彩强烈动人。

图 2.8 巴洛克风格

2) 洛可可风格

洛可可风格又称为"路易十五"风格,如图 2.9 所示。它的最大特点是住宅与家具的体量与巴洛克风格相比大大地缩小了,呈现出灵巧亲切的效果。室内墙面的半圆柱或半方柱上改用花叶、尺禽、蚌纹和涡卷等雕饰所组成的玲珑框装饰。室内和家具常以对称的优美曲线做形体的结构,雕刻精致,装饰豪华,色调淡雅而柔和,并用黑和金色增强其对比效果。典型的靠椅形体低矮而舒适,采用雕饰弯腿和包垫扶手。其他如长榻、沙发、床、写字台和衣橱等家具在风格上也极端精美和华丽。

图 2.9 洛可可风格

2.3.3 现代风格

现代风格发端于工业革命。但实际上现代设计运动的进展也是很迟缓的。它的主要特色是以理性法则强调实用的功能因素,充分表现工业成就。

然而现代风格的流派也是五花八门。在现代室内设计中，主要流派有平淡派、烦琐派、超现实派和现实派等。

1. 平淡派

他们主张在室内设计中，空间的组织和材料的本性是至关重要的，反对装饰，认为装饰是多余的。在色彩使用上，强调淡雅和清新的统一。平淡派在美国、日本和墨西哥等国盛行。有人批评平淡派，曾有一句典型的话就是："除了没有东西，还是没有东西"。平淡派风格如图2.10所示。

(a)

(b)

(c)

图2.10　平淡派风格

2．烦琐派

烦琐派称为新洛可可派。追求丰富和夸张的手法，装饰富于戏剧性，烦琐派风格如图2.11所示。他们主张利用科学技术和条件，利用现代材料和技术手段达到"洛可可"的理想目的。他们的特点就是大量地使用光质材料，重视灯光效果，多用反光灯槽和反射板，选用新式家具和艳丽的地毯，追求高贵华丽的动感气氛。

图2.11 烦琐派风格

3．超现实派

他们竭力追求超现实主义的纯艺术。利用虚幻的空间环境，创造室内气氛，以求猎奇。他们利用各种手段企图创造出现实世界中不存在的环境，其特点是空间形式奇形怪状，灯光跳动扑朔迷离，色彩浓重，图案抽象而跃动，陈设厅常用树皮、毛皮装饰墙面。总之以怪为美，出奇制胜。超现实派风格如图2.12所示。

(a)

图2.12 超现实派风格

(b)

(c)

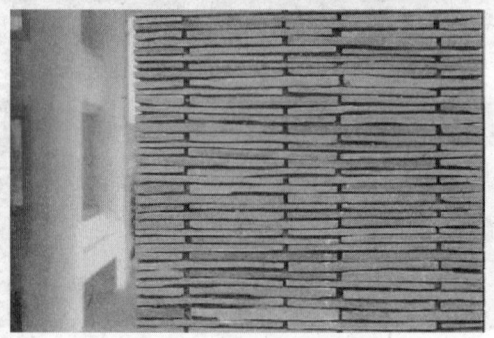

(d)

图 2.12　超现实派风格（续）

(e)

(f)

(g)

(h)

图 2.12　超现实派风格（续）

(i)

图 2.12 超现实派风格（续）

4．现实派

他们注重反映建筑空间语言，并且能塑造室内情景，使生活在其中的人们得到各自所需情趣的满足。同时极大地满足人的活动方式和使用要求。现实派风格如图2.13所示。

(a)

(b)

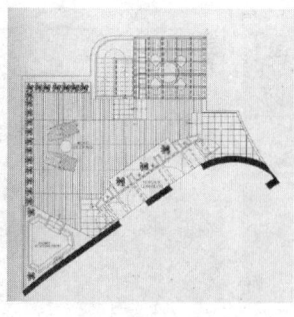 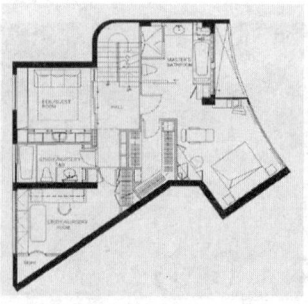

(c)

图 2.13 现实派风格

(d)

(e)

(f)

(g)

图 2.13 现实派风格（续）

(h)

(i)

(j)

(k)

图2.13 现实派风格（续）

(l)

(m)

(n)

(o)

(p)

图 2.13　现实派风格（续）

(q)

(r)

图2.13 现实派风格（续）

2.4 室内装饰设计的内容和要点

2.4.1 设计内容

1. 室内装饰设计应考虑的内容

装饰设计的内容较为广泛，涉及环境学、心理学、社会学、色彩学、建筑学、人体工程学等多种学科。概括地讲，室内装饰设计应考虑以下内容。

室内空间组织、调整和再创造。在建筑设计的基础上进一步强调空间特性，调整空间的比例关系、虚实关系、对比与谐调关系、衔接与过渡关系。

确定室内主色调和色彩配置。

考虑室内采光、照明和音质效果。

选用各界面的装饰材料,确定构造做法。

协调室内物理环境,控制室内温度、湿度和安静程度。

家具和陈设的布置。

选用或设计室内绿化布置。

2. 室内装饰设计与建筑设计的关系

建筑设计与室内装饰设计的关系非常密切,而且主次分明。前者是室内装饰设计的基础,后者是建筑设计的继续、深化与完善。

建筑物好比一个人,主体结构好比人的骨架,围护结构好比人的肌肉,而室内装饰设计所展示的内容好比人的衣帽、服饰。

室内装饰设计与建筑设计两者既有共同之处,又有不同之点。共同之处是都要满足使用功能和精神要求,不同程度地受到技术、材料和经济条件的制约,都要符合构图规律和美学法则,并考虑空间的比例、尺度、节奏、韵律、谐调、对比等因素。不同之点是建筑设计创造总体、综合的时空关系,处理建筑内部和外部的形象、使用功能、建筑构造等问题,而室内装饰设计则更重视生理和心理效果,强调材料的质感和纹理、色彩配置、灯光的应用以及细部的处理。室内装饰设计与人们的活动更为密切,人们在室内环境中往往能够感知室内装饰设计所反映的内容。

2.4.2　装修设计应注意的几点

1. 装修设计要求要明确

(1) 装修设计是整个装修工程的灵魂所在,对设计的要求是:只有贴近家庭实际需求的设计才是好的设计,在这一点上不要照搬、照抄,在别人家里看着漂亮的设计拿到另外一家却未必漂亮,打造一个符合客户个性的装修设计才是最重要的。

(2) 装修切忌功能复杂,华而不实,既浪费金钱又不易清洁。

(3) 美观与实用并重,重视外表的美观而忽视其实用性,会给日后生活带来不必要的麻烦。

2. 设计与思路要清晰

(1) 总体构思:大体上如何装修应提前构思,得出一个基本框架,在此基础上再与客户进行交流和沟通。比如墙面、地面、吊顶、灯具、家具、洁具等的用材、样式、工艺、位置、搭配、摆放等,都要让客户知晓你的想法。

(2) 空间与色彩的搭配:空间色彩的组合与搭配直接关系到居住主人的个性修养、性格与喜好。色彩不外乎是红、橙、黄、绿、青、蓝、紫,有温柔的、沉稳的、娇艳的、神秘的、质朴的、华丽的、欢快的、忧郁的等。具体选择哪种色调,当然还是采用和谐、互补之势为好。

要把握色彩的协调统一，室内要营造一种宽敞、舒适、温馨、和谐统一的格调，一般在颜色选择上要注意以下几点。

(1) 天花板的颜色要浅于墙面。

(2) 墙面的颜色要浅于地面。

(3) 如果室内的自然采光不够充足，应尽量避免采用深色调；如果光线充足，则色彩不宜过分鲜艳。

(4) 居室的整个空间上半部分要浅于下半部分的颜色。

(5) 尽可能不要在同一个空间内同时使用3种颜色，若想体现色彩过渡与对比，可在颜色的深浅上做文章。

(6) 色彩的应用与家具、电器的颜色要相互协调。

(7) 在搭配颜色时，要考虑到自然光和灯光照明有一定的视觉差（就色深而言，前者加，后者减）。

3．灯光效果与设计

在日常生活中补充光源的重要性已不容置疑，时下灯光已不再是为了单纯的照明，而且更进一步发挥着装饰点缀的作用。即使是一间很普通的屋子，由于灯光的效果特别好，整体效果也往往出人意料。那么，怎样才能让灯光达到最好的效果呢？主光一般也叫直接光或叫基础光。这种光线主要体现在客厅、餐厅、卧房等的天花板中央用来照亮全室，光线的强弱、大小可根据您的喜好和设计功能来决定。

在主灯的光照下，像吊顶、饰品柜内，墙面的某个角落或转角处随意地设置小灯，这些辅助光也能产生意想不到的效果。这些灯主要有台灯、壁灯、轨道照亮灯、射灯等。

2.4.3　设计流行色

1．浪漫粉红

新的色彩稳重舒适，个性丰富，较之以往的红色少了几分夸张。这些粉色既不张扬也不会太过可爱，散发出的成熟感对男性和女性都极具吸引力。冷色的影响较明显，同时出现新的珊瑚色调，用较高的亮色及柔和的肤色带来了一丝暖意。

2．温暖橙色

该色彩在红辣椒的鲜亮色与砖土的自然色调之间实现了平衡。传达出强大、活泼和炫丽的意境，表现得更为自信。皮革的深褐色表现出丰富深沉、对比鲜明的质感。

3．明亮黄色

温柔的中性色调有种强烈的包容感，给人安慰，让人放松。如同蜡烛微光和香槟酒般的优雅色彩，增添了温暖和魅力，营造出一种摇曳隐约的氛围。带点绿意的黄色已被纯正的黄色取代，后者更阳光、更乐观、更愉悦。

4．中性暖色

色泽更饱满，更具吸引力；颜色齐全，适合不同品位、不同使用场景。鲜活的自然色彩让人联想起兽皮、蛇皮、皮毛和羽毛等，添加了强烈的动物感染力。绿色的影响带来了新的方向——卡其色调柔和又放松，给人成熟而世故的视觉。

5．动感绿色

该组色彩包含了从怡人的暖黄绿色到舒缓的冷蓝绿色的所有颜色，所形成的图像既传统又具有未来风格。它表现出水果蔬菜的水灵鲜活与可食用的特质，提醒着人们去感受大自然的慷慨。充满活力、果冻状亮晶晶的色彩表现出了科技和城市的影响力。

6．海洋蓝色

该组色彩由前几年的自然蓝色过渡到了复杂的人为调和蓝色——美丽闪亮的釉面蓝是其代表。绿松石、宝石与珐琅的色彩清澈而真实，为夸张的蓝色系增添了些许异国风情。墨水般的深蓝色让人联想起临摹书法时的平静和安详。乐观、闪亮的中色调展示了摩洛哥瓷砖和马赛克的美，蓝宝石色、深蓝色和水绿色创造出一种罕见的优雅组合。

7．神秘紫色

这组色彩包含许多带红色色调的颜色，显得温暖而可靠。较冷的蓝紫色带有浆果柔和而饱满的颜色，显得朦朦胧胧。它来源于现实生活——每种色彩都有微妙之处，极易与室内各部分搭配。容易让人联想到灰渣和矿石一类的颜色，简朴却非常实用。

8．中性冷色

真正中性的黑色、炭色和灰色影响力很大。该组色彩集中体现在从白色到深黑色之间的各种柔和安静的灰色之中。这些具有灵性的中性色彩与其他色系中的各种颜色都可形成优雅的对比。弥漫的暖色与自然材料有着强大的联系，如油灰、石头和陶土，它们受到黄色影响，已不再显得那么冷冰冰了。

2.5 室内设计的依据、要求和特点

现代室内设计考虑问题的出发点和最终目的都是为人服务，满足人们生活、生产活动的需要，为人们创造理想的室内空间环境，使人们感到生活在其中，受到关怀和尊重。一经确定的室内空间环境，同样也能启发、引导甚至在一定程度上改变人们活动于其间的生活方式和行为模式。

为了创造一个理想的室内空间环境，人们必须了解室内设计的依据和要求，并知道现代室内设计所具有的特点及其发展趋势。

2.5.1 室内设计的依据

室内设计既然是作为环境设计系列中的一"环"，因此室内设计事先必须对所在建筑物的功能特点、设计意图、结构构成、设施设备等情况充分掌握，进而对建筑物所在地区的室外环境等也有所了解。具体地说，室内设计主要有以下各项依据。

1. 人体尺度以及人们在室内停留、活动、交往、通行时的空间范围

首先是人体的尺度和动作域所需的尺寸和空间范围，人们交往时符合心理要求的人际距离，以及人们在室内通行时，各处有形无形的通道宽度。人体的尺度即人体在室内完成各种动作时的活动范围，是我们确定室内诸如门扇的高宽度、踏步的高宽度、窗台阳台的高度、家具的尺寸及其相间距离，以及楼梯平台、室内净高等的最小高度的基本依据。涉及人们在不同性质的室内空间内，从人们的心理感受考虑，还要顾及满足人们心理感受需求的最佳空间范围。从上述的依据因素，可以归纳为：① 静态尺度；② 动态活动范围；③ 心理需求范围。

2. 家具、灯具、设备、陈设等尺寸，以及使用、安置它们时所需的空间范围

室内空间里，除了人的活动外，主要占有空间的内含物即是家具、灯具、设备。对于灯具、空调设备、卫生洁具等，除了有本身的尺寸以及使用、安置时必需的空间范围之外，值得注意的是，此类设备、设施，由于在建筑物的土建设计与施工时，对管网布线等都已有整体布置，室内设计时应尽可能在它们的接口处予以连接、协调。当然，对于出风口、灯具位置等从室内使用合理和造型等要求，适当在接口上做些调整也是允许的。

3. 室内空间的结构构成、构件尺寸、设施管线等的尺寸和制约条件

室内空间的结构体系、柱网的开间间距、楼面的板厚梁高、风管的断面尺寸以及水电管线的走向和铺设要求等，都是组织室内空间时必须考虑的。有些设施内容，如风管的断面尺寸、水管的走向等，在与有关工种的协调下可做调整，但仍然是必要的依据条件和制约因素。例如集中空调的风管通常在板底下设置，计算机房的各种电缆管线常铺设在架空地板内，室内空间的竖向尺寸就必须考虑这些因素。

4. 符合设计环境要求、可供选用的装饰材料和可行的施工工艺

由设计设想变成现实，必须动用可供选用的地面、墙面、顶棚等各个界面的装饰材料，采用现实可行的施工工艺，这些依据条件必须在设计开始时就考虑到，以保证设计图的实施。

5. 已确定的投资限额和建设标准，以及设计任务要求的工程施工期限

具体而又明确的经济和时间概念是一切现代设计工程的重要前提。室内设计与建筑设计的不同之处，在于同样一个旅馆的大堂，相对而言，不同方案的土建单方造价比较接近，而不同建设标准的室内装修，可以相差几倍甚至十几倍。例如一般社会旅馆大堂的室内装修费用单方造价1 000元左右足够，而五星级旅馆大堂的单方造价可以高达8 000~10 000元。可见对室内设计来说，投资限额与建设标准是室内设计必要的依据因素。同时，不同的工程施工期限，将导致室内设计中不同的装饰材料安装工艺以及界面设计处理手法。

有关室内设计的程序步骤中已经明确，在工程设计时，建设单位提出的设计任务书，以及有关的规范和定额标准，也都是室内设计的依据文件。此外，原有建筑物的建筑总体布局和建筑设计总体构思也是室内设计时重要的设计依据因素。

2.5.2 室内设计的要求

室内设计的要求主要有以下各项。

(1) 具有使用合理的室内空间组织和平面布局，提供符合使用要求的室内声、光、热效应，以满足室内环境物质功能的需要。

(2) 具有造型优美的空间构成和界面处理，宜人的光、色和材质配置，符合建筑物性格的环境气氛，以满足室内环境精神功能的需要。

(3) 采用合理的装修构造和技术措施，选择合适的装饰材料和设施设备，使其具有良好的经济效益。

(4) 符合安全疏散、防火、卫生等设计规范，遵守与设计任务相适应的有关定额标准。

(5) 随着时间的推移，考虑具有适应调整室内功能、更新装饰材料和设备的可能性。

(6) 联系到可持续性发展的要求，室内环境设计应考虑室内环境的节能、节材、防止污染，并注意充分利用和节省室内空间。

从上述室内设计的依据条件和设计要求的内容来看，相应地也对室内设计师应具有的知识和素养提出要求，或者说，应该按下述各项要求的方向去努力提高自己。

(1) 建筑单位设计和环境总体设计的基本知识，特别是对建筑单体功能分析、平面布局、空间组织、形体设计的必要知识，具有对总体环境艺术和建筑艺术的理解和素养。

(2) 具有建筑材料、装饰材料、建筑结构与构造、施工技术等建筑材料和建筑技术方面的必要知识。

(3) 具有对声、光、热等建筑物理、风、光、电等建筑设备的必备知识。

(4) 对一些学科，如人体工程学、环境心理学等，以及现代计算机技术具有必要的知识和了解。

(5) 具有较好的艺术素养和设计表达能力，对历史传统、人文民俗、乡土风情等有一定的了解。

(6) 熟悉有关建筑和室内设计的规章和法规。

2.5.3 室内设计的特点和发展趋势

1. 室内设计的特点

室内设计与建筑设计之间的关系极为密切，相互渗透，通常建筑设计是室内设计的前提，正如城市规划和城市设计是建筑单体设计的前提一样。室内设计与建筑设计有许多共同点，既要考虑物质功能和精神功能的要求，又要遵循建筑美学的原理，同时受物质技术和经济条件的制约，等等。室内设计作为一门相对独立的新兴学科，还有以下几个特点。

1) 对人们身心的影响更为直接和密切

由于人的一生中极大部分时间是在室内度过的，因此室内环境的优劣必然直接影响到人们的安全、卫生、效率和舒适，室内空间的大小和形状，室内界面的线形图案等，都会给人们生理上、心理上有较强的长时间、近距离的感受，甚至可以接触和触摸到室内的家具、设备以至墙面、地面等界面，因此很自然地对室内设计要求更为深入细致，更为慎密，要更多地从有利于人们身心健康和舒适的角度去考虑，要从有利于丰富人们的精神文化生活的角度去考虑。

2) 对室内环境的构成因素考虑更为周密

室内设计对构成室内光环境和视觉环境的采光与照明、色调和色彩配置、材料质地和纹理，对室内热环境中的温度、相对湿度和气流，对室内声环境中的隔音、吸音和噪声背景等的考虑，在现代室内设计中这些构成因素的大部分都要有定量的标准。

3) 较为集中、细致、深刻地反映了设计美学中的空间形体美、功能技术美、装饰工艺美

如果说建筑设计主要以外部形体和内部空间给人们以建筑艺术的感受，室内设计则以室内空间、界面线形以及室内家具、灯具、设备等内含物的综合给人们以室内环境艺术的感受，因此室内设计与装饰艺术和工业设计的关系也极为密切。

4) 室内功能的变化、材料与设备的老化与更新更为突出

比之建筑设计，室内设计与时间因素的关联更为紧密，更新周期趋短，更新节奏趋快。在室内设计领域里，可能更需要引入"动态设计"、"潜伏设计"等新的设计观念，认真考虑因时间因素引起的对平面布局、界面构造与装饰以至施工方法、选用材料等一系列相应的问题。

5) 具有较高的科技含量和附加值

现代室内设计所创造的新型室内环境，往往在计算机控制、自动化、智能化等方面具有新的要求，从而使室内设施设备、电器通信、新型装饰材料和五金配件等都具有较高的科技含量，如智能大楼、能源自给住宅、计算机控制住宅等。由于科技含量的增加，也使现代室内设计及其产品整体的附加值增加。

2．室内设计的发展趋势

随着社会的发展和时代的推移，现代室内设计具有下列发展趋势。

(1) 从总体上看，室内环境设计学科的相对独立性日益增强；同时，与多学科、边缘学科的联系和结合趋势也日益明显。现代室内设计除了仍以建筑设计作为学科发展的基础外，工艺美术和工业设计的一些观念、思考和工作方法也日益在室内设计中显示其作用。

(2) 室内设计的发展，适应于当今社会发展的特点，趋向于多层次、多风格，即室内设计由于使用对象的不同、建筑功能和投资标准的差异，明显地呈现出多层次、多风格的发展趋势。但需要着重指出的是，不同层次、不同风格的现代室内设计都将更为重视人们在室内空间中的精神因素的需要和环境的文化内涵。

(3) 专业设计进一步深化和规范化的同时，业主及大众参与的势头也将有所加强。这是由于室内空间环境的创造总是离不开生活、生产活动于其间的使用者的切身需求，贴近生活，能使使用功能更具实效，更为完善。

(4) 设计、施工、材料、设施、设备之间的协调和配套关系加强，上述各部分自身的规范化进程进一步完善。

(5) 由于室内环境具有周期更新的特点，且其更新周期相应较短，因此在设计、施工技术与工艺方面优先考虑干式作业、块件安装、预留措施等的要求日益突出。

(6) 从可持续发展的宏观要求出发，室内设计将更为重视防止环境污染的"绿色装饰材料"的运用，考虑节能与节省室内空间，创造有利于身心健康的室内环境。

本 章 小 结

本章讲述了建筑装饰设计的含义，介绍了建筑装饰设计的国内外风格，以及明确装饰设计的方法和程序步骤，阐述了装饰设计的内容和要点。

第  章

室内家具与陈设

学习目标

通过本章的学习，应对家具与陈设的发展过程有所认识，熟悉家具与陈设的尺度与分类，掌握家具与陈设在建筑装饰设计中的作用和布置。

学习要求

能力目标	知识要点	相关知识	权重
理解能力	家具与陈设的发展过程	(1) 国内家具的发展过程 (2) 国外家具的发展过程	20%
掌握能力	家具与陈设的尺度与分类，家具与陈设的作用和布置	(1) 家具尺度与分类 (2) 家具布置形式	30%
应用能力	家具与陈设的作用和布置	在设计中的运用	50%

【引例】

家具是人们生活的必需品,不论是工作、学习、休息,或坐或卧或躺,都离不开相应家具的依托。此外,在社会、家庭生活中的许多各式各样、大大小小的用品,也均需要相应的家具来收纳、隐藏或展示。因此,家具在室内空间中占有很大的比例和很重要的地位,对室内环境效果起着重要的影响。图 3.1 所示的是沙发和帽子。

图 3.1　沙发和帽子

家具的发展与当时社会的生产技术水平、政治制度、生活方式、风格习俗、思想观念以及审美意识等因素有着密切的联系。家具的发展史也是一部人类文明进步的历史缩影。

3.1 家具的发展

3.1.1 我国传统家具

根据象形文和商、周代铜器的装饰纹样推测,当时已产生了几、榻、桌、案、箱柜的雏形。河南信阳春秋战国时代楚墓的出土文物及湖南长沙战国墓中的漆案、雕花木几和木床,反映当时已有精美的彩绘和浮雕艺术。从商周到秦汉时期,由于人们以席地跪坐方式为主,因此家具都很矮。从汉代的砖石画像上,可知屏风已得到广泛的使用。从魏晋南北朝时期晋朝顾恺之的洛神赋图和北魏司马金龙墓漆屏风画中看,当时已有餐榻,敦煌壁画中凳、椅、床、榻等家具尺度已加高。一直到隋唐时期,逐渐由席地而坐过渡到垂足坐椅。从唐宫廷画院顾闳中的"韩熙夜宴田"及周文矩的"重屏绘棋图"中看到各种类型的几、桌、椅、靠背椅、三折屏风等。至五代时,家具在类型上已基本完善。宋辽金时期,从绘画(如宋苏汉臣的"秋庭婴戏田")和出土文物中反映出,高型家具已普及,垂足坐已代替了席地而坐,家具造型轻巧,线脚处理丰富。北宋大建筑学家李诫完成了有 34 卷的《营造法式》巨著,并影响到家具结构形式,采用类似梁、枋、柱、雀等形式。元代在宋代基础上又有所发展。

明、清时期,家具的品种和类型已都齐全,造型艺术也达到了很高的水平,形成了我国家具的独特风格。明清时期海运发达,东南亚一带的木材,如黄花梨、紫檀等运入我国,园林建筑也十分盛行,而特种工艺,如丝、雕漆、玉雕、陶瓷、景泰蓝也日趋成热,为家具陈设的进一步发展提供了良好的条件。

明代家具在我国历史上占有最重要的地位,以形式简洁、构造合理著称于世,其基本特点如下。

(1) 重视使用功能,基本上符合人体科学原理,如座椅的靠背曲线和扶手形式。

(2) 家具的构架科学,形式简洁,构造合理,不论从整体或各部件分析,既不显笨重又不过于纤弱。

(3) 在符合使用功能、结构合理的前提下,根据家具的特点进行艺术加工,造型优美,比例和谐,重视天然材质纹理、色泽的表现,选择对结构起加固作用的部位进行装饰,没有多余冗繁的不必要的附加装饰。这种正确的审美观念和高明的艺术处理手法是中外家具史上罕见的,达到了功能与美学的高度统一。即使在今天,与现代家具相比也毫不逊色,并且沿用至今,享誉中外。明代家具常用黄花梨、紫檀、红木、楠木等硬性木材,并采用了大理石、玉石、贝螺等多种镶嵌艺术。

清代家具趋于华丽,重雕饰,并采用更多的嵌、绘等装饰手法,于现代观点来看,显得较为繁冗、厚重,但由于其装饰精美、豪华富丽,在室内起到突出的装饰效果,仍然获得不少中外人士的喜爱,在许多场合中还在沿用,成为我国民族风格的又一杰出代表。

1. 矮型家具时期

时间:商、周至三国时期。

形成原因:由席地跪坐的生活习惯而形成。

常用的家具:床、案、俎、禁等。

矮型家具特点:家具造型古朴、笨拙,装饰方面纹样秀丽、线条流畅,多用龙凤纹、云雷纹、几何纹样,漆饰色彩绚丽,红、黑色最为常用。矮型家具如图3.2所示。

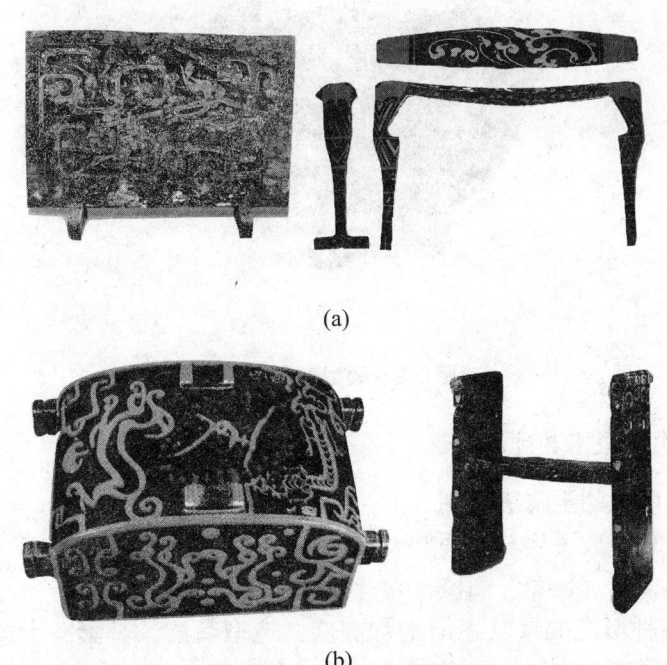

(a)

(b)

图3.2 矮型家具

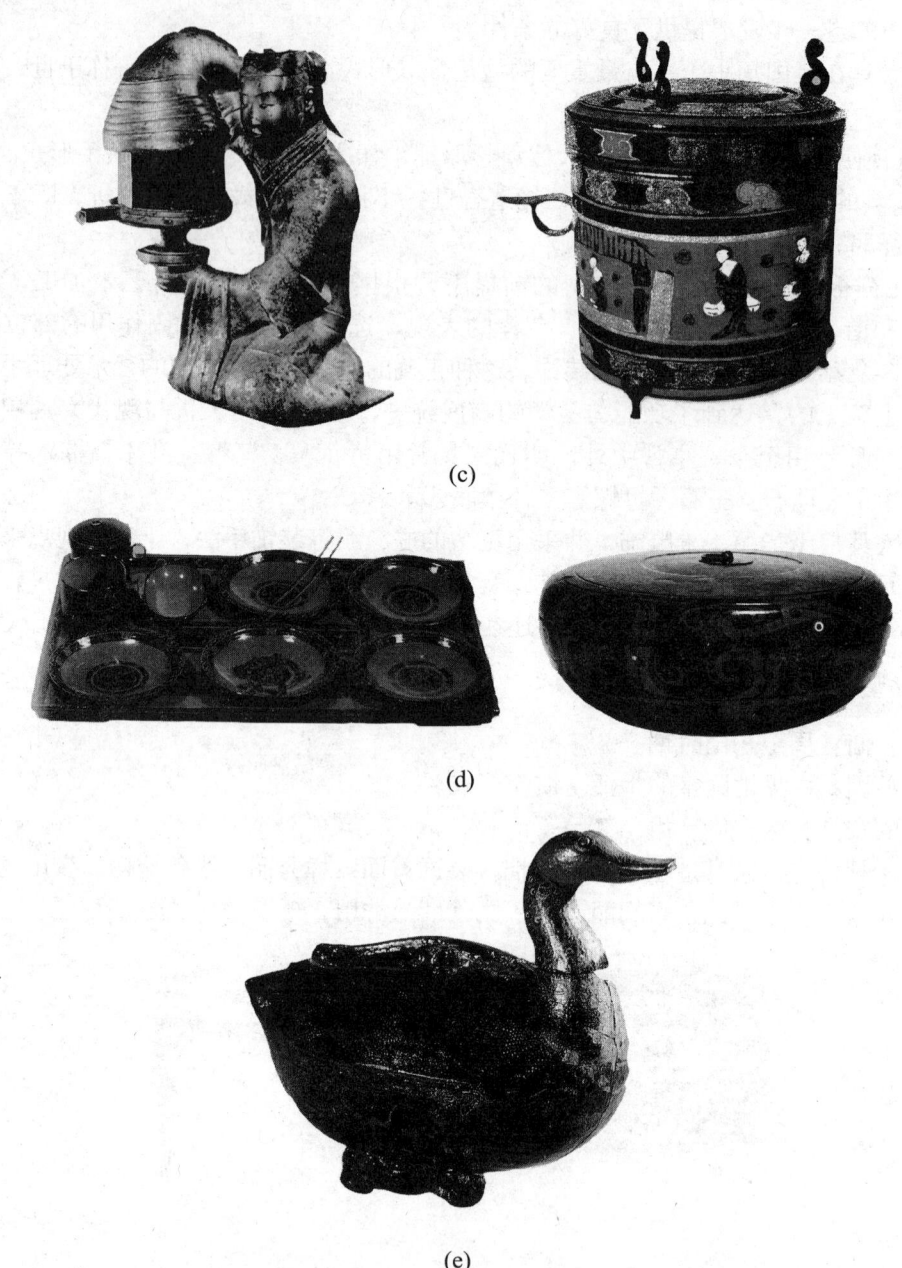

(c)

(d)

(e)

图 3.2 矮型家具（续）

2．矮型家具向高型家具过渡

时间：两晋、南北朝至隋唐时期。

形成原因：西北少数民族与汉民族大融合时期，将各种高型家具带入中原。

家具种类：桌、案、长凳、圈椅、靠背椅、平面的床。

家具特点：各种形式的家具逐渐增加高度，造型简洁、朴素、大方，并装饰上动植物、佛教的火焰纹、莲花纹等，高型家具如图3.3所示。

(a)

(b)

(c)

(d)

图 3.3　高型家具

3. 高型家具的流行及其发展

时间：宋元时期。

形成原因：垂足而坐的生活方式在普通百姓家庭中普及，由此高型家具得到定型和迅速发展。

常用家具：桌、椅、高几、琴桌等。宋元时期的家具如图3.4所示。

(a)

(b)

图 3.4　宋元时期的家具

4. 中国传统家具发展的鼎盛时期

时间：明清时期。

鼎盛原因如下。

(1) 明清时期商品经济发展，这一社会因素促使明式家具达到传统家具发展的顶峰。

(2) 从南洋各地输入名贵花梨、紫檀、红木等木材，为明式家具特有造型提供物质基础。明清家具名贵材质如图3.5所示。

(a) 红木　　　　　　(b) 紫檀

(c) 黄花梨

图 3.5　明清家具名贵材质

1) 明式家具

时间：从明至清初时期的家具。明式家具如图3.6所示。

(a)

图 3.6　明式家具

图 3.6　明式家具（续）

2) 清式家具

时间：清代中后期。清式家具如图3.7所示。

(a)

(b)

图 3.7　清式家具

5．中国近代家具发展状况

时间：1840年～20世纪中期。

形成原因：西方家具进入中国，影响近代家具发展，呈现出"近代式"、"摩登式"、"混合式"等多种复杂的家具发展时期。

3.1.2　国外古典家具

1．埃及、希腊、罗马家具

首次记载制造家具的是埃及人，古埃及人较矮(人均约 1.52m)，并有蹲坐的习惯，因此座椅较低。

(1) 古埃及(公元前3100—前311年)家具特征：由直线组成，直线占优势；动物腿脚(双腿静止时的自然姿势，放在圆柱形支座上)椅和床(延长的椅子)，矮的方形或长方形靠背和宽低的座面，侧面成内凹或曲线形；采用几何或螺旋形植物图案装饰，用贵重的涂层和各种材料镶嵌；用色鲜明、富有象征性；凳和椅是家具的主要组成部分，还有为数众多的柜用做储藏衣被、亚麻织物。埃及家具对英国摄政时期和维多利亚时期及法国帝国时期影响显著。

(2) 古希腊(公元前650-前30年)人生活节俭,家具简单朴素,比例优美,装饰简朴,但已有丰富的织物装饰,其中著名的"克利奈"椅(Klisn1os)是最早的形式,有曲面靠背,前后腿呈"八"字形弯曲,凳子是普通的家具,长方形三腿桌是典型的家具,床长而直,通常较高,且需要脚凳。

在古希腊书中已提到在木材上打蜡,关于木材的干燥和表面装饰等情况和古埃及有同样高的质量。19世纪末,古希腊文艺复兴运动十分活跃,一些古典的装饰图案可在英国的维多利亚时代的例子中看到。

(3) 人们对古罗马(公元前753-公元365年)的家具知识来自壁画、雕刻和拉丁文中偶然有关家具的记载,而罗马家庭的家具片段保存在庞贝城和赫库兰尼姆的遗址中。

古罗马家具设计是希腊式样的变体,家具厚重,装饰复杂、精细,采用镶嵌与雕刻、旋车盘腿脚、动物足、狮身人面及带有翅膀的鹰头狮身的怪兽。桌子作为陈列或用餐,腿脚有小的支撑,椅背为凹面板。在家具中结合了建筑特征,采用了建筑处理手法,三腿桌和基座很普遍,使用珍贵的织物和垫层。

2. 中世纪(1~15世纪)高直和文艺复兴时期(800-1150年)的家具

在中世纪,西欧处于动乱时期,罗马帝国崩溃后,古代社会的家具也随之消失。中世纪富人住在装饰贫乏的城堡中,家具不足,在骚乱时期少有幸存者。拜占庭时期(323-1453年),除富有者精心制作的嵌金和象牙的椅子外,家具类型也不多。

(1) 高直时期(1150-1500年)家具特征:采用哥特式建筑形式和厚墙的细部设计,采用建筑的装饰主题,如拱、花窗格、四叶式(建筑)、布卷褶皱、雕刻品和镂雕,柜子和座位部件为镶板结构,柜子既用做储藏又用做座位。

(2) 意大利文艺复兴时期(1400-1650年),为了适应社会交往和接待增多的需要,家具靠墙布置,并沿墙布置了半身雕像、绘画、装饰品等,强调水平线,使墙面形成构图的中心。

意大利文艺复兴时期的家具的特征:普遍采用直线式,以古典浮雕图案为特征,许多家具放在矮台座上,椅子上加装垫子,家具部件多样化,除用少量橡木、衫木、丝柏木外,核桃木是唯一所用的,节约使用木材,大型图案的丝织品用做椅座等的装饰。

(3) 西班牙文艺复兴时期(1400-1600年)的家具许多是原始的,特征是厚重的比例和矩形形式,结构简单,缺乏运用建筑细部的装饰,有铁支撑和支架,钉头处显露,家具体形大,富有男性的阳刚气,色彩鲜明(经常掩饰低级工艺),用压印图案或简单的皮革装饰(座椅),采用核桃木比松木更多,图案包括短的凿纹、几何形图案,腿脚是"八"字形式倾斜的,采用铁和银的玫瑰花饰、星状装饰以及贝壳作为装饰。

(4) 法国文艺复兴时期(1485-1643年)的家具的特征:厚重。轮廓鲜明的浮雕由擦亮的橡木或核桃木制成,在后期出现乌木饰面板,椅子有像御座的靠背,直扶手,以及有旋成球状、螺旋形或栏杆柱形的腿,带有小圆面包形或荷兰式漩涡饰的脚,使用上色木的镶嵌细工、玳瑁壳、镀金金属、珍珠母、象牙,家具的部分部件用西班牙产的科尔多瓦皮革、天鹅绒、针绣花边、锦缎及流苏等装饰物装饰,装饰图案有橄榄树枝叶、月桂树叶、打成漩涡叶箔、阿拉伯式图案、玫瑰花饰、漩涡花饰、圆雕饰、贝壳、怪物,鹰头狮身带翅膀的怪物,棱形物、奇形怪状的人物图案,女人像柱,家具连接处还被隐蔽起来。

3. 巴洛克时期(1643—1700年)

(1) 法国巴洛克风格亦称为法国路易十四风格,其家具特征为雄伟,带有夸张的、厚重的古典形式,雅致优美重于舒适,用了垫子,采用直线和一些圆弧形曲线相结合和矩形、对称结构的特征,采用橡木、核桃木及某些欧锻和梨木、嵌用斑木、鹅掌楸木等,家具下部有斜撑,结构牢固,直到后期才取消横档;既有雕刻和镶嵌细工,又有镀金或部分镀金或银、镶嵌、涂漆、绘画。在这个时期的发展过程中,原来的直腿变为曲线腿,桌面为大理石和嵌石细工,高靠背椅,靠墙布置的带有精心雕刻的下部斜撑的蜗形腿狭台;装饰图案包括嵌有宝石的旭日形饰针,围绕头部有射线,在卵形内双重"L"形,森林之神的假面、"C"、"S"形曲线,海豚、人面狮身、狮头和爪、公羊头或龟、橄榄叶、菱形花、水果、蝴蝶、矮棕榈和睡莲叶不规则分散布置及人类寓言、古代武器等。

(2) 英国安妮皇后式(1702—1714年):家具轻巧优美,做工优良,无强劲线条,并考虑人体尺度,形状适合人体。椅背、腿、座面边缘均为曲线,装有舒适的软垫,用法国、意大利的有着美丽木纹的胡桃木做饰面,常用的木材有榆、山毛榉、紫杉、果木等。

4. 洛可可时期(1730—1760年)

(1) 法国路易十五时期的家具特征:家具是娇柔和雅致的,符合人体尺度,重点放在曲线上,特别是家具的腿,无横档,家具比较轻巧,因此容易移动;核桃木、红木、果木均使用,以及藤料、蒲制品和麦秆;华丽的装饰包括雕刻、镶嵌、镀金物、油漆、彩饰、镀金。初期还有许多新家具引进或大量制造采用色彩柔和的织物装饰家具,图案包括不对称的断开的曲线、花,扭曲的漩涡饰、贝壳,中国装饰艺术风格的乐器(小提琴、角制号角、鼓)、爱的标志(持弓箭的丘比特)、花环、牧羊人的场面、战利品饰(战役象征的装饰布置)、花和动物。

(2) 英国乔治早期(1714—1750年): 1730年前均为浓厚的巴洛克风格, 1730年后洛可可风格开始大众化,主要装饰有细雕刻镶嵌装饰品、镀金石膏。装饰图案有狮头、假面、鹰头和展开的翅膀、贝壳、希腊神面具、建筑柱头、裂开的山墙等。

直到1750年油漆家具才普及,乔治后期广泛使用直线和直线形家具,小尺度、优美的装饰线条,逐渐变细的直腿,不用横档,有些家具构件过于纤细。

5. 新古典主义(1760—1789年)

(1) 法国路易十六时期的家具特征:古典影响占统治地位,家具更轻、更女性化和细软,考虑人体舒适的尺度,对称设计,带有直线和几何形式,大多为喷漆的家具,橱柜和五斗柜是矩形的,在箱盒上的五金吊环饰有四周框架图案,座椅上装座垫,直线腿,向下部逐渐变细,箭袋形或细长形,有凹槽,椅靠背是矩形、卵形或圆雕饰,顶点用青铜制,金属镶嵌是有节制的,镶嵌细工及镀金等装潢都很精美雅致,装饰图案源于希腊。

(2) 法国帝政时期(1804—1815年):家具带有刚健曲线和雄伟的比例,体量厚重,装饰包括厚重的平木板、青铜支座、镶嵌宝石、银、浅浮雕、镀金,广泛使用漩涡式曲线以及少量的装饰线条,家具外观对称统一,采用暗销的胶粘结构。1810年前一直使用红木,后采用橡木、山毛榉、枫木、柠檬木等。

(3) 英国摄政时期(1811—1830年):设计舒适为主要标准,形式、线条、结构、表面装饰都很简单,许多部件是矩形的,以红木、黑、黄檀为主要木材。装饰包括小雕刻、小凸线、雕镂合金、黄铜嵌带、狮足，采用小脚轮，柜门上采用金属线格。

6. 维多利亚时期(1830—1901年)

维多利亚时期的家具是19世纪混乱风格的代表，不加区别地综合历史上的家具形式。图案花纹包括古典、洛可可、哥特式、文艺复兴、东方的土耳其等十分混杂，设计趋于退化。1880年后，家具由机器制作，采用了新材料和新技术，如金属管材、铸铁、弯曲木、层压木板。椅子装有螺旋弹簧，装饰包括镶嵌、油漆、镀金、雕刻等。采用红木、橡木、青龙木、乌木等。构件厚重，家具有舒适的曲线及圆角。

3.1.3 近现代家具

从19世纪末到20世纪初，新艺术运动摆脱了历史的束缚，澳大利亚托尼(Thone)设计了曲木扶手椅。继新艺术运动之后，风格振兴起，早在1918年，里特维尔德设计了著名的红、黄、蓝3色椅。

在不到100年的时间里，现代家具的崛起使家具设计发生了划时代的变化，设计者关于使用的基本出发点是考虑现代人是如何活动、坐、躺的？他们的姿态和习惯与中世纪或其他年代有什么变化？他们拥有哪些东西要储藏或使用？对于这些现实情况，怎样布置最为适宜？现代家具的成就，主要表现在以下几方面。

(1) 把家具的功能性作为设计的主要因素。

(2) 利用现代先进技术和多种新材料、加工工艺，如冲压、模铸、注塑、热固成型、镀铬、喷漆、烤漆等。新材料如不锈钢、铝合金板材、管材、玻璃钢、硬质塑料、皮革、锦纶、胶合板、弯曲木适合于工业化大量生产要求。

(3) 充分发挥材料性能及其构造特点，显示材料固有的形、色、质的本色。

(4) 结合使用要求，注重整体结构形式简洁，排除不必要的无为装饰。

(5) 不受传统家具的束缚和影响，在利用新材料、新技术的条件下，创造出了一大批前所未有的新形式，取得了革命性的伟大成就，标志着崭新的当代文化、审美观念。

在国际风格流行时，北欧诸国如丹麦、瑞典、挪威和芬兰等，结合本地区、本民族的生产技术和审美观念，创造了享誉全球的具有自己特色的家具系列产品，它们做工细腻、色泽光滑、淡雅、朴实而富有人情味，为当代家具做出了又一卓越贡献。

到20世纪六七十年代，家具发展更是日新月异，流派纷呈。如20世纪80年代出现的孟菲斯新潮家具和当代法国的先锋派家具艺术，更重视家具的系列化、组合化、装卸化，为不同使用需要提供多样性和选择性。

3.2 家具的尺度与分类

3.2.1 人体工程学与家具设计

家具是为人使用的，是服务于人的，因此，家具设计包括它的尺度、形式及其布置方式，必须符合人体尺度及人体各部分的活动规律，以便达到安全、舒适、方便的目的。

人体工程学对人和家具的关系，特别对在使用过程中家具对人体产生的生理、心理反应进行了科学的实验和计测，为家具设计做出了科学的依据，并根据家具与人和物的关系及其密切程度对家具进行分类，把人的工作、学习、休息等生活行为分解成各种姿势模型，以此来研究家具设计，根据人的立位、坐位的基准点来规范家具的基本尺度及家具间的相互关系。

良好的家具可以减轻人的劳动，提高工作效率，节约时间，维护人体正常姿态并获得身心健康。

3.2.2 家具设计的基准点和尺度的确定

人和家具、家具和家具(如桌和椅)之间的关系是相对的，并应以人的基本尺度(站、坐、卧不同状况)为准则来衡量这种关系，确定其科学性和准确性，并决定相关的家具尺寸。

人的立位基准点脚底相对地面作为设计零点标高，即脚底后正点加鞋厚(一般为2cm)的位置。坐位基准点是以坐骨结节点为准，卧位基准点是以髋关节转动点为准的。

对于立位使用的家具(如柜)以及不设坐椅的工作台等，应以立位基准点的位置计算，而对坐位使用的家具(桌、椅等)，过去确定桌椅的高度均以地面作为基准点，这种依据和人体尺度无关的，实际上人在坐位时，眼的高度、肘的位置、脚的状况，都只能以坐骨结节点为准进行计算，而不能以无关的脚底的位置为依据。

因此，桌面高＝桌面至座面差＋坐位基准点高。

一般桌面至座面差为250～300cm。

坐位基准点高为390～410cm。

所以一般桌高在640cm(390cm+250cm)～710cm(410cm+300cm)这个范围内。

桌面与座面高差过大时，双手臂会被迫抬高而造成不适；当然高差过小时，桌下部空间相应变小，而不能容纳腿部时，也会造成困难。

3.2.3 家具的分类与设计

室内家具可按其使用功能、制作材料、构造体系、家具组成等方面来分类。

1. 按使用功能分类

按使用功能分类即按家具与人体的关系和使用特点分为以下几类。
(1) 坐卧类。支持整个人体的椅、凳、沙发、卧具、躺椅、床等。
(2) 凭倚类。人体依靠着进行操作的书桌、餐桌、柜台、作业台及几案等。
(3) 储存类。作为存放物品用的壁橱、书架、搁板等。

2. 按制作材料分类

不同的材料有不同的性能，其构造和家具造型也各具特色，家具可以用单一材料制成，也可和其他材料结合使用，以发挥各自的优势。
(1) 木制家具。木材质轻，强度高，易于加工，而且其天然的纹理和色泽具有很高的观赏价值和良好手感，使人感到十分亲切，是人们喜欢的理想家具材料。自从弯曲层积木和层压板加工工艺发明后，木质家具便进一步得到发展，形式更多样，更富有现代感，更便于和其他材料结合使用，常用的木材有柳桉、水曲柳、山毛、柚木、椭木、红木、花梨木等。

（2）藤、竹家具。藤、竹材料和木材一样具有质轻、高强和质朴自然的特点，而且更富有弹性和韧性，宜于编织，竹制家具又是理想的夏季消暑使用家具。藤、竹、木棉有浓厚的乡土气息，在室内别具一格，常用的竹麟有毛竹、淡竹、黄枯竹、紫竹、莉竹及广捧、土藤等。但各种天然材料均须按不同要求进行干燥、防腐、防蛀、漂白等加工处理后才能使用。

（3）金属家具。19世纪中叶，西方曾风行铸铁家具，有些国家把它作为公园里的一种椅子形式，至今还在使用。后来逐渐被淘汰，代之以质轻高强的钢和各种金属材料，如不锈钢管、钢板、铝合金等。金属家具常用金属管材为骨架，用环氧涂层的电焊金属丝线作座面和靠背，但与人体接触部位，即座面、靠背、扶手，常采用木、蘑、竹、大麻纤维、皮革和高强人造纤维编织材料，更为舒适。在材质色泽上也能产生更强的对比效果。金属管外套用软而富有弹性的氯丁橡胶管，可更耐磨而适用于公共场所。

（4）塑料家具。一般采用玻璃纤维加强塑料，模具成型，具有质轻高强、色彩多样、光洁度高和造型简洁等特点，塑料家具常用金属作骨架，成为钢塑家具。

3．按构造体系分类

（1）框式家具。以框架为家具的受力体系，再覆以各种面板，连接部位的构造以不同部位的材料而定。有榫接、铆接、承插接、胶接、吸盘等多种方式，并有固定、装拆之区别。框式家具常有木框及金属框架等。

（2）板式家具。以板式材料进行拼装和承受荷载，其连接方式也常以胶合或金属连接件等方法，视不同材料而定。板材可以用原木或各种人造板，板式家具严整简洁，造型新颖美观，运用很广。

（3）注塑家具。采用硬质和发泡塑料，用模具浇筑成型的塑料家具，整体性强，是一种特殊的空间结构。目前，高分子合成材料品种繁多，性能不断改进，成本低，易于清洁和管理，在餐厅、车站、机场中广泛应用。

（4）充气家具。充气家具的基本构造为聚氨基甲酸乙酯泡沫和密封气体，内部为空气空腔，可以用调节阀调整到最理想的坐位状态。

此外，在1968—1969年，国外还设计有袋状座椅。这种革新座椅的构思是在一个表面灵活的袋内填充聚苯乙烯颗粒，可成为任何形状，另外还有以玻璃纤维肋支撑的摇椅。

4．按家具组成分类

（1）单体家具。在组合配套家具产生以前，不同类型的家具，都是作为一个独立的工艺品来生产的，它们之间很少有必然的联系，用户可以按不同的需要和爱好单独选购。这种单独生产的家具不利于工业化大批量生产，而且各家具之间在形式和尺度上不易配套、统一。因此，后来为配套家具和组合家具所代替。但是个别著名的家具，如里特维尔傅的红、黄、蓝三色椅等，现在仍有人乐意使用。

(2) 配套家具。卧室中的床、床头柜、衣橱等，常是因生活需要自然形成的相互密切联系的家具。因此，如果能在材料、款式、尺度、装饰等方面统一设计，就能取得十分和谐的效果。配套家具现已发展到各种领域，如旅馆客房中床、柜、桌椅、行李架……的配套，餐室中桌、椅的配套，客厅中沙发、茶几、装饰柜的配套，以及办公室家具的配套，等等。配套家具不等于只能有一种规格，由于使用要求和档次的不同，要求有不同的变化，从而产生了各种配套系列，使用户有更多的选择自由。

(3) 组合家具。组合家具是将家具分解为一两种基本单元，再拼接成不同形式，甚至不同的使用功能。如组合沙发，可以组成不同形状和布置形式，可以适应坐、卧等要求。又如组合柜，也可由一两种单元拼连成不同数量和形式的组合柜。组合家具有利于标准化和系列化，使生产加工简化、专业化。在此基础上，又产生了以零部件为单元的拼装式组合家具。单元生产达到了最小的程度，如拼装的条、板、基足以及连接零件。这样生产更专业化，组合更灵活，也便于运输。用户可以买回配套的零部件，按自己的需要自由拼装。

为了使家具尺寸和房间尺寸相协调，必须建立统一的模数制。

此外，还有活动式的嵌入式家具、固定在建筑墙体内的固定式家具。

3.3 家具在室内环境中的作用

3.3.1 明确使用功能，识别空间性质

除了作为交通性的通道等空间外，绝大部分的室内空间(厅、室)在家具未布置前是难于付之使用和难于识别其功能性质的，更谈不上其功能的实际效率。因此，可以这样说，家具是空间实用性质的直接表达者，家具的组织和布置也是空间组织使用的直接体现，是对室内空间组织、使用的再创造。良好的家具设计和布置形式，能充分反映使用的目的、规格、等级、地位以及个人特性等，从而为空间赋予一定的环境品格，应该从这个高度来认识家具对组织空间的作用。

3.3.2 利用空间、组织空间

利用家具来分隔空间是室内设计中的一个主要内容，在许多设计中得到了广泛的利用，如在办公室中利用家具单元沙发等进行分隔和布置空间；在住户设计中，利用壁柜来分隔房间；在餐厅中利用桌椅来分隔用餐区和通道；在商场、营业厅利用货柜、货架、陈列柜来分划不同性质的营业区域等。因此，应该把室内空间分隔和家具结合起来考虑，在可能的条件下，通过家具分隔既可减少墙体的面积，减轻自重，提高空间使用率，并在一定的条件下，还可以通过家具布置的灵活变化达到适应不同的功能要求的目的。此外，某些吊柜的设置具有分隔空间的因素，并对空间做了充分的利用，如开放式厨房常利用餐桌及其上部的吊柜来分隔空间。室内交通组织的优劣全赖于家具布置的得失，布置家具圈内的工作区，或休息谈话区，不宜有交通穿越，因此，家具布置应处理好与出入口的关系。

3.3.3 建立情调，创造氛围

由于家具在室内空间所占的比重较大，体量十分突出，因此家具就成为室内空间表现的重要角色。历来人们对家具除了注意其使用功能外，还利用各种艺术手段，通过家具的形象来表达某种思想和涵义。这在古代宫廷家具设计中可见一斑，那些家具已成为封建帝王权力的象征。

家具和建筑一样受到各种文艺思潮和流派的影响，自古至今，千姿百态，无奇不有，家具既是实用品，也是一种工艺美术品，这已为大家所共识。家具作为一门美学和艺术，在我国目前才刚起步，还有待进一步发展和提高。家具应该是实用与艺术的结晶，那种不惜牺牲其使用功能，哗众取宠的家具是不足取的。

从历史上看，对家具纹样的选择、构件的曲直变化、线条的运用、尺度大小的改变、造型的壮实或柔细、装饰的繁复或简练，除了其他因素外，主要是利用家具的语言表达一种思想、一种风格、一种情调，造成一种氛围，以适应某种要求和目的。而现代社会流行的怀旧情调的仿古家具、回归自然的乡土家具、崇尚技术形式的抽象家具等，也反映了各种不同思想情绪和某种审美要求。

现代家具应在应用人体工程学的基础上，做到结构合理、构造简洁，充分利用和发挥材料本身性能和特色，根据不同场合、不同用途、不同性质的使用要求，和建筑有机结合。

3.4 家具的选用和布置原则

3.4.1 家具布置与空间的关系

1．合理的位置

室内空间的位置环境各不相同，在位置上有靠近出入口的地带、室内中心地带、沿墙地带或靠窗地带，以及室内后部地带等区别，各个位置的环境，如采光效率、交通影响、室外景观各不相同。应结合使用要求，使不同家具的位置在室内各得其所。例如宾馆客房，床位一般布置在暗处，休息座位靠窗布置……，在餐厅中常选择室外景观好的靠窗位置，客房套间则把谈话、休息处布置在入口的部位，卧室在室内的后部，等等。

2．方便使用，节约劳动

同一室内的家具在使用上都是相互联系的，如餐厅中餐桌、餐具和食品柜，书桌和书架，厨房中洗、切等设备与橱柜、冰箱、蒸煮等的关系，它们的相互关系是根据人在使用过程中达到方便、舒适、省时、省力等的活动规律来确定的。

3．丰富空间，改善空间

空间是否完善，只有当家具布置以后才能真实地体现出来，如果在未布置家具前，原来的空间有过大、过小、过长、过狭等都可能造成某种缺陷的感觉。但经过家具布置后，可能会改变原来的面貌而使其恰到好处。因此，家具不但丰富了空间内涵，而且常是借以改善空间、弥补空间不足的一个重要因素,应根据家具的不同体量大小、高低,结合空间给予合理的、相适应的位置,对空间进行再创造,使空间在视觉上达到良好的效果。

4. 充分利用空间,重视经济效益

建筑设计中的一个重要的问题就是经济问题,这在市场经济中更显得重要,因为地价、建筑造价是持续上升的,投资是巨大的,作为商品建筑,就要重视它的使用价值,一个电影院能容纳多少观众,一个餐厅能安排多少餐桌,一个商店能布置多少营业柜台,这对经营者来说不是一个小问题。合理压缩非生产性面积,充分利用使用面积,减少或消灭不必要的浪费面积,对家具布置提出了相当严峻甚至苛刻的要求,应该把它看作是杜绝浪费、提倡节约的一件好事,当然也不能走向极端,成为唯经济论的错误方向。在重视社会效益、环境效益的基础上,精打细算,充分发挥单位面积的使用价值,无疑是十分重要的。特别对大量性建筑来说,如居住建筑,充分利用空间应该作为评判设计质量优劣的一个重要指标。

3.4.2　家具形式与数量的确定

现代家具的比例尺度应和室内净高、门窗、窗台线、墙裙取得密切配合,使家具和室内装修形成统一的有机整体。

家具的形式往往涉及室内风格的表现,而室内风格的表现,除界面装饰装修外,家具起着重要的作用。室内的风格往往取决于室内功能需要和个人的爱好和情趣。历史上比较成功有名的家具,往往代表着那一时代的一种风格而流传至今。同时由于旅游业的发展,各国交往频繁,为满足不同需要,反映各国乃至各民族的特点,以表现不同民族和地方的特色而采取相应的风格表现。因此,除现代风格以外,常采用各国各民族的传统风格和不同历史时期的古典或古代风格。

家具的数量决定于不同性质的空间的使用要求和空间的面积大小。除了影剧院、体育馆等群众集合场所家具相对密集外,一般家具面积不宜占室内总面积过大,要考虑容纳人数和活动要求以及舒适的空间感,特别是活动量大的房间,如客厅、起居室、餐厅等,更宜留出较多的空间。小面积的空间应满足最基本的使用要求,或采取多功能家具、悬挂式家具,以留出足够的活动空间。

3.4.3　家具布置的基本方法

应结合空间的性质和特点,确立合理的家具类型和数量,根据家具的单一性或多样性,明确家具布置的范围,达到功能分区合理,组织好空间活动和交通路线,使动、静分区分明,分清主体家具和从属家具,使相互配合,主次分明。安排组织好空间的形式、形状和家具的组、团、排的方式,达到整体和谐的效果,在此基础上更进一步,则应该从布置格局、风格等方面考虑,从空间形象和空间景观出发,使家具布置具有规律性、秩序性、韵律性和表现性,获得良好的视觉效果和心理效应。因为一旦家具设计好和布置好后,人们就要去适应这个现实存在。

不论在家庭或公共场所,除了个人独处的情况外,大部分家具使用都处于人际交往和人际关系的活动之中，如家庭会客、办公交往、宴会欢聚、会议讨论、车船等候、逛商场或公共休息场所等。家具设计和布置，如座位布置的方位、间隔、距离、环境、光照，实际上往往是在规范着人与人之间各式各样的相互关系、等次关系、亲疏关系(如面对面、背靠背、面对背、面对侧)，影响到安全感、私密感、领域感。形式问题影响心理问题，每个人既是观者又是被观者，人们都处于通常说的"人看人"的局面之中。

因此，当人们选择位置时必然对自己所处的地位位置作出考虑和选择，在设计布置家具的时候，特别是在公共场所，应适合不同人们的心理需要，充分认识不同的家具设计和布置形式代表了不同的含义，比如，一般有对向式、背向式、离散式、内聚式、主从式等布置，它们所产生的心理作用是各不相同的。

从家具在空间中的位置可分为以下几种。

(1) 周边式。家具沿四周墙布置，留出中间空间位置，空间相对集中，易于组织交通，为举行其他活动提供较大的面积，便于布置中心陈设。

(2) 岛式。将家具布置在室内中心部位，留出周边空间，强调家具的中心地位，显示其重要性和独立性，周边的交通活动保证了中心区不受干扰和影响。

(3) 单边式。将家具集中在一侧，留出另一侧空间(常成为走道)。工作区和交通区截然分开，功能分区明确，干扰小，交通成为线形，当交通线布置在房间的矩边时，交通面积最为节约。

(4) 走道式。将家具布置在室内二侧，中间为出入走道，节约交通面积，交通对两边都有干扰，一般客房活动人数少时都这样布置。

从家具布置与墙面的关系可分为以下几种。

(1) 靠墙布置。充分利用墙面，使室内留出更多的空间。

(2) 垂直于墙面布置。考虑采光方向与工作面的关系，起到分隔空间的作用。

(3) 临空布置。用于较大的空间，形成空间中的空间。

从家具布置格局可分为以下几种。

(1) 对称式。显得庄重、严肃、稳定而静穆，适合于隆重、正规的场合。

(2) 非对称式。显得活泼、自由、流动而活跃。适合于轻松、非正规的场合。

(3) 集中式。常适合于功能比较单一、家具品类不多、房间面积较小的场合，组成单一的家具组。

(4) 分散式。常适合于功能多样、家具品类较多、房间面积较大的场合，组成若干家具组、团。不论采取何种形式，均应有主有次，层次分明，聚散相宜。

3.5 室内陈设及其布置原则

室内陈设或称为摆设，是继家具之后的又一项室内重要的内容，陈设品的范围非常广泛，内容极其丰富，形式也多种多样，随着时代的发展而不断变化，但是作为陈设的基本目的和深刻意义，始终是以其表达一定的思想内涵和精神文化方面为着眼点，并起着其他物质功能所无法代替的作用，它对室内空间形象的塑造、气氛的表达、环境的渲染起着锦上添花、画龙点睛的作用，也是具有完整的室内空间所必不可少的内容；同时也应指出，陈设品的展示也不是孤立的，必须和室内其他物件相互协调和配合，亲如一家。此外，陈设品在室内的比例毕竟是不大的，因此为了发挥陈设品所应有的作用，陈设品必须具有视觉上的吸引力和心理上的感染力。也就是说，陈设品应该是一种既有观赏价值又能品味的艺术品。我国传统楹联是室内陈设品的典型的杰出代表。

我国历来十分重视室内空间所表现的精神力量，如宫殿的威严、寺庙的肃穆、居室的温馨、画堂庭榭的洒酒等。究其根源，无不和室内陈设有关。至于节日庆典的张灯结彩，婚丧仪式的截然不同布置，更是源远流长，家喻户晓，世代相传，深入人心。

室内陈设浸透着社会文化、地方特色、民族气质、个人素养的精神内涵，这些都会在日常生活中表现出来。

现代文化渗透在生活中的每一角落，现代商品无不重视其外部包装，以促其销。商品竞争规律也充分表现在各艺术领域，从而使艺术表现形式日新月异，流彩纷呈，但其中难免良莠不齐，雅俗共生。在掀起"包装"潮流的时代，室内设计师有诱导社会潮流的职责，鉴别真伪的能力，在工作中不可不慎。

室内陈设一般分为纯艺术品和实用艺术品。纯艺术品只有观赏品味价值而无实用价值（这里所指的实用价值是指物质性的），而实用工艺品则既有实用价值又有观赏价值，两者各有所长，各有特点，不能代替，不宜类比。要将日用品转化成具有观赏价值的艺术品，当然必须进行艺术加工和处理，此非易事，因为不是任何一件日用品都可列入艺术品；而作为纯艺术品的创作也不简单，因为不是每幅画、每件雕塑都是可以获得成功的。

3.5.1 常用的室内陈设

1. 字画

我国传统的字画陈设表现形式有楹联、条幅、中堂、匾额以及具有分隔作用的屏风、纳凉用的扇面、祭祀用的祖宗画像等（可代替祠堂中的牌位）。所用的材料也丰富多彩，如纸、锦帛、木刻、竹刻、石刻、贝雕、刺绣，字画篆刻还有阴阳之分，濠色之别，十分讲究。书法中又有篆隶正草之别，画有泼墨工笔、黑白丹青之分，以及不同流派风格，可谓应有尽有，如武侯祠过厅楹联景观。我国传统字画至今在各类厅堂、居室中广泛应用，并作为表达民族形式的重要手段。西洋画的传入以及其他的绘画形式丰富了绘画的品类和室内风格的表现形式。字画是一种高雅艺术，也是广为普及和为群众喜爱的陈设品，是装饰墙面的最佳选择。

字画的选择全在内容、品类、风格以及幅画大小等因素，例如现代派的抽象画和室内装饰的抽象风格十分协调。

2. 摄影作品

摄影作品是一种纯艺术品。摄影和绘画的不同之处在于摄影只能是写实的和逼真的，少数摄影作品经过特技拍摄和艺术加工也有绘画效果，因此摄影作品的一般陈设和绘画基本相同，而巨幅摄影作品常作为室内扩大空间感的界面装饰，意义已有不同。摄影作品制成灯箱广告，这是不同于其他绘画的特点。

由于摄影能真实地反映当地当时所发生的情景，因此某些重要的历史性事件和人物写照，常成为值得纪念的珍贵文物，因此，它既属于摄影艺术品，又是纪念品。

3. 雕塑

瓷塑、钢塑、泥塑、竹雕、石雕、晶雕、木雕、玉雕、根雕等是我国传统工艺品，题材广泛，内容丰富，巨细不等，流传于民间和宫廷，是常见的室内摆设。有些已是历史珍品，现代雕塑的形式更多，有石膏、合金等雕塑，有玩赏性和偶像性(如人、神塑像)之分，它反映了个人情趣、爱好、审美观念、宗教意识和崇拜偶像等，它属于三度空间，内容栩栩如生，其感染力常胜于绘画的力量。雕塑的表现还取决于光照、背景的衬托以及视觉方向。

4. 盆景

盆景在我国有着悠久的历史，是植物观赏的集中代表，被称为有生命的绿色雕塑。盆景的种类和题材十分广阔，它像电影一样，既可表现特写镜头，如一棵树桩盆景，老根新芽，充分表现植物的刚健有力，苍老古朴，充满生机，又可表现壮阔的自然山河，如一盆浓缩的山水盆景，可以表现崇山峻岭、湖光山色、亭台楼阁、小桥流水、千里江山，尽收眼底，可以得到神思卧游之乐。

5. 工艺美术品、玩具

工艺美术品的种类和用材更为广泛，有竹、木、草、藤、石、泥、玻璃、塑料、陶瓷、金属、织物等。有些本来就是属于纯装饰性的物品，如挂毯之类。有些是将一般日用品进行艺术加工或变形而成，旨在发挥其装饰作用和提高欣赏价值，而不在实用。这类物品常有地方特色以及传统手艺，如不能用以买菜的小篮，不能坐的飞机，常称为玩具。

6. 个人收藏品和纪念品

个人的爱好既有共性，也有特殊性，家庭陈设的选择往往以个人的爱好为转移，不少人有收藏各种物品的癖好，如邮票、钱币、字画、金石、钟表、古玩、书籍、乐器、兵器以及各式各样的纪念品，传世之宝，这里既有艺术品也有实用品，其收集领域之广阔几乎无法予以规范。但正是这些反映不同爱好和个性的陈设，使不同家庭各具特色，极大地丰富了社会交往内容和生活情趣。

此外，不同民族、国家、地区之间，在文化经济等方面的反差是很大的，彼此都以奇异的眼光对待异国他乡的物品。人们常可以看到，西方现代厅室中挂有东方的画帧、古装，甚至蓑衣、草鞋、草帽等也登上大雅之堂。这些异常的陈设和室内其他物件的风格等没有什么联系，可称为猎奇陈设。

7. 日用装饰品

日用装饰品是指日常用品中具有一定观赏价值的物品，它和工艺品的区别是，日用装饰品主要还是在于其可用性。这些日用品的共同特点是造型美观、做工精细、品味高雅，在一定程度上具有独立欣赏的价值。因此，不但不必收藏起来，而且还要放在醒目的地方去展示它们。如餐具、烟酒茶用具、植物容器、电视音响设备、日用化妆品、古代兵器、灯具等。

8. 织物陈设

织物陈设，除少数作为纯艺术品外，如壁挂、挂毯等，大量作为日用品装饰，如窗帘、台布、桌布、床罩、靠垫、家具等蒙面材料。它的材质形色多样，具有吸声效果，使用灵活，便于更换，使用极为普遍。由于它在室内所占的面积比例很大，对室内效果影响极大，因此是一个不可忽视的重要陈设。

纺织品应根据以下3个方面来选择。

(1) 纤维性质。如自然的棉、麻、羊毛、丝。丝是所有自然织物中最雅致的，但经受不住直射的阳光，价格也贵，羊毛织品特别适合于做家具的蒙面材料，并可编织成粗面或光面。丝和羊毛均有良好的触感，棉麻制品耐用而柔顺，常用做窗帘材料。

人造织物有锦纶、涤纶、人造丝等品种，一般说来比较耐用，也常用做窗帘和床罩，但手感一般不很舒适。

(2) 编织方式。有不同的结构组织，表现出不同的粗、细、厚、薄和纹理，对视觉效果和质感起到重要作用。

(3) 图案形式。主要包括花纹样式和色彩(如具象和抽象)及其比例尺度、冷暖色彩效果等。它和室内空间形式和尺度有着密切的联系。

3.5.2 室内陈设的选择和布置原则

作为艺术欣赏对象的陈设品，随着社会文化水平的日益提高，它在室内所占的比重将逐渐扩大，它在室内所拥有的地位也愈来愈显得重要，并最终成为现代社会精神文明的重要标志之一。

现代技术的发展和人们审美水平的提高为室内陈设创造了十分有利的条件。如果说室内必不可少的物件为家具、日用品、绿化和其他陈设品等，那么其中灯具和绿化已被列为陈设范围，留下的只有日用品了，它所包括的内容最为庞杂，并根据不同房间使用性质而异，如书房中的书籍，客厅中的电视音响设备，餐厅中的餐饮具，等等。但实际上现代家具已承担了收纳各类物品的作用，而且现代家具本身已经历千百年的锤炼，其艺术水平和装饰作用已远远超过一般日用品。因此，只要对室内日用品进行严格管理，遵循俗则藏之，美则露之的原则，则不难看出现代室内已是艺术的殿堂，陈设之天地了。实际经验也告诉人们，只有摒弃一切非观赏性物件，室内陈设品才能引人注目。只有在简洁明净的室内空间环境中，陈设品的魅力才能充分地展示出来。

由此可见，按照上述原则，室内陈设品的选择和布置主要是处理好陈设和家具之间的关系，陈设和陈设之间的关系，以及家具、陈设和空间界面之间的关系。由于家具在室内常占有重要位置和相当大的体量，因此，一般说来，陈设围绕家具布置已成为一条普遍规律。

室内陈设的选择和布置应与室内使用功能相一致，主要可考虑以下几点。

(1) 一幅画、一件雕塑、一副对联，它们的线条、色彩，不仅为了表现本身的题材，也应和空间场所相协调，只有这样才能反映不同的空间特色，形成独特的环境气氛，赋予深刻的文化内涵，而不至于落入华而不实，千篇一律的境地。如清华大学图书馆运用与建筑外形相同的手法处理的名人格言墙面装饰，增强了图书阅览空间的文化学术氛围，并显示了室内外的统一；重庆某学校教学楼门厅的木刻壁画——青春的旋律，反映出青年奋发向上、朝气蓬勃的精神面貌。

(2) 室内陈设品的大小、形式应与室内空间家具尺度取得良好的比例关系。室内陈设品过大，常使空间显得小而拥挤，过小又可能产生室内空间过于空旷，局部的陈设也是如此，例如沙发上的靠垫做得过大，使沙发显得很小，而过小则又如玩具一样很不相称。陈设品的形状、形式、线条更应与家具和室内装修取得密切的配合，运用多样统一的美学原则达到和谐的效果。

(3) 陈设品的色彩、材质也应与家具、装修统一考虑，形成一个协调的整体。在色彩上可以采取对比的方式以突出重点，或采取调和的方式，使家具和陈设之间、陈设和陈设之间取得相互呼应、彼此联系的协调效果。

色彩又能起到改变室内气氛、情调的作用。例如以无彩系处理的室内色调偏于冷淡，常利用一簇鲜艳的花卉，或一对暖色的灯具，使整个室内气氛活跃起来。

(4) 陈设品的布置应与家具布置方式紧密配合，形成统一的风格。良好的视觉效果，稳定的平衡关系，空间的对称或非对称，静态或动态，对称平衡或不对称平衡，风格和气氛的严肃、活泼、活跃、雅静等，除了其他因素外，布置方式起到关键性的作用。

(5) 室内陈设的布置部位。

① 墙面陈设。墙面陈设一般以平面艺术为主，如书、画、摄影、浅浮雕等，或小型的立体饰物，如壁灯、弓、剑等，也常见将立体陈设品放在壁龛中，如花卉、雕塑等，并配以灯光照明，也可在墙面设置悬挑轻型搁架以存放陈设品。墙面上布置的陈设常和家具发生上下对应关系，可以是正规的，也可以是较为自由活泼的形式，可采取垂直或水平伸展的构图，组成完整的视觉效果。墙面和陈设品之间的大小和比例关系是十分重要的，留出相当的空白墙面，使视觉获得休息的机会。如果是占有整个墙面的壁画，则可视为起到背景装修艺术的作用了。

此外，某些特殊的陈设品可利用玻璃窗面进行布置，如剪纸窗花以及小型绿化，以使植物能争取自然阳光的照射，也别具一格。

② 桌面摆设。桌面摆设包括有不同类型和情况，如办公桌、餐桌、茶几、会议桌以及略低于桌高的靠墙或沿窗布置的储藏柜和组合柜等。桌面摆设一般均选择小巧精致、宜于欣赏的材质制品，并可按时即兴灵活更换。桌面上的日用品常与家具配套购置，选用和桌面协调的形状、色彩和质地，常起到画龙点睛的作用。如会议室中的沙发、茶几、茶具、花盆等，须统一选购。

③ 落地陈设。大型的装饰品，如雕塑、瓷瓶、绿化等，常落地布置，布置在大厅中央的常成为视觉的中心，最为引人注目，也可放置在厅室的角隅、墙边或出入口旁、走道尽端等位置，作为重点装饰，或起到视觉上的引导作用和对景作用。

大型落地陈设不应妨碍工作和交通路线的通畅。

④ 橱柜陈设。数量大、品种多、形色多样的小陈设品最宜采用分格分层的搁板、博古架，或特制的装饰柜架进行陈列展示，这样可以达到多而不繁，杂而不乱的效果。布置整齐的书橱书架可以组成色彩丰富的抽象图案，起到很好的装饰作用。壁式博古架应根据展品的特点，在色彩、质地上起到良好的衬托作用。

⑤ **悬挂陈设**。空间高大的主厅常采用悬挂各种装饰品，如织物、绿化、抽象金属雕

塑，吊灯等，弥补空间空旷的不足，并有一定的吸声或扩散的效果，居室也常利用角隅悬挂灯具、绿化或其他装饰品，既不占面积又装饰了枯燥的墙边角隅。

本章小结

本章要解决的是让大家对家具与陈设的发展过程有所认识，应熟悉家具与陈设的尺度与分类，掌握家具与陈设在建筑装饰设计中的作用和布置。

第  章

室内空间组织和界面处理

学习目标

了解空间的分类,熟悉室内装饰设计的空间处理;掌握其室内各个界面的设计,以及熟知设计常用尺寸。

学习要求

能力目标	知识要点	相关知识	权重
理解能力	了解空间的分类	(1) 空间的划分 (2) 空间的功能	30%
掌握能力	室内装饰设计的空间处理、设计常用尺寸	(1) 处理形式,分隔 (2) 空间风格	30%
应用能力	室内各个界面的设计和艺术处理规律	界面设计手法	40%

【引例】

人民大会堂的万人大礼堂，巨大的空间使得天花与墙面的交接成为难以解决的问题。界限过大明显的给人以不亲切感，像一个巨大的仓库。

为了解决这个难题，采用了水天一色、浑然一体的处理手法。吊顶中部成穹窿形，象征广阔无际的宇宙空间，中间用红色有机玻璃制成五角星灯具，四周以镏金向日葵花瓣，外围又有三环水波形暗槽灯照明，一环比一环大，加上纵横密布的满天星灯具和通风口，使天花的设计具有强烈的艺术性。人民大会堂空间序列关系如图4.1所示。

图4.1 人民大会堂空间序列关系

4.1 室内空间

4.1.1 室内空间

对于一个具有地面、墙面、顶盖的六面体的房间来说，室内外空间的区别相对容易，但对于不具备六面体的围和空间，可以表现出多种形式的内外空间关系，有时确实难以在性质上区别开来。

4.1.2 室内空间特性

在室内有限的空间中，人在视距、视角、方位等方面受到一定的限制。且由于室内的采光、照明、色彩、家具等因素造成的室内空间形象在人的心理上会产生比室外空间更强的感受力。

4.1.3 室内空间功能

空间的功能包括物质功能和精神功能。

1. 物质功能

物质功能满足人们使用上的要求。包括空间的面积、适合的家具、设备布置、交通组织、疏散、消防等以及科学地创造良好的采光、照明、通风、隔声、隔热等的物理环境等。

2. 精神功能

精神功能是在满足物质需求的同时，从人的文化、心理需求出发，去满足人的不同的愿望、审美情趣、民族风格等，使人们获得精神上的满足和美的享受。

4.1.4 室内空间组合

空间组合应根据物质功能和精神功能的要求进行构思，根据当时、当地的环境，结合建筑功能要求进行整体筹划，从单个空间到群体空间的序列组织，由外到内，由内到外，反复推敲，使空间组织达到理性与感性的完美结合。

4.1.5 空间形式与构成

建筑空间的形式与结构、材料有着不可分割的联系，空间的形状、尺度、比例以及室内装饰效果，很大程度上取决于结构组织形式及其所使用的材料质地，把建筑造型和结构造型统一起来的观点，越来越被广大建筑师所接受。

4.1.6 空间类型

空间的类型根据空间构成的特点来区分，可分为固定空间和可变空间、静态空间和动态空间、开敞空间和封闭空间、空间的肯定性和模糊性、虚拟空间和虚幻空间。

1. 固定空间和可变空间

(1) 固定空间——用固定不变的界面围合而成。如居住建筑设计中的厨房、卫生间。

(2) 可变空间——用可变的界面分隔而成的空间。如升降舞台、活动墙面等。

2. 静态空间和动态空间

(1) 静态空间——空间比较封闭，构成比较单一，视觉常被引导在一个方位或落在一个点上，空间限定得十分严谨。

(2) 动态空间——流动空间，具有空间的开敞性和视觉的导向性的特点，界面组织具有连续性和节奏性，空间构成形式富有变化性和多样性，常使视点从一点转向另一点。

3. 开敞空间和封闭空间

(1) 开敞空间——具有流动的、渗透的性质。其空间表现为更多的公共性和开放性。在对景观关系上具有收纳性；在空间性格上具有开放性；在心理效果上它表现为开朗的、活跃的。

(2) 封闭空间——具有静止的、凝滞的性质，其空间表现为更多的私密性和个体性。有利于隔绝外来的各种干扰，在心理效果上具有安全感，常表现为严肃的、安静的。

4. 空间的肯定性和模糊性

(1) 肯定空间——界面清晰，范围明确，具有领域感的空间，一般私密性较强的封闭型空间常属于此类。

(2) 模糊空间——在建筑中凡属似是而非、模棱两可，而无可名状的空间。其空间具有模糊性、不定性、多义性、灰色性等性质，富于含蓄性和耐人寻味，常被设计师所崇爱，多用于空间的联系、过渡、引伸等。

5. 虚拟空间和虚幻空间

(1) 虚拟空间——指在界定的空间内，通过界面的局部变化而再次限定的空间。如局部升高或降低地坪或顶棚，或以不同材质、色彩的平面变化来限定空间等。

(2) 虚幻空间——是指室内镜面反映的虚像，把人们的视线带到镜面背后的虚幻空间去，于是产生空间扩大的视觉效果，有时还能通过几个镜面的折射，造成空间的幻觉，紧靠镜面的物体还能把不完整的物体造成完整物体的假象。

4.1.7 空间的分隔与联系

对于空间的分隔与联系，应该处理好不同的空间关系和分隔的层次。

(1) 室内外空间的分隔，如入口、天井、庭院，它们与室外既分又连，体现内外结合及室内空间与自然空间交融等。

(2) 内部空间之间的关系主要表现在空间的封闭和开敞的关系；空间的静止和流动的关系；空间之间过渡的关系；空间序列的开合的组织关系；空间的开放性与私密性的关系。

4.1.8 空间的过渡和引导

空间的过渡和过渡空间是根据人们日常生活的需要提出来的。

过渡空间是前后空间、内外空间的媒介、桥梁、衔接体和转换点，在功能和艺术创作上，有其独特的地位和作用。过渡的形式是多种多样的，有一定的目的性和规律性。

4.1.9 空间的序列

人的每一项活动都有一定的规律性或称为行为模式，这就是空间序列设计的客观依据。对于更复杂的活动过程，建筑空间设计相应也要更复杂一些，在序列设计上，层次和过程也相应地增多。

1. 序列的全过程

(1) 起始阶段——序列的开端，开端的第一印象在任何时间艺术中无不给予充分的考虑，因它与预示着将要展开的心理推测有着惯性的联系。一般来说，具有足够的吸引力是起始阶段考虑的主要核心。

(2) 过渡阶段——它既是起始后的承接阶段，又是出现高潮的前奏，在序列中，起到承前启后的作用，是序列中关键的一环。

(3) 高潮阶段——全序列的中心，从某种意义来讲，其他各个阶段都是为高潮的出现服务的，因此序列中的高潮常是精华和目的所在，也是序列艺术的最高体现。

(4) 终结阶段——由高潮回复到平静，它虽没有高潮阶段那么重要，但也是必不可少的组成部分，良好的结束又似余音缭绕，有利于对高潮的追思和联想，耐人寻味。

2．不同类型建筑对序列的要求

不同性质的建筑有不同的空间序列要求，但突破惯例有时反而能获得意想不到的效果，因此，人们既要掌握空间序列设计的普遍性外，还应注意不同情况下的特殊性。影响空间序列的关键在于以下几方面。

(1) 序列长短的选择。序列的长短即反映高潮出现的快慢。高潮出现越晚，层次必须增多，通过时空效应对人心理的影响必然更加深刻。因此，长序列的设计往往运用于需要强调高潮的重要性、宏伟性与高贵性。

(2) 序列布局类型的选择。采取何种序列布局决定于建筑的性质、规模、地形环境等因素。

空间序列线路一般可分为直线式、曲线式、循环式、迂回式和盘旋式等。

(3) 高潮的选择。在某类建筑的所有房间中，总可以找出具有代表性的、反映该建筑性质特征的、集中一切精华所在的主体空间，常常把它作为选择高潮的对象，成为整个建筑的中心和参观来访者所向往的最后目的地。

3．空间序列的设计方法

(1) 空间的导向性。指导人们行动方向的建筑处理，用建筑所特有的语言传递信息，与人对话。

(2) 视觉中心。在一定范围内引起人们注意的目的物。视觉中心的设置一般是以具有强烈装饰趣味的物件标志，因此，它既有被欣赏的价值，又在空间上起到一定的注视和引导作用。

(3) 空间构图的对比与统一。"统一对比"的建筑构图原则在室内空间处理上得到运用。在高潮出现以前，一切空间过渡的形式都是可能的，但是一般应以"统一"的手法为主。紧接高潮前的过渡空间又有采取"对比"的手法，诸如先收后放，先明后暗等，不如此不足以强调和突出高潮阶段的到来。

4.1.10 空间形态的构思和创造

随着社会的不断发展，人们对空间环境的要求也将愈来愈高，而空间形态是空间环境的基础，它决定空间总的效果，对空间环境的气氛、格调起着关键性的作用。室内空间的各种不同的处理手法和不同的目的要求，最终将凝结在各种形式的空间形态之中。但建筑室内空间的无限丰富性和多样性，尤其对于在不同方向、不同位置空间上的相互渗透和融合，要想找出恰当的临界范围而明确的划分出这一部分或那一部分空间，来进行室内空间形态分析是比较困难的，以下列举常见的基本空间形态。

1．常见的基本空间形态

(1) 下沉式空间。室内地面局部下沉，在统一的室内空间中就产生了一个界限明确、富有变化的独立空间。

下沉地面标高低于周围的地面，有一种隐蔽感、保护感和宁静感，使其成为具有一定私密性的小天地。人们在其中休息、交谈也会倍感亲切，在其中工作或学习，也会较少受到干扰。同时随着视点的降低，空间感觉增大，并对室内外景观也会引起不同凡响的效果。

(2) 地台式空间。与下沉式空间相反，将室内地面局部升高也能在室内产生一个边界十分醒目明确的空间。

其功能、作用几乎和下沉式空间相反，由于地面升高形成一个台座，在和周围空间相比变得十分醒目突出，因此，它们的用途适宜于惹人注目的展示和陈列或眺望。

(3) 凹室与外凸室。凹室是在室内局部退进的一种室内空间形态。凹凸是一个相对概念，如凸室空间就是一种对内部空间而言是凹室，对外部空间而言是向外凸出的空间。

由于凹室通常只有一面开敞，因此在大空间中自然比较少受干扰，形成安静的一角，有时把天棚降低，造成具有清净、安全、亲密感的特点，是空间中私密性较高的一种空间形态。在公共建筑中常用凹室避免人流穿越干扰，以获得良好的休息空间。

一般楼梯间和电梯间为外凸式，大部分的外凸式空间希望将建筑更好地伸向自然、水面，达到三面临空，包揽风光，使室内外空间融合在一起。

(4) 回廊与挑台。回廊与挑台是室内空间独具一格的空间形态，回廊常采用于门厅和休息厅，以增强其入口宏伟、壮观的第一印象和丰富垂直方向的空间层次。结合回廊，有时还常利用扩大楼梯休息平台和不同标高的挑平台，布置一定数量的桌椅作为休息交谈的独立空间，并造成高低错落、生动别致的室内空间环境。由于挑台居高临下，提供了丰富的俯视视角环境。

(5) 交错、穿插空间。在创作中常把室外的城市立交模式引进室内，在某些规模较大的公共空间中，人们上下活动交错川流，俯仰相望，静中有动，不但丰富了室内景观，也给室内环境增添了生气和活跃的气氛。

赖特的流水别墅中建筑的主体部分成功地塑造出的交错式空间构图起到了极其关键性的作用。

(6) 母子空间。采用大空间围隔出小空间，封闭与开敞相结合的办法。

人们在大空间中一起工作、交流或进行其他活动，有时会感到彼此干扰，缺乏私密性，空旷而不够亲切，而在封闭的小房间虽避免了上述缺点，但又会产生工作上不便和空间沉闷、闭塞的感觉。

(7) 共享空间。波特曼首创的共享空间在各国享有盛誉，它以其罕见的规模和内容，丰富多姿的环境，独出心裁的手法，将内院打扮的光怪陆离，五彩缤纷。可以说它是一个具有多种空间处理手法的综合体系。

2. 室内空间设计手法

(1) 结合功能需要提出新的设想。
(2) 结合自然条件，因地制宜。
(3) 结构形式的创新。
(4) 建筑布局与结构系统的统一与变化。

以统一柱网的框架结构来讲，为了使结构体现简单、明确、合理，柱网系列是十分规则和简单的，如果完全地按照柱网的进深、开间来划分房间，即结构体系和建筑布局完全对应，那么空间将会非常单调。但如果不完全按照柱网来划分房间，则可以造成很多内部空间的变化，一般有下列方法。

① 柱网和建筑布局平行而不对应。虽然房间的划分与纵横方向的柱网平行，但不一定正好在柱网的轴线位置上，这样在建筑内部空间上会形成许多既不受柱网开间进深变化的影响，也可以产生许多生动有趣的空间。

② 柱网和建筑成角度布置。打破千篇一律的矩形平面空间。一般以与柱网成45°者居多，相对方向的45°又形成90°直角，这样避免了更多的锐角房间的出现。

③ 上下层空间的非对应关系。

4.1.11 室内空间构图

1. 构图要素

1) 线条

任何物体都可以找出它的线条组成，以及所表现的主要倾向。所以人们观察物体的时候总是要受到线条的驱使，并根据线条的不同形式，使人们获得某些联想和某种感觉，并引起感情上的反应。

线条有两类，直线和曲线，它们反映出不同的效果。

(1) 垂直线。因其垂直向上，表示刚强有力，具有严肃的刻板的男性的效果，并使人感到房间较高，尤其是当住宅层高偏低的情况，利用垂直线造成房间较高的感觉是比较恰当的。但垂直线用的过多，会显得单调，如果用上一些水平线和曲线，会使僵硬得到软化。

(2) 水平线。使人感到宁静轻松，它有助于增加房间的宽度和引起随和、平静的感觉，水平线常由室内桌椅、沙发和床而形成的，或由于某些家具陈设处于统一水平高度而形成的水平线，使空间具有开阔和完整的感觉。

如果水平线用的过多，就要增加一些垂直线，形成一定的对比关系，显得更有生气。

(3) 斜线。斜线最难用，它可以促使目光随其移动，但不宜过多使用。

(4) 曲线。曲线的变化几乎是无限的，由于曲线的形成是不断改变方向的，因此富有动感。并且不同的曲线表现出不同的情绪和思想，如圆的或任何丰满的动人的曲线，给人以轻快柔和的感觉，有时能体现出特有的文雅、活泼、轻柔的美感，但如果使用不当也可能造成软弱无力和烦琐或动荡不安的效果。且曲线的起止是有一定的规律的，突然中断会造成不完整、不舒适的感觉，它和直线是不一样的。

2) 形状和形式

立方体是一种稳定的形式，但用的过多就会单调，球体和曲线组成的空间更能引人入胜，并且由于弧形没有尽端，使空间似乎延长而显得大一些。

在一个房间中仅有一种形式是很少的，大多数室内表现为各种形式的综合，如曲线形的灯罩，直线构成的沙发，矩形的地毯等。

虽然重复是达到韵律的一种方法，但过多地重复一种形式会变得无趣。

3) 图案纹样

墙纸、窗帘、地毯等常以其图案纹样、色彩、质地而引人注目。图案纹样几乎是千变万化的，有时它们在室内占居很大的面积，比较引人注目，用的恰当可以增加趣味，起到装饰效果，所以采用什么样的图案纹样，其形状、大小、色彩、比例与整个空间尺度也有关系，应与室内总的效果和装饰目的结合起来考虑。

2．构图原则

在室内设计中追求个性是非常必要的，但同时有一些共性的原则还是要考虑的(即建筑美学原则)。

1) 协调

设计最基本的要求是协调，应将所有的设计因素和原则结合在一起去创造协调。

一个好的设计应既不单调又不混乱。在什么地方，怎样采取有趣的变化，并不会破坏由各组成部分的协调是问题的关键，那么就要求你的变化应该是提高设计所要表现的主题和思想的气氛，而不是与之相矛盾。

2) 比例

室内设计的各部分比例和尺度，局部和局部，局部和整体，在每天的生活中都会遇到，并且运用这些原则。

有些艺术家具有运用不同寻常比例的经验，并且在现代设计中发现一种希望背离传统的空间关系。某些建筑师创造了不仅是愉悦的而且是鼓舞和刺激人心的效果，但也有些人对比例概念并不是真正熟悉和理解，又常采用不恰当的比例，便得不到好的效果。

3) 平衡

当各部分的质量围绕一个中心而处于安定状态时称为平衡。

平衡使视觉感到愉快，室内的家具和其他的物体的"质量"，是由其大小、形状、色彩、质地决定的。两个物体大小相同，一个为亮黄色，一个为灰色，则前者显得重，粗糙的表面比光滑的显得重。

当在中心两边的物体各方面均相同，称为对称平面，这种平面具有静止和稳定性。但有时显得呆板一些。而不对称的平面则会显得活泼生动。体量上的不对称常会利用色彩和质地来达到平衡的效果。

4) 韵律

(1) 连续的线条。一般房间的设计是由许多不同的线条组成的，连续线条具有流动的性质，在室内经常用于踢脚线、装饰线条等，如画框顶和窗楣的高度一致。

(2) 重复。通过线条、色彩、形状、光、质地、图案或空间的重复，能控制人们的眼睛按指定的方向运动，在室内具有明显相同的色彩、质地、图案织物等，由于其重复使用，便能很快地被引导到这些物件中来。但应避免重复过多而形成单调，如果重复过多，可以通过不同的质地或图案的变化而使之不单调。

(3) 放射。

(4) 渐变。通过线条、大小、形状、明暗、图案、质地、色彩的渐次变化而达到。渐变比重复更为生动和有生气。

(5) 交替。交替所创造的韵律是十分自然生动的。在有规律的交替中，意外的变化也可造成一种不破坏整体的统一。它提供了一种有趣的变化而又不影响统一。

5) 重点

室内的布置要想给人以深刻的影响，就要根据房间的性质，围绕一种预期的目的进行有意识的突出和强调，使整个室内主次分明，重点突出，形成一个趣味中心。在一个房间内可以多于一个，但重点太多必然引起混乱。

(1) 趣味中心的选择。这要决定于房间的性质和风格，按主人的爱好来确定。此外，房间的结构常自然地成为注意的中心，另外窗口也常成为焦点，如果窗外有良好的景色，也可利用其作为趣味中心。

(2) 形成重点的手法。在不平常的位置，利用不平常的陈设物，采用不平常的布置手法，方能出其不意地成为室内的趣味中心。又如在室内以光滑质地占大多的情况下，来一片粗糙质地的物件则会引起注意。

4.2 室内界面处理

室内界面即围合成室内空间的地面(楼、地面)、侧面(墙面、隔断)和顶面(平顶、天棚)。人们使用和感受室内空间，但通常直接看到甚至触摸到的则为界面实体。

在室内空间组织、平面布局基本确定以后，对界面实体的设计就显得非常突出。

室内界面的设计，既有功能技术要求，也有造型和美观要求。作为材料实体的界面，有界面的线形和色彩设计，材质选用和构造问题。

4.2.1 界面的要求和功能特点

1. 各类界面的共同要求

(1) 耐久性及使用期限。

(2) 耐燃及防火性能(现代室内装饰应尽量采用不燃及难燃性材料，避免采用燃烧时释放大量浓烟及有害气体的材料)。

(3) 无毒(指散发气体和触摸时的有害物质低于核定剂量)。

(4) 无害的核定放射计量(如某些地区所产的天然石材，具有一定的氡放射剂量)。

(5) 易于制作安装和施工，便于更新。

(6) 必要的隔热保温，隔声吸声性能。

(7) 装饰及美观要求。

(8) 相应的经济要求。

2. 各类界面的功能特点

(1) 底面(楼、地面)——耐磨、防滑、易清洁、防静电等。

(2) 侧面(墙面、隔断)——挡视线，较高的隔声、吸声、保暖、隔热要求。

(3) 顶面(平顶、天棚)——质轻，光反射率高，较高的隔声、吸声、保暖、隔热要求。

4.2.2 界面装饰材料的选用

界面装饰材料的选用需要考虑下述几方面的要求。

1. 适应室内使用空间的功能性质

对于不同功能性质的室内空间，需要由相应类别的界面装饰材料来烘托室内的环境氛围。

2. 适合建筑装饰的相应部位

不同的建筑部位相应地对装饰材料的物理、化学性能、观感等的要求也各不相同。

3. 符合更新、时尚的发展的需要

设计装饰后的室内环境通常并非"一劳永逸",是需要更新的。原有的装饰材料需要有更好性能的、更为新颖美观的装饰材料来取代。

> **特别提示**
>
> 室内界面处理,无论是铺或贴材料都是"加法",但一些结构体系和结构构件的建筑室内,是可以做"减法"的,如明露的结构构件,也是一种趋势。在有地方材料的地区,选用当地材料,既减少了运输,降低造价,又使室内装饰具有地方风味。

界面装饰材料的选用还应考虑便于安装、施工和更新。

现代室内装饰的发展趋势是"回归自然",因此室内界面装饰常适量地选用天然材料。它们和人们的感受易于沟通。常用的木材、石材等天然材料的性能如下。

木材:具有质轻、强度高、韧性好、热工性能好且手感、触感好等特点,纹理和色泽优美,易于着色和油漆,便于加工、连接和安装,但须注意防火和防蛀处理。

石材:浑实厚重,压强高,耐久、耐磨性能好,纹理和色泽极为美观。其表面根据装饰效果需要,可做凿毛、烧毛、亚光、磨光镜面等多种处理,但天然石材做装饰用材时应注意材料的色差,如果施工工艺不当或潮湿作业时,常留有明显的水渍或色斑,影响美观,如花岗石、大理石。

4.2.3 室内界面处理及其感受

人们对室内环境气氛的感受通常是综合的、整体的。既有空间形状,也有作为实体的界面。视觉感受界面的主要因素有室内采光、照明、材料的质地和色彩、界面本身的形状、线脚和面上的图案肌理等。

1. 材料的质地

室内装饰材料的质地根据其特性大致可分为以下几种。

天然材料——人工材料;硬质材料——柔软材料;精致材料——粗犷材料。

如磨光的花岗石饰面板——天然硬质精致材料,斩假石——人工硬质粗犷材料。

天然材料中,木、竹、藤、麻、棉等材料常给人以亲切感。

不同质地和表面加工的界面材料给人的感受示例如下。

平整光滑的大理石——整洁、精密。

纹理清晰的木材——自然、亲切。

具有斧痕的假石——有力、粗犷。

全反射的镜面不锈钢——精密、高科技。

清水勾缝砖墙——传统、乡土情。

大面积灰砂粉刷面——平易、整体感。

2．界面的线形

界面的线形是指界面上的图案、界面边缘、交接处的线脚以及界面本身的形状。

(1) 界面上的图案与线脚。界面上的图案必须从属于室内环境整体的气氛要求，起到烘托、加强室内精神功能的作用。根据不同的场合，图案可能是具象的或抽象的，但要考虑到与室内装饰物的协调。

界面的边缘、交接、不同材料的连接，它们的造型和构造处理，即所谓的"收头"，是室内设计中的难点之一。通常以线脚处理。界面的图案与线脚，它的花饰和纹样，是室内设计艺术风格定位的重要表达语言。

(2) 界面的形状。较多的情况是以结构构件、承重墙柱等为依托，以结构体系构成轮廓，形成平面、拱形、折面等不同形状的界面，也可以根据室内使用功能对空间形状的需要，脱开结构层另行考虑。

(3) 界面的不同处理与视觉感受。室内界面由于线形的不同的划分、花饰大小的尺度各异、色彩深浅的各样配置以及采用各类材质，都会给人视觉上的不同的感受。

线形划分与视觉感受如下。

垂直划分——空间紧缩增高。

水平划分——空间开阔降低。

色彩深浅与视觉感受如下。

顶面深色——空间降低。

顶面浅色——空间增高。

花饰大小与视觉感受如下。

花饰大尺度——空间缩小。

小尺度花饰——空间增大。

材料质感与视觉感受如下。

石材、面砖、玻璃——挺拔、冷峻。

木材、织物——亲切感。

4.3 室内设计的艺术规律

4.3.1 室内装修艺术

室内装修艺术主要包括室内空间的围护体、建筑局部、建筑构件造型、纹样、色彩、肌理质感等处理手法。

1．天花的处理

天花与地面是形成空间的两个水平面，天花在人的上方，对空间的影响比地面大，因此天花处理是否得当，对整个空间起决定性作用。天花不仅和结构的关系密切，而且又是灯具和通风口所依附的地方，所以设计天花时应全盘考虑各方面的因素。

1) 显露结构式

如果结构方式和结构本身都具有美的价值，那么天花应采用显露结构的处理手法。这样不加或少加也能取得良好的艺术效果，如图4.2～图4.4所示。

(a)

该游泳池的天花就充分显露建筑结构的结构美，加上它良好的自然采光，取得了较好的室内效果。

(b)

中国古建筑的木结构由于本身往往有彩画等美的形式，所以大都采用显露结构式，创造了世界建筑史上独具风格的木结构建筑体系。

图 4.2　显露结构式

图 4.3　工人体育馆的天花

工人体育馆的天花是较为典型的显露结构形式，它巧妙地利用了悬索中心的环，设计成圆灯盘，形成了室内的中心装饰物，取得了令人满意的效果。

在居室设计中，显露结构的手法也经常被采用。房屋的木构件具有质朴、粗犷自然、温暖亲切的特点。

(a)

(b)

图 4.4　居室显露结构式

2) 掩盖结构式

如果结构布局缺乏表现力，结构本身又缺少美感，再加上某些特殊功能的需要(音响效果或光照条件等)，那么这种天花就应该局部或全部把结构遮盖起来。

(1) 主题天花。图4.1所示的人民大会堂。

(2) 藻井式天花。藻井式天花是我国传统手法，它具有色彩明快、富丽堂皇的效果。如人民大会堂宴会厅的天花处理采用了渐近的手法，四周用简单的小藻井串连起来，重点衬托中部。在藻井内外以双层弧形串灯环抱中央，并用彩色底子和白石膏花装饰中央的大葵花灯。整个大厅富丽堂皇。藻井式天花如图4.5所示。

图 4.5　藻井式天花 (a)

藻井是我国传统的装修手法，在当今的室内装修中仍被广泛使用，并取得了良好的装饰效果，如图4.6所示。

图 4.6　藻井式天花 (b)

(3) 井口式天花。全国农业展览馆门厅的天花采用斗八藻井并装饰彩画的形式，使各部分空间界限分明，主从关系明确，大大加强了空间的完整性。其具体手法是提高主要空间的高度，压低次要空间的高度，以形成井口式天花，使主要部分突出。井口式天花如图4.7所示。

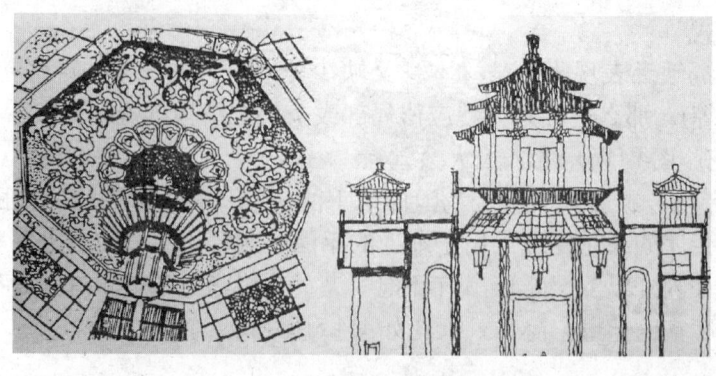

(a)

(b)

图 4.7　井口式天花

(4) 落差式天花。这种手法往往用于那些面积过大的天花。由于天花面积过大，容易显得松散。如果把天花的一部分降低，就可以产生一种集中感。落差式天花如图4.8所示。

(a)

图 4.8　落差式天花

第 4 章 室内空间组织和界面处理

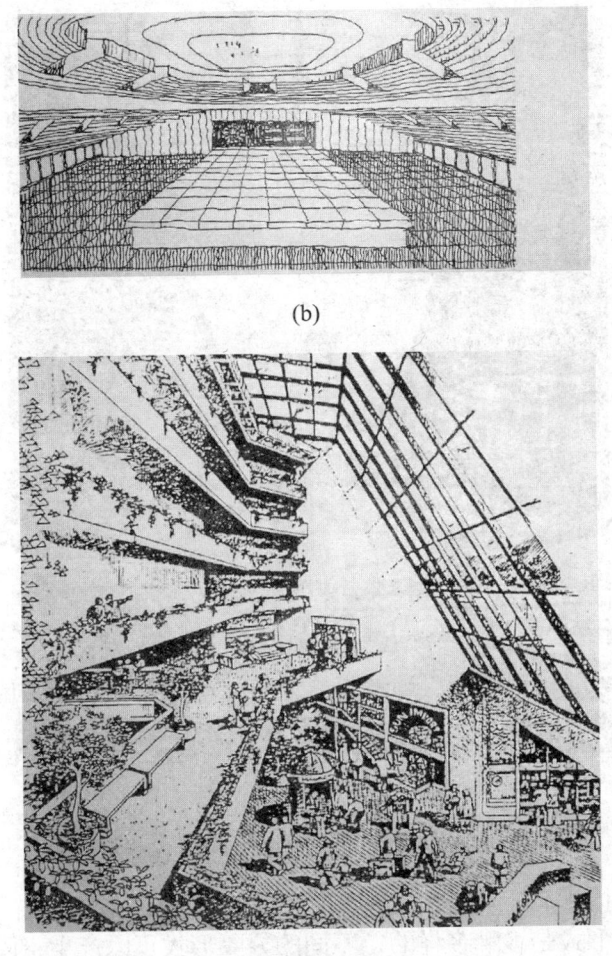

(b)

(c)

图 4.8 落差式天花（续）

(5) 天窗式天花。由于功能的要求需要大面积采光，这样的天花可采用天窗式天花。采用天窗式天花的空间不仅明亮、开朗，还能节约能源。天窗式天花如图 4.9 所示。

(a)

图 4.9 天窗式

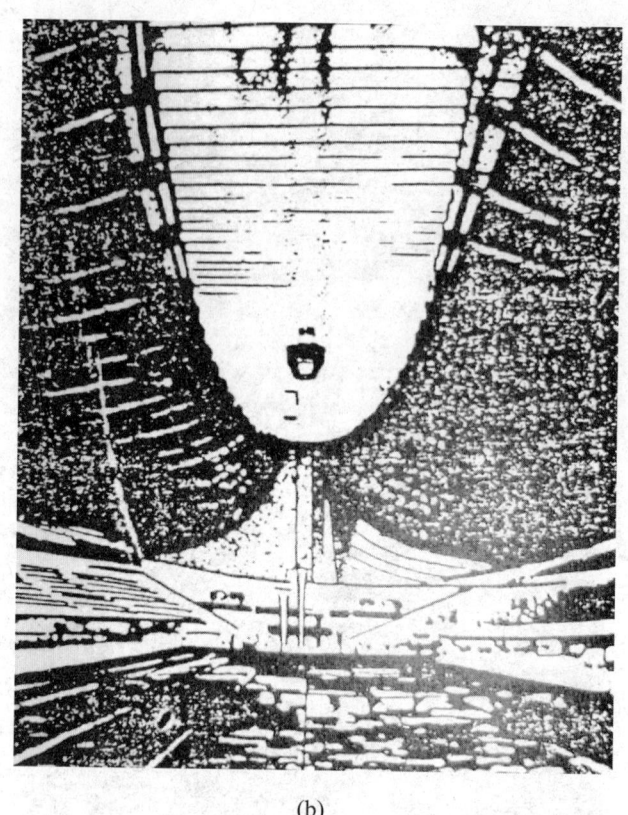

(b)

图 4.9　天窗式（续）

3) 天花平面的分隔形式

天花平面的分隔形式是多种多样的，不同的分隔形式可以产生不同的气氛。

(1) 散点式天花。前苏联苏维埃宫的天花利用整齐的散点式和均匀分布的灯具，形成一种博大的气氛，如图4.10所示。

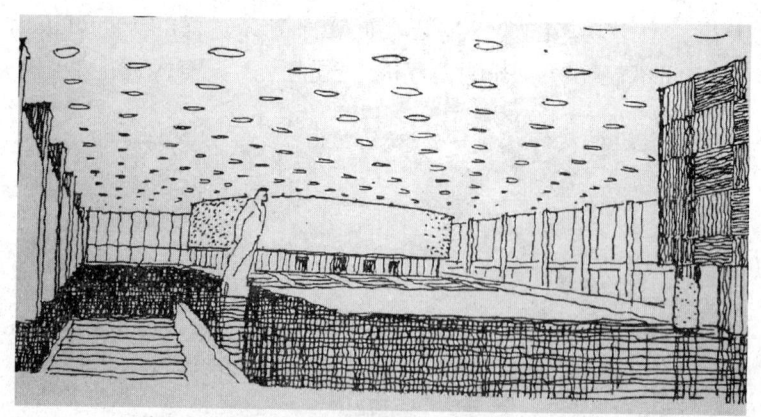

图 4.10　散点式天花

(2) 条纹式天花。这种条纹式有一定的方向性，可以把人的视线引向某个确定的方向。条纹式天花如图4.11所示。

图 4.11 条纹式天花

(3) 几何图形天花。几何图形天花的天花变化很多，如条形、平行四边形、弧形、六角形、八角形等。几何图形天花如图4.12所示。

(a)

(b)

图 4.12 几何图形天花

随着新材料的不断出现,天花的变化也越来越丰富,有金属薄板吊顶、木吊顶、塑料吊顶、石膏板吊顶以及矿棉吸音板、石膏吸音装饰板、矿棉装饰吸音板等。新材料的使用使得天花的形式越来越简洁,而几何形的图案更适合于新材料的装修手法。

2. 墙面的处理

墙面是空间的垂直组成部分,也是构成室内空间的重要因素之一。墙面处理是否得当,这对空间的完整统一和艺术气氛的影响是非常大的。

1) 墙面的形状(比例、尺度)

(1) 横向处理手法。为了使空间获得一种开阔博大的气氛,室内墙面应采用横向处理手法,如图4.13所示。

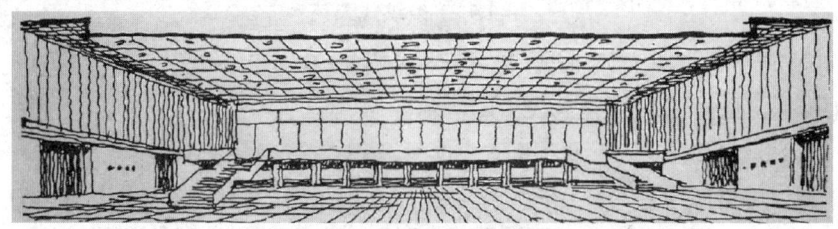

图 4.13 墙面横向处理手法

为了使横向过长的空间不至于产生压抑感,在横向过长的墙上又进行了纵向分隔。为了使过高的空间不让人产生空旷感,把过高的墙面进行横向处理,这样能使空间产生一种亲切感,如图4.14所示。

图 4.14 墙面纵横向处理手法

(2) 纵向处理。为了获得崇高雄伟的空间效果，对墙面采用纵向处理手法，即竖线条的处理手法，对于比较低的空间应采用这种手法，如图4.15所示。

图4.15　墙面纵向处理手法

(3) 墙面的节奏和韵律。图4.16所示为北京饭店门厅墙面，在这个墙面上，有上下两段的横向处理，上实下虚，主次分明，并与天花有着良好的呼应。

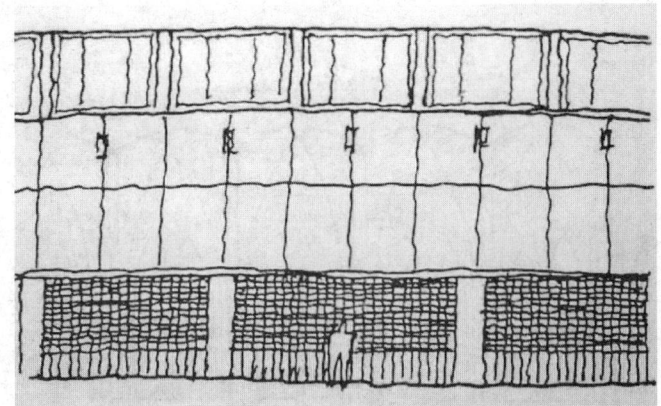

图4.16　北京饭店门厅墙面

图4.17所示的是国际俱乐部台球室墙面，该墙通过窗墙和壁灯的组合，形成了虚实对比，从而产生一种和谐统一的韵律感。

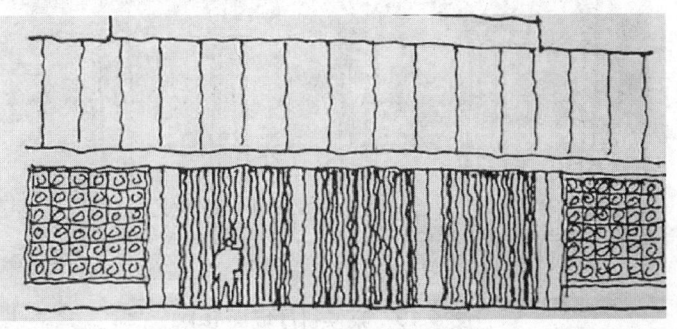

图4.17　国际俱乐部台球室墙面

图4.18所示是一座高直的教堂内墙片段。它由各种形式的尖旋窗组成，不仅有大小、虚实的对比变化，而且由于组织有条理而产生了优美的韵律感和空间的尺度感。

图4.18 教堂内墙片段

图4.19和图4.20所示的是某候机厅墙面，这是以虚为主的大面积开门、开窗的墙面，主要利用实体的柱、眉线、窗棂和门扇等各种要素有机地组织在一起，从而形成一种韵律感。

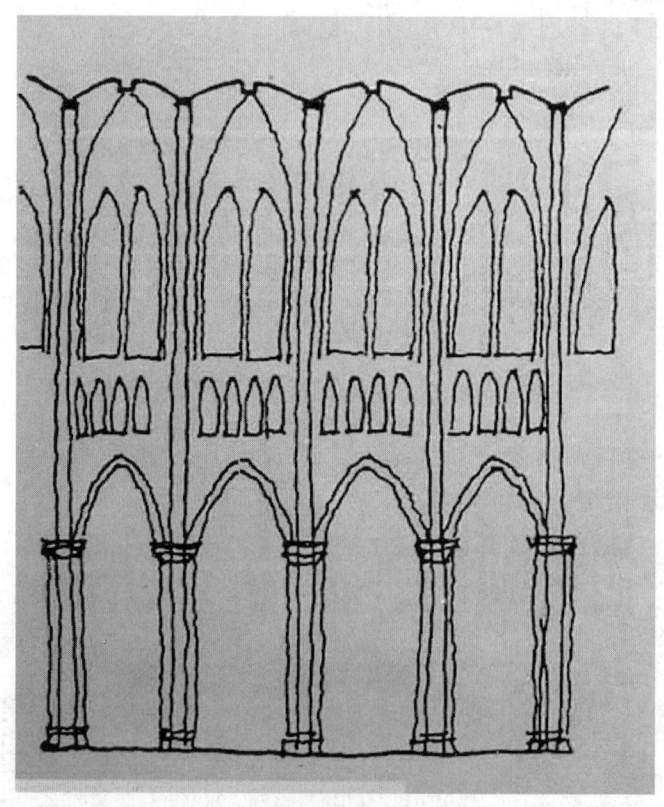

图4.19 某候机厅墙面 (a)

图 4.20　某候机厅墙面 (b)

2) 墙面的质感

室内墙面与人的关系十分密切。人们可以用视觉去感知它，也可以用触觉去感知它。不同的材质给人的感觉不同。

材料由于本身的孔隙率、紧密度和软硬度不同，就形成了不同的质感。如木材、织物具有明显的纤维结构，质地较疏松，导热性能低，有温暖的感觉。金属、玻璃质地紧密，表面光华，有寒冷的感觉。

粗糙的材料如砖、石、卵石等具有天然而质朴的表现力；光滑的玻璃、金属、水泥和塑料则处处表现出工业技术的力量。在材料的设计运用中应将其自然肌理充分体现出来。

3) 墙面的种类

(1) 抹灰墙。这是室内墙面处理最常用的方法。装饰效果较强的有拉毛灰墙、拉条灰墙、扫毛灰墙，这几种墙统称为装饰抹灰。

(2) 贴面墙。这是用各种面料贴饰的墙面，常见的有瓷砖墙、面砖墙、大理石墙和琉璃墙。

瓷砖墙常用于厨房、卫生间等条件要求较高的房间。常用规格为151mm×151mm、110mm×110mm，厚度均为5mm。瓷砖又称为釉面砖，粘贴的方法是用5%的107胶的水泥浆即可。

面砖墙又称为陶瓷面墙砖，面砖可挂釉也可不挂釉。其规格为113mm×77mm、145mm×113mm、233mm×113mm、265mm×113mm，厚度均为17mm。面砖可烧制出各种图案，纹样十分丰富，还可以制作出不同的肌理效果。

大理石墙是一种装饰性很强的材料，常用于大型公共场合和比较重要的场所，其艺术效果庄重、大方，碎大理石可拼贴出各种活泼自然的园林风格的墙面。

琉璃墙是我国特有的传统的装修材料，主要颜色有金黄、绿、蓝等颜色，其装修效果古色古香。其规格为100mm×150mm，厚度均为10～20mm，装修时可用1∶3的水泥沙浆粘贴。

(3) 板条墙。这种墙的材料十分丰富，主要有竹条、木板条、胶合板、纤维板、石膏板、石棉水泥板、玻璃和金属薄板等。

① 竹、木板条墙。这种墙面庄重、典雅，给人以亲切、温暖之感。此材料可做墙裙，又可装修到顶，其排列方法很多。墙面的质感如图4.21所示。

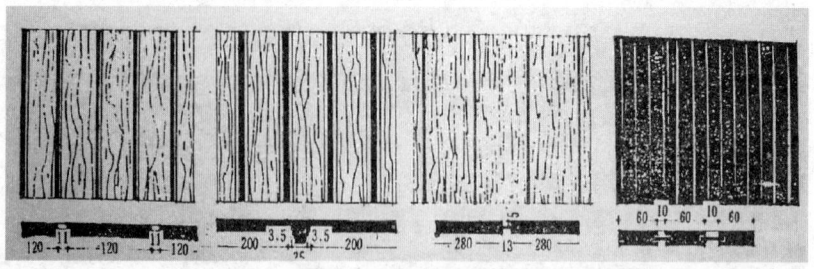

图 4.21　墙面的质感 (a)

各种质地粗糙的板材如甘蔗板、刨花板等，具有一定的吸音性，常用于观众厅。胶合板、纤维板均可以打洞，作为装饰吸音板，如图4.22所示。

② 竹条拼镶墙面。这种墙面清新素雅，富有浓郁的生活气息，常用于气氛活泼的场合。装修纹样的方向可以一致，也可以纵横交错。竹面可涂桐油和清漆。

图 4.22　墙面的质感 (b)

③ 石膏板墙。该墙有轻质、防火和不受虫蛀等特点。表面可喷涂、刷漆，还可以贴墙纸。石膏板可以直接贴在墙上，也可钉或挂在龙骨上，构成轻体隔墙。

④ 矿棉装饰吸音板墙。该墙的特点与石膏板墙一样，但其装饰效果优于石膏板墙，尤其是它的防火性能。

⑤ 镜面玻璃墙。主要采用金镜面和茶色镜面装修。金镜面华贵、富丽，茶镜面深沉高雅。其特点是能反射周围的景象，形成生动多变的空间效果，并给人以空间成倍增大的效果。

⑥ 金属薄板墙。该墙面可用不同的金属薄板装修，如铅合金薄板、铜薄板、不锈钢薄板等。这些材料不仅坚固耐用，而且美观新颖，有很强的时代感。其装修形式可以是平面的，也可以是折线形式和波形的，还可以压出各种图案。

(4) 涂刷类墙。涂刷类材料常用的有大白浆、可赛银、油漆、涂料等。涂料主要包括乳液涂料(乳胶漆)和水溶性涂料两类。在多雨地区要慎用乳胶漆，水溶性涂料的优点是不掉粉、价格低、施工方便、可用水擦。

① 106涂料。该涂料的主要特点是表面光洁、价格低廉、工艺简单、施工方便、干燥快。

② SJ-803涂料。该涂料常用于内墙喷刷。其特点是色彩品种多样、施工方便、耐擦。但要注意，该涂料黏度大，不可来回涂抹，否则很难平整光洁。

(5) 卷材墙。卷材主要包括墙纸、塑料贴墙纸、塑料贴墙布、锦缎、丝绒、皮革、织物和人造革等。

① 纸基涂塑贴墙纸。该墙纸花色品种多、装饰效果好、透气性强、表面可轻擦，有一定的弹性和抗墙体轻微开裂地能力，且价格较便宜。

② 纸基复塑贴墙纸。该墙纸除了纸基涂塑贴墙纸的特点以外，它的装饰效果更好，必要时甚至可以贴在尚未干透的墙上。

③ 玻璃纤维贴墙布。该墙布经染色、印花等多种工艺制成，特点是表面光滑、色彩柔和、坚韧牢固、耐水、耐火。不足之处是耐磨性较差。

④ 丝绒锦缎。该材料给人以温暖、庄重、华贵的感觉，是一种高级装修材料，适用于高级客厅、接见厅、居室的装修。但要注意防腐，必要时裱在木基层上，并脱离墙面，并且应做通风处理。做锦缎包镶墙面时，锦缎与底板之间应加软质材料(如泡沫层等)。

⑤ 皮革与人造革。革墙面柔软、消声、温暖，少量的运用可使环境更加高雅。用在会客室、起居室可使环境舒服。在装修时要做防潮处理，墙面要先抹防水砂浆，再贴油毡，在防潮层上立木筋，并用胶合板做衬板，革下应衬软材料或薄泡沫，整个墙面可分为若干块，透过衬板钉在木筋上。

(6) 清水混凝土墙。这种墙面在国外用得较多。这种墙就是指拆下模板后，墙面不加任何装饰，主要表现为混凝土的本色与模板地纹理，体现一种质朴的美感。要选择纹理美观的模板，也可人工特制衬模。清水混凝土墙如图4.23所示。

图4.23　清水混凝土墙

(7) 石墙(虎皮墙)。这种墙面常用于园林建筑中,如今室内装修也常用此手法,乱石墙被引入室内和绿化、叠山、池水相结合,造成室内的自然情趣。石墙如图4.24所示。

图 4.24　石墙

3．地面的处理

地面和天花是相对应的,也是室内空间的一个重要围护面。地面最先被人的视觉感知,所以它的色彩、质地和图案能直接影响室内的气氛,而且地面还要直接承载着家具,并起到衬托作用。下面介绍一下地面的处理方法。

1) 大理石地面

大理石质地光洁、美观,公共建筑的厅、室都可以铺大理石。大理石地面的做法是用1:3水泥砂浆找平,厚20mm,上面铺大理石,对缝不超过1mm。大理石一般规格是300mm×500mm,厚为20~30mm。大理石地面如图4.25所示。

图 4.25　大理石地面

2) 美术水磨石地面

美术水磨石地面是用白水泥、颜料和大理石渣制成的。石渣的色彩、粒径、形状和配比直接影响地面的处理效果,分格方法的变化可组成各种各样的变化。水磨石地面分格施工,每格不要大于$1m^2$。现浇施工做法应用15mm高的玻璃条或金属条镶嵌,层面也可预制300mm×300mm的水磨石板,用1:2水泥沙浆座浆和嵌缝。水磨石地面的特点是坚固、光滑、美观，不易起尘。一般用于大厅、走廊、厕所等处，居室中也可使用。水磨石地面如图4.26所示。

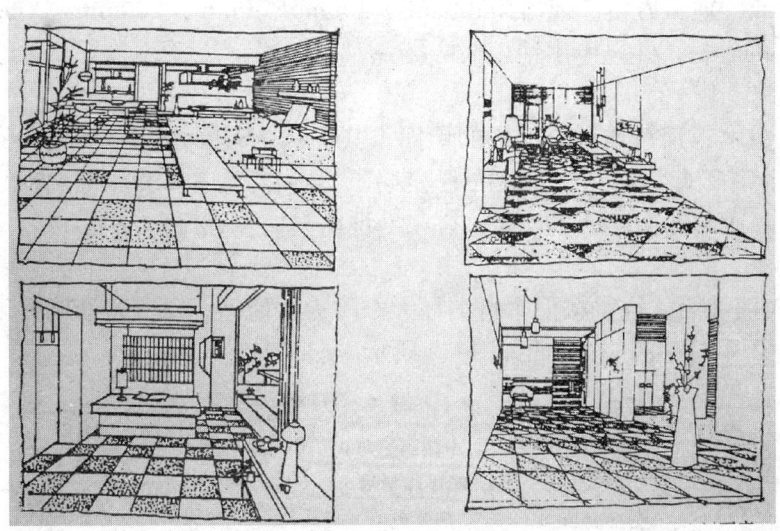

图 4.26　水磨石地面

3) 陶瓷锦砖地面(马赛克)

马赛克地面坚实、美观、不透水、耐腐蚀，是高级的地面装修材料。马赛克的规格分别为19mm×19mm×4mm和39mm×39mm×4mm，产品预先贴在牛皮纸上。施工方法是在刚性垫层上做找平层，在该层上加素水泥浆与马赛克黏合，待凝结后浇水刷去表面的牛皮纸，最后用水泥浆补缝。为了美观，补缝水泥浆可用白色或彩色的，可以拼图案。陶瓷锦砖地面如图4.27所示。

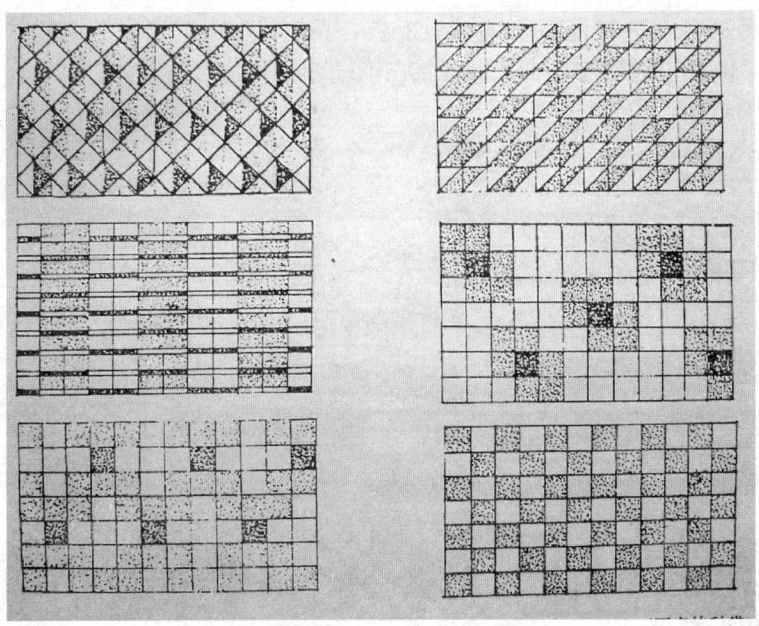

图 4.27　陶瓷锦砖地面

4) 塑料块材地面

塑料块材和卷材是一种新型的地面装修材料,其装饰效果好,耐磨无尘,表面光洁、色泽鲜艳、成本低、施工方便。规格为300mm×300mm×2mm、200mm×200mm×2mm、或10 000mm宽的卷材,并以专用粘合剂粘接(聚醋酸乙烯)。

5) 木地面

木地面是由木板铺钉或胶合而成的地面。其优点是有弹性、不反潮、易清扫、不起尘、蓄热系数小,因此,常用于高级住宅、宾馆、剧院舞台和体育馆的比赛场地。

木地面有普通木地面、硬木地面、拼花木地面3种。从装修方法上讲,又可分为架空式和实铺式两种。

(1) 架空式楼地面。这种楼面木料消耗大,防火性能差,除高级装饰必须使用外,一般场合应尽量少用。架空式楼地面如图4.28所示。

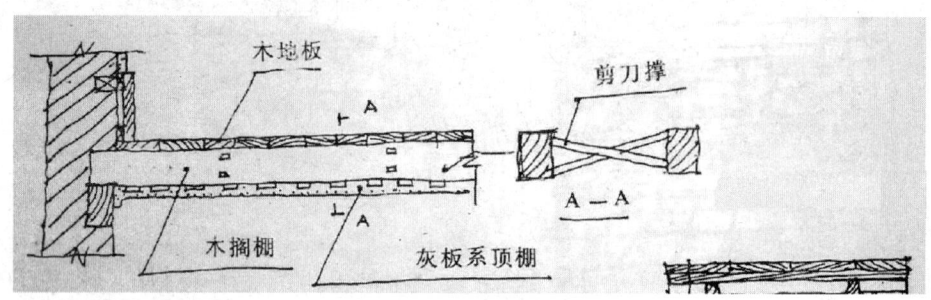

图4.28 架空式楼地面

(2) 空心板木地面。这种地面分为粘贴式木地面、单层木地面和双层木地面。

粘贴式木地面是将木板条企口用环氧树脂粘合剂直接粘在空心板上,如图4.29(a)所示。

单层木地面是在找平层上架搁栅,然后把硬木条板做在架搁栅,如图4.29(b)所示。

双层木地面是在木企口地板下铺一层毛板,留10mm的空气层。这样的地面保温性能好,并有弹性,但加工较为复杂,如图4.29(c)所示。

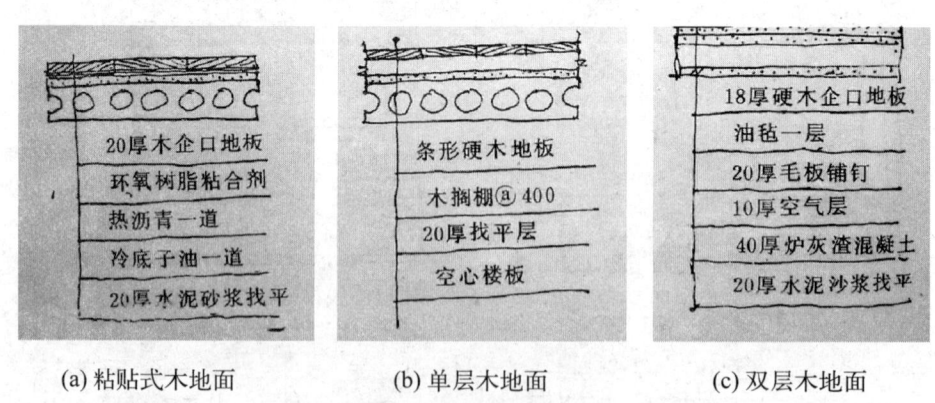

图4.29 空心板木地面

木地面的拼花是较讲究的,利用木材的纹理、色泽可拼出变化丰富的图案来。木地面的拼花如图4.30所示。

图 4.30　木地面的拼花

6) 内庭地面

内庭地面的处理手法比室内要灵活得多，使用的材料也更加丰富、自然。

(1) 砖铺地。这种地面所用的砖有黏土砖、水泥砖、陶面砖，拼出的图案也较多。砖铺地如图4.31所示。

图 4.31　砖铺地

(2) 乱石地、卵石地。用乱石地、卵石铺成的地面自然活泼，结合绿化则更富有园林情趣，具有朴素的自然美，如图4.32所示。

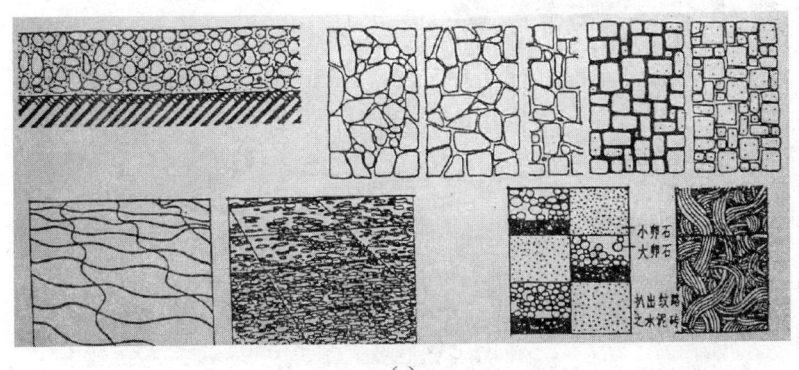

(a)

图 4.32　乱石地、卵石地

(b)

(c)

图 4.32　乱石地、卵石地（续）

(3) 水泥板地。用水泥做成大小不同的板块，形状也有一定的变化。在处理上也可做成各种不同质感的纹理来，也可仿照木料的纹理。水泥板地如图4.33所示。

水泥板地可以大小块相间铺设，也可以做成各种几何形，也可以和草坪相间铺设，还可以和鹅卵石地面相间铺设，等等。

图 4.33　水泥板地

4.3.2 建筑构件的装修和装饰

1. 柱的装修艺术

柱子是室内重要的建筑构件,它在室内设计中有着举足轻重的作用。设计得好,可有画龙点睛之妙。因此,对柱子的装修应新颖、简洁、大方,充分发挥它的装饰作用。

1) 柱的截面种类

柱的截面种类可分为方柱、圆柱、矩形柱、海棠角柱,还可根据空间的形状特点采用不同形式的柱子。柱的截面种类如图4.34所示。

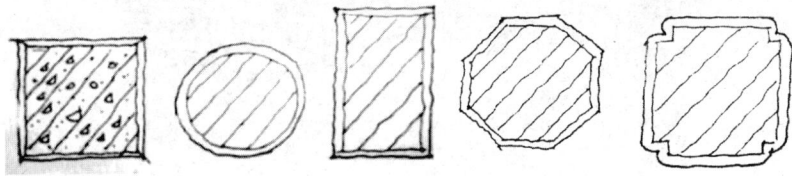

图4.34 柱的截面种类

2) 柱的装修材料

从柱的装修材料来看,可分为大理石柱、花岗岩柱、汉白玉柱、水磨石柱、陶面砖柱、马赛克柱、木装修柱、大漆柱和沥粉描金柱等。

3) 传统柱式

传统柱式一般可分为柱头、柱身和柱基(础)3段。中国柱式一般只有柱身和柱础,因为柱头部分与柱身没有什么区别,又和梁枋斗拱相交,所以柱头不明确。欧洲柱式的3段分隔较明确,具有代表性的柱头有3种,即爱奥尼式、科林斯式和陶立克式。埃及柱饰也较有特色,但在现代建筑中已不用了。

4) 壁柱

壁柱一般是夹在墙中的承重柱,还有一种是非承重的假壁柱,其主要功能是划分墙面,并和室内的柱子相匹配,形成一个整体空间。

5) 装饰柱

一般室内不做装饰柱,除非有些承重柱的体量过大,占据了室内的主要空间很不好看,严重地影响了室内效果。在这种情况下,该柱可做装饰柱,这样可收到化不利为神奇的特殊功效。装饰柱如图4.35所示。

图4.35 装饰柱

该大厅中设两根尺度巨大的柱子迎门而立,给人以堵塞的感觉,但经过装饰处理。柱子起到了重点装饰作用。

墨西哥人类学博物馆庭院之中的一个悬挑式屋盖,该屋盖由一个巨大的承重柱支撑着,设计师对该柱进行了重点装饰,使之成为空间中的重要艺术构件,充分发挥了它的艺术作用。装饰柱如图4.36所示。

图4.36 装饰柱

2．隔断、门洞、窗洞的装修

1) 隔断的形式

隔断就是分隔室内空间或室外过渡空间的室内装饰构件,分为封闭式和半封闭式。封闭式的主要构件是隔扇、花格墙;半封闭式的主要构件是屏风、屏门、博古架、落地罩、挂落等。其特点是大多可随意拆装,有很大的灵活性,可组成各种不同的空间。

隔断的装修方法分为古典式和现代式。古典式装修多采用精质的硬质木雕,并配以纱绫字画。现代式装修更加多样化,材料的选用也更广泛,可用玻璃、金属格架和木格架以及钢筋混凝土花格、塑料等。

以安装形式又可分为折叠式、推拉式、卷升式和拆装式等。

2) 隔断的功能

增加空间层次,并使空间关系互相渗透。过长的空间当中加上一个完全通透的玻璃隔断,使得空间有了层次感。玻璃隔断如图4.37所示。

图 4.37　玻璃隔断

　　锦江饭店中的中国式通透隔断，采用了传统式木结构手法，对过大的室内空间合理地进行了分隔，被分隔的空间仍保持着一定的连通关系，增加了空间的层次感。中国式通透隔断如图4.38所示。

(a)

(b)

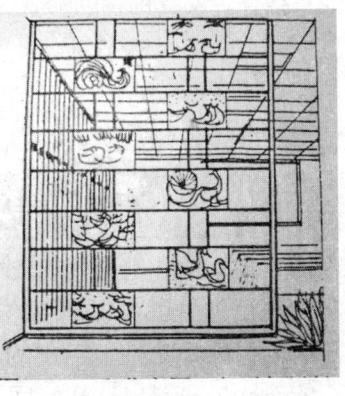

(c)

图 4.38　中国式通透隔断

4.4 室内设计美学的原则

4.4.1 比例与尺度

原则要点：圣·奥古斯丁说"美是各部分的适当比例，再加一种悦目的颜色"。比例是物与物的相比，表明各种相对面间的相对度量关系，在美学中，最经典的比例分配莫过于"黄金分割"了；尺度是物与人（或其他易识别的不变要素）之间相比，不需涉及具体尺寸，完全凭感觉上的印象来把握。

应用技巧：比例是理性的、具体的，尺度是感性的、抽象的。如果你没有特别的偏好，不妨就用1:0.618的完美比例来划居室空间吧，这会是一个非常讨巧的办法。例如根据"比例与尺度"原则营建的院落，墙体、窗户的长宽比例符合黄金分割。梯形棚架与长条桌相似，在一定尺度上改善了空间距离，让窗外的景色仿佛近了许多。

注意事项：即使整个家居布置采用的是同一种比例，也要有所变化才好，不然就会显得过于刻板了。

4.4.2 稳定与技巧

原则要点：稳定与轻巧几乎就是国人内心追求的写照，正统内敛、理性与感性兼容并蓄形成完美的生活方式。用这种心态来布置家居的话，与洛可可风格颇有不谋而合之处。以轻巧、自然、简洁、流畅为特点，将曲线运用发挥得淋漓尽致的洛可可式家具，在近年的复古风中极为时尚。

应用技巧：稳定是整体，轻巧是局部。在居室内应用明快的色彩和纤巧的装饰，追求轻盈纤细的秀美。黄、绿、灰3色是客厅中的主要色彩。灰色向来给人稳重高雅的感觉，黄色冲淡了灰的沉闷，而绿色中和了黄的耀眼，所有的布置都是为了最终形成稳定与轻巧的完美统一。

注意事项：家居布置得过重会让人觉得压抑、沉闷；过轻又会让人觉得轻浮、毛躁。要注意色彩的轻重结合，家具饰物的形状大小分配协调，整体布局的合理完善，等等问题。

4.4.3 调和与对比

原则要点："对比"是美的构成形式之一，在家居布置中，对比手法的运用无处不在，可以涉及空间的各个角落，通过光线的明暗对比、色彩的冷暖对比、材料的质地对比、传统与现代的对比……使家居风格产生更多层次、更多样式的变化，从而演绎出各种不同节奏的生活方式。调和则是将对比双方进行缓冲与融合的一种有效手段。

应用技巧：黑色与白色在视觉上的强烈反差对比，体现出房间主人特立独行的风格，同时也增加了空间中的趣味性；毛皮的华贵与纯棉的质朴是材料上的对比；长方形玻璃窗是形状、大小的对比。布置出这样一间居室，就是彰显个性的最佳途径。

注意事项：如果你有坚强的性格，独特的品味且我行我素，向来不惧人言，那么尽管使用强烈的对比吧，否则还是柔和一点的好。

4.4.4 节奏与韵律

原则要点：节奏与韵律是密不可分的统一体，是美感的共同语言，是创作和感受的关键。人称"建筑是凝固的音乐"，就是因为它们都是通过节奏与韵律的体现而造成美的感染力。成功的建筑总是以明确动人的节奏和韵律将无声的实体变为生动的语言和音乐，因而名扬于世。

应用技巧：节奏与韵律是通过体量大小的区分、空间虚实的交替、构件排列的疏密、长短的变化、曲柔刚直的穿插等变化来实现的，具体手法有连续式、渐变式、起伏式、交错式等。楼梯是居室中最能体现节奏与韵律的所在。或盘旋而上、或蜿蜒起伏、或柔媚动人、或刚直不阿，每一部楼梯都可以做成一曲乐章，在家居中轻歌曼舞。

注意事项：在整体居室中虽然可以采用不同的节奏和韵律，但同一个房间切忌使用两种以上的节奏，那会让人无所适从、心烦意乱。

4.4.5 对称与均衡

原则要点：对称是指以某一点为轴心，求得上下、左右的均衡。对称与均衡在一定程度上反映了处世哲学与中庸之道，因而在我国古典建筑中常常会运用到这种方式。现在居室装饰中人们往往在基本对称的基础上进行变化，造成局部不对称或对比，这也是一种审美原则。另有一种方法是打破对称，或缩小对称在室内装饰的应用范围，使之产生一种有变化的对称美。

应用技巧：面对庭院的落地大观景窗被匀称地划分成"格"，每一格中都是一幅风景。长方形的餐桌两边放着颜色相同、造型却截然不同的椅子、凳子，这是一种变化中的对称，在色彩和形式上达成视觉均衡。餐桌上的烛台和插花也是这种原则的体现。

注意事项：对称性的处理能充分满足人的稳定感，同时也具有一定的图案美感，但要尽量避免让人产生平淡甚至呆板的感觉。

4.4.6 主从与重点

原则要点：当主角和配角关系很明确时，心理也会安定下来。如果两者的关系模糊，便会令人无所适从，所以主从关系是家居布置中需要考虑的基本因素之一。在居室装饰中，视觉中心是极其重要的，人的注意范围一定要有一个中心点，这样才能造成主次分明的层次美感，这个视觉中心就是布置上的重点。

应用技巧：明确地表示出主从关系是很正统的布局方法。对某一部分的强调，可打破全局的单调感，使整个居室变得有朝气。但视觉中心有一个就足够了，就如一颗石子丢进平静的水面，产生一波一波的涟漪，自会惹人遐思。这间客厅的"石子"就是那个花枝招展、流光溢彩、独一无二的吊灯！如果多放一两盏的话，整体美感就会荡然无存。

注意事项：重点过多就会变成没有重点。配角的一切行为都是为了突出主角，切勿喧宾夺主。

4.4.7 过渡与呼应

原则要点：硬、软装修在色调、风格上的彼此和谐不难做到，难度在于如何让二者产生"联系"，这就需要运用"过渡"了。呼应属于均衡的形式美，是各种艺术常用的手法。在室内设计中，过渡与呼应总是形影相伴的，具体到顶棚与地面、桌面与墙面、各种家具之间……，形体与色彩层次过渡自然、巧妙呼应的话，往往能取得意想不到的效果。

应用技巧：吊灯与落地灯遥相呼应，都采用看似随意的曲线，这种亲近自然的舒适感，最适合用于硬冷的物体之上；茶几上的鲜花随形就势给视觉一个过渡，使整个空间变得和谐。整体上将结构的力度和装饰的美感巧妙地结合起来，色彩和光影上的连接和过渡非常流畅、自然。

注意事项："过渡与呼应"可以增加居室的丰富美感，但不宜太多或过分复杂，否则会给人造成杂乱无章及过于烦琐的感觉。

4.4.8 比拟与联想

原则要点：比拟是一种文学上的说法，在形式美学当中，它与联想密不可分。所谓联想，是指人们根据事物之间的某种联系由此及彼的心理思维过程。联想是联系眼前的事物与以往曾接触过的相似、相反或相关的事物之间的纽带和桥梁，它可以使人思路更开阔、视野更广远，从而引发审美情趣。

应用技巧：联想的内容都是已知的、客观存在的，运用比拟手法，通过联想使抽象的意识活动与具体形象相结合。例如卧室，选用红黄色调的布艺，再加上茂盛的绿色盆栽，立在窗边的长颈鹿摆饰，置身其中难免会从色彩、布景中产生热情洋溢、活力四射的非洲印象。

注意事项：运用这种原则布置家居时，一定要注意比拟与联想从来都不是天马行空式的胡思乱想，它形成的空间应该是你曾经有过或者非常向往的生活氛围。

4.4.9 统一与变化

原则要点：家居布置在整体设计上应遵循"寓多样于统一"的形式美原则，根据大小、色彩、位置，使之与家具构成一个整体，成为室内一景，营造出自然和谐、极具生命力的"统一与变化"；家具要有统一的艺术风格和整体韵味，最好成套定制或尽量挑选颜色、式样格调较为一致的，加上人文融合，进一步提升居住环境的品位。

应用技巧：不同的空间应选用不同的色彩基调。黄色有助于人的食欲，所以将它定为餐厅的主色；墙上那幅青绿色的装饰画，是整体色调中的变数，然而却非常和谐；桌面、墙面、隔断采用相同花纹、相同材质，于统一见变化的是纹理方向的不同。

注意事项：在家居布置的初始就应该有一个完整的计划和构思，这样才不会在进行过程中出现纰漏；在购买新家具时，应尽量与原有家具般配。

4.4.10 单纯与风格

原则要点：家居风格的成因是综合而复杂的，有意识形态的、有物质条件的、有传统的、有地域物产的，还有居住者个人的经历、才能及偏好和外来的影响，等等因素。无论成因如何，首先要考虑好居室的基本风格，一旦建立起一种气氛，一种风格，一种角度，你就可以仔细地构建自己的风格，并且逐渐获得自信。

应用技巧：人若单纯会让人感动，让人留恋。用在家居上，是一种返璞归真，一种洁净，一种清极而郁的芬芳。以原木为基调的卧室，素雅的布艺和生机盎然的绿色植物会不知不觉让人爱上它的纯净、它的境界、它的风平浪静。或许在人们的潜意识里，总是希望生活潮流有一种单纯的气质。

4.5 室内设计常用尺寸

4.5.1 家具尺寸

衣橱：深度一般60～65，推拉门70，衣橱门宽度40～65。

推拉门：75～150，高度：190～240。

矮柜：深度35～45，柜门宽度30～60。

电视柜：深度45～60，高度60～70。

单人床：宽度90、105、120，长度180、186、200、210。

双人床：宽度135、150、180，长度180、186、200、210。

圆床：直径186、212.5、242.4(常用)。

室内门：宽度80～95；医院：120；高度190、200、210、220、240。

厕所、厨房门：宽度80、90，高度190、200、210。

窗帘盒：高度12～18，深度单层布12；双层布16～18(实际尺寸)。

沙发，单人式：长度80～95，深度85～90；坐垫高35～42；背高70～90。

双人式：长度126～150，深度80～90。

三人式：长度175～196，深度80～90。

四人式：长度232～252，深度80～90。

茶几：小型，长方形长度60～75，宽度45～60，高度38～50(38最佳)。

中型，长方形：长度120～135，宽度38～50或者60～75。

正方形：长度75～90，高度43～50。

大型，长方形：长度150～180，宽度60～80，高度33～42(33最佳)。

圆形：直径75、90、105、120，高度33～42。

方形：宽度90、105、120、135、150，高度33～42。

书桌。固定式：深度45～70(60最佳)，高度75。

活动式：深度65～80，高度75～78。

书桌下缘离地至少58，长度最少90(150～180最佳)。

餐桌：高度75～78(一般)，西式高度68～72，一般方桌宽度120、90、75。

长方桌：宽度80、90、105、120，长度150、165、180、210、240。

圆桌：直径90、120、135、150、180。

书架：深度25～40(每一格)，长度：60～120；下大上小型下方深度35～45，高度80～90。

活动未及顶高柜：深度45，高度180～200。

木隔间墙厚：6～10，内角材排距：长度(45～60)×90。

注：以上家具尺寸单位为厘米。

4.5.2 室内常用尺寸

1．墙面尺寸

(1) 踢脚板高：80～200mm。

(2) 墙裙高：800～1 500mm。

(3) 挂镜线高：1 600～1 800(画中心距地面高度)mm。

2．餐厅

(1) 餐桌高：750～790mm。

(2) 餐椅高：450～500mm。

(3) 圆桌直径：两人500mm，3人800mm，4人900mm，5人1 100mm，6人1 100～1 250mm，8人1 300mm，10人1 500mm，12人1 800mm。

(4) 方餐桌尺寸：两人700×850(mm)，4人1 350×850(mm)，8人2 250×850(mm)。

(5) 餐桌转盘直径：700～800mm。

(6) 餐桌间距：(其中座椅占500mm)应大于500mm。

(7) 主通道宽：1 200～1 300mm。

(8) 内部工作道宽：600～900mm。

(9) 酒吧台高：900～1 050mm，宽500mm。

(10) 酒吧凳高：600～750mm。

3．商场营业厅

(1) 单边双人走道宽：1 600mm。

(2) 双边双人走道宽：2 000mm。

(3) 双边三人走道宽：2 300mm。

(4) 双边四人走道宽：3 000mm。

(5) 营业员柜台走道宽：800mm。

(6) 营业员货柜台：厚600mm，高800～1 000mm。

(7) 单靠背立货架：厚300～500mm，高1 800～2 300mm。

(8) 双靠背立货架：厚600～800mm，高1 800～2 300mm。

(9) 小商品橱窗：厚500～800mm，高400～1 200mm。

(10) 陈列地台高：400～800mm。

(11) 敞开式货架：400～600mm。

(12) 放射式售货架：直径2 000mm。

(13) 收款台：长1 600mm，宽600mm。

4．饭店客房

(1) 标准面积：大25m²，中16~18m²，小16m²。

(2) 床：高400~450mm，床靠高850~950mm。

(3) 床头柜：高500~700mm，宽500~800mm。

(4) 写字台：长1 100~1 500mm，宽450~600mm，高700~750mm。

(5) 行李台，长910~1 070mm，宽500mm，高400mm。

(6) 衣柜：宽800~1 200mm，高1 600~2 000mm，深500mm。

(7) 沙发：宽600~800mm，高350~400mm，靠背高1 000mm。

(8) 衣架：高1 700~1 900mm。

5．卫生间

(1) 卫生间面积：3~5m²。

(2) 浴缸长度：一般有3种，即1 220mm、1 520mm、1 680mm，宽720mm，高450mm。

(3) 坐便：750×350(mm)。

(4) 冲洗器：690×350(mm)。

(5) 盥洗盆：550×410(mm)。

(6) 淋浴器高：2 100mm。

(7) 化妆台：长1 350mm，宽450mm。

6．会议室

(1) 中心会议室客容量：会议桌边长600mm。

(2) 环式高级会议室客容量：环形内线长700~1 000mm。

(3) 环式会议室服务通道宽：600~800mm。

7．交通空间

(1) 楼梯间休息平台净空：等于或大于2 100mm。

(2) 楼梯跑道净空：等于或大于2 300mm。

(3) 客房走廊高：等于或大于2 400mm。

(4) 两侧设座的综合式走廊宽度：等于或大于2 500mm。

(5) 楼梯扶手高：850~1 100mm。

(6) 门的常用尺寸：宽850~1 000mm。

(7) 窗的常用尺寸：宽400~1 800mm(不包括组合式窗子)。

(8) 窗台高：800~1 200mm。

8．灯具

(1) 大吊灯最小高度：2 400mm。

(2) 壁灯高：1 500~1 800mm。

(3) 反光灯槽最小直径：等于或大于灯管直径的两倍。

(4) 壁式床头灯高：1 200～1 400mm。

(5) 照明开关高：1 000mm。

9．办公家具

(1) 办公桌：长1 200～1 600mm，宽500～650mm，高700～800mm。

(2) 办公椅：高400～450mm，长×宽450×450(mm)。

(3) 沙发：宽600～800mm，高350～400mm，靠背面1 000mm。

(4) 茶几：前置型900×400×400(高)(mm)，中心型900×900×400(mm)。

(5) 700×700×400(mm)，左右型：600×400×400(mm)。

(6) 书柜：高1 800mm，宽1 200～1 500mm，深450～500mm。

(7) 书架：高1 800mm，宽1 000～1 300mm，深350～450mm。

4.5.3 家电基本尺寸名称

家电基本尺寸见表4-1。

表4-1 家电基本尺寸

单位：mm

名称		宽	高	深
电视	29寸	751	582	500
	34寸	850	600	670
	背投	975	1219	571
空调	窗式	690	432	510
	1.5p挂式	780	285	186
	2p柜机	500	1700	270
冰箱		600	1630	680
洗衣机		600	958	595
吸油烟机		745	450	410
吸尘器		278	468	230
冰柜		504	876	573
微波炉		550	440	315
榨汁机		325	185	405
烤面包机		390	190	150
DVD		430	55	310
洗碗机		495	540	440
消毒柜		600	400	325

注：以上尺寸仅供参考，实际尺寸以您所选购品牌的实际尺寸为准。

本章小结

通过对本章的学习，学生可以了解空间的分类，熟悉室内装饰设计的空间处理和艺术处理规律，掌握其室内各个界面的设计，以及熟知设计的常用尺寸。

第5章
家装空间装饰设计

学习目标

熟悉室内装饰设计中家居空间的基本划分及要求;掌握家居空间的设计方法。

学习要求

能力目标	知识要点	相关知识	权重
理解能力	室内装饰设计中家居空间的基本划分及要求	家居空间的组成	30%
掌握能力	家居空间的设计方法	家居空间各组成部分的设计方法	30%
应用能力	家居空间的设计	结合实务进行设计	40%

建筑装饰设计

【引例】

客厅俗称起居室，是家庭生活的枢纽区域。因为人们工作后的业余生活大都在此进行，故客厅的装修不可小觑，如图5.1所示。装修设计时应着重把握以下3点。

一是区域划分合理，协调统一。客厅一般划分为就餐区、会客区和学习区。就餐区应靠近厨房且用小屏风或人造矮墙隔断；学习区靠近客厅某一隅且大小适宜；会客区则要通道简洁、宽敞明亮，具备通透感。尽管没有明显的"三八线"界定，但布局上要合理，保证会客区使用功能不受影响。同时，各个局部区域美化格调要与全区的美化基调一致，使个性寓于共性之中，体现总体协调。

二是色彩基调有区别又有联系。总体说客厅大区要反映主人装修档次及艺术美感，也就是说各小区域要有特色。一般认为学习区光线透亮，采用较冷色，可以减弱学习疲劳；就餐区采用暖色，使家人或亲友相聚增加温馨感；而会客区既有不变的基调色彩，又要有因季节变换而变换的动景(如壁画)相配合，营造四季自然风光，给客厅增锦添辉。

三是地面装饰讲究统一，切忌分割。前几年，人们常常喜欢给不同的区域地面赋予不同的材质和不同"肤色"，表面上似乎很丰富，实际上有凌乱之感。近年来，人们逐渐习惯于地面用一种材质一种"肤色"处理，客观上收到较好的效果。

图 5.1 家装空间客厅设计

5.1 生活空间的基本概念及发展

生活空间和人们的生活联系紧密，是人们基本生活要素之一。随着社会经济的发展，生活空间由最原始的天然岩洞演变到现在种类繁多的住宅样式。无论生活空间的形式怎样变化和发展，它的基本内涵是不变的，它是人类的住所。

5.1.1 生活空间的基本概念

1. 生活空间的定义

定义：生活空间是一种以家庭为对象的居住活动为中心的建筑环境。
(1) 狭义地说，它是家庭生活方式的体现。
(2) 广义地说，它是社会文明的表现。

2. 人们对生活空间的认识

"君子之营宫室,宗庙为先,廊库次之,居室为后。"

"所有生活皆需具备实用、坚固、愉快三个要素。"

"功能决定形式,"生活空间的实质存在于内部空间,它的外观形式也应由内部空间来决定。

"居室是居住的机器,"生活空间设计需像机器设计一样精密正确。

5.1.2 生活空间的发展历程

室内设计是人类创造并美化自己生存环境的活动之一。确切地讲,应称之为室内环境设计。生活空间室内设计的发展大致可以分为早期、中期和当前3个阶段。

1. 早期阶段(原始社会至奴隶社会中期)

生产技术落后 → 解决技术能力有限 → 技术相对简陋 ↘　　↗ 穴居(图5.2)。
生产能力不足 → 物质财富有限　→ 满足基本功能要求 → 形式 → 巢居(图5.3)。
生存压力大　→ 建造目的单一　→ 满足基本生存要求　↗　　↘ 木骨泥墙(图5.4)。

图 5.2　穴居

图 5.3　巢居、干栏式建筑

图 5.4　木骨泥墙

2. 中期阶段(奴隶社会后期、封建社会至工业革命前期)

生产技术进步 → 技术能力提升 → 结构复杂 → 哥特式(曲辕犁、牲畜的运用)(中：斗拱、砖瓦，西：肋拱、火山灰)。

生产力加强 → 物质财富增多并集中 → 大的、消耗性强的 → 皇宫别墅山庄。

建造目的复杂化 → 生活及享乐的观念 → 形式复杂、风格多样 → 洛可可(图5.5)、巴洛克(图5.6)及楼、台、亭、阁。

中国传统风格如图5.7所示。

图 5.5　洛可可风格

图 5.6　巴洛克风格

(a)

(b)

(c)

图 5.7　中国传统风格

3．当前阶段(工业革命至今)

现代室内设计的主要特点如下。
(1) 求实用功能，注重运用新的科学与技术，追求室内空间"舒适度"的提高。
(2) 注重充分利用工业材料和批量生产的工业产品。
(3) 讲究人情味，在物质条件允许的情况下，尽可能追求个性与独创性。
(4) 重视室内空间的综合艺术风格。

5.1.3　生活空间设计未来发展

(1) 生活空间设计领域的相对独立性日益增强，同时与多学科、边缘学科的联系和结合趋势也日益明显。生活空间设计除了仍以建筑设计作为学科及工业设计等学科的一些观念外，思考和工作方法也日益在生活设计中显示其作用。
(2) 生活空间设计、施工、材料、设施、设备之间的协调和配套关系使各部分自身的规范化进一步得到完善。

(3) 随着东西方文化的不断渗透和融合，人们接受新事物的能力逐步提高，对于多种风格形式生活产品的适应能力也越来越强，越来越多的个性化产品在市场上出现，住宅产品走向多元化发展是必然的发展趋向。

(4) 追求环境、生态、科技为主题的第三代产品将会是今后生活空间的主导性产品。生活空间产品更强调生活的高品味、人性化、健康、舒适美观，有较多的绿化空间、人文景观和适应现代社会的智能管理系统，将是生活空间共同发展的目标。

(5) 智能化设计也是近几年生活空间的一个卖点。随着城市网民数量的增多，发展商也还会将买家的需要建立起家庭办公自动化设施，全方位的智能化防盗及生活的一卡通消费系统，如北京的现代城、上海的仁恒滨江园、深圳的东海花园二期等都采用这种超前的智能化设施。

5.2 室内设计的内容

5.2.1 室内设计的内容

现代室内设计涉及的面很广，但是设计的主要内容可以归纳为以下4个方面。

1. 室内空间组织和界面处理

室内设计的空间组织需要对原有建筑设计的意图充分理解，对建筑物的总体布局、功能分析、人流动向以及结构体系等有深入的了解，在室内设计时对室内空间和平面布置予以完善、调整或再创造。

室内界面处理是指对室内空间的各个围合面(地面、墙面、隔断、平顶等)的使用功能和特点的分析，界面的形状、图形线脚、肌理构成的设计，以及界面和结构构件的连接构造、界面和风、水、电等管线设施的协调配合等方面的设计。

室内空间组织和界面处理是确定室内环境基本形体和线形的设计内容。

2. 室内视觉环境(光照、色彩和材质)的设计

室内光照是指室内环境的天然采光和人工照明，光照除了能满足正常的工作生活环境的采光、照明要求外，光照和光影效果还能有效地起到烘托室内环境气氛的作用。

色彩是室内设计中最为生动、最为活跃的因素，室内色彩往往给人们留下室内环境的第一印象。除了色光以外，色彩还必须依附于界面、家具、室内织物、绿化等物体。室内色彩设计需要根据建筑物的性格、室内使用性质、工作活动特点、停留时间长短等因素，确定室内主色调，选择适当的色彩配置。

材料质地的选用是室内设计中直接关系到实用效果和经济效益的重要环节。饰面材料的选用同时具有满足使用功能和人们身心感受这两方面的要求，例如坚硬、平整的花岗石地面，光滑、精巧的镜面饰面，轻柔、细软的室内纺织品，以及自然、亲切的木质面材，等等。室内设计中的形、色、质应在光照下融为一体，赋予人们以综合的视觉心理感受。

3. 室内内含物(家具、陈设、灯具、绿化)的设计和选用

家具、陈设、灯具、绿化等室内设计的内容，除固定家具、嵌入灯具及壁画等与界面组合外，大部分均相对地可以脱离界面布置于室内空间里，其实用和观赏的作用都极为突出，通常它们都处于视觉中显著的位置，家具还直接与人体相接触，感受距离最为接近。家具、陈设、灯具、绿化等对烘托室内环境气氛，形成室内设计风格等方面起到举足轻重的作用。

室内绿化在现代室内设计中具有不能代替的特殊作用。室内绿化具有改善室内小气候和吸附粉尘的功能，更主要的是，室内绿化使室内环境生机勃勃，带来自然气息，令人赏心悦目，起到柔化室内人工环境，协调人们心理平衡的作用。

4. 空间构造与环境系统

空间构造与环境系统是室内设计功能系统的主要组成部分，两者组成了室内设计的物质基础，是满足室内各种功能的前提。

建筑是构成室内空间的本体，建筑空间构造对于室内形态具有决定性作用。受经济、材料、技术的制约，室内设计依然要充分考虑构造对空间造型的影响。在框架构造的建筑空间中，柱网间距的尺度，柱径与柱高之比，梁板的厚度，都对室内空间的塑造具有重要的影响力。利用框架构造本身的特点，在柱与梁上做文章已成为这类空间室内设计的一种常用手法。相对来讲，砖混构造的建筑在空间上留给室内设计的余地十分有限，因此在这类空间中界面的装饰就显得非常重要。

室内环境系统实际上是建筑构造中满足人的各种生理需求的物理人工设备与构件。环境系统是现代建筑不可或缺的有机组成部分，涉及水、电、风、光、声等多种技术领域，由采光与照明系统、电气系统、给水排水系统、供暖与通风系统、音响系统、消防系统组成。

(1) 采光与照明系统：自然采光受开窗形式和位置的制约，人工照明受电气系统及灯具配光形式的制约。采光与照明对光线的强弱明暗，对光影的虚实形状和色彩，对室内环境气氛的创造有着举足轻重的作用。

(2) 电气系统：在现代建筑的人工环境系统中居于核心位置，各类系统的设备运行，供水、空调、通信、广播、电视、保安监控、家用电器等都要依赖于电能。在电气系统中，强电系统的功率对室内设备与照明产生影响，弱电系统的设备位置造型与空间形象发生关系。

(3) 给水排水系统：上下水管与楼层房间具有对应关系，室内设计中涉及用水房间需考虑相互位置的关系。

(4) 供暖与通风系统：设备与管路是所有人工环境系统中体量最大的，它们占据的建筑空间和风口位置会对室内视觉形象的艺术表现形式产生很大的影响。

(5) 音响系统：包括建筑声学与电声传输两方面的内容，建筑构造限定的室内空间形态与声音的传播具有密切关系，界面装修构造和装修材料的种类直接影响隔声吸声的等级。

(6) 消防系统：包括烟感警报系统与管道喷淋系统两方面的内容，消防设备的安装位置有着严格的界定，在室内装修的空间造型中注意避让消防设备是一个较为重要的问题。

5.2.2 室内设计的类别

室内环境的类型依据建筑性质和使用功能的不同，可以划分为以下四大类别。

居住建筑室内设计——住宅、公寓、宿舍。

公共建筑室内设计——文教、医疗、商业、旅游、观演、办公、体育、展览、交通、科研。

工业建筑室内设计——厂房。

农业建筑室内设计——农业生产用房。

其中，住宅室内环境和公共室内环境是现代室内设计的主要类别。

不同类别的室内环境因功能不同而性质各异，其在设计标准和要求上会有很大的差异，设计时必须具体分析，分别给予适宜的功能与形式。

5.2.3 室内设计的依据

1．人体尺度以及人在空间活动时的范围

主要内容包含以下3个方面。
(1) 静态尺度(人体尺度)。
(2) 动态活动范围包括动作领域与活动范围。
(3) 心理需求范围(人际距离、领域性等)。

人体的尺度和人体在室内完成各种动作时的活动范围，是我们确定室内诸如门扇的高宽度、踏步的高宽度、通道宽度、家具的尺寸及其相间距离以及室内净高最小高度等的基本依据。涉及人们在不同性质的室内空间内，满足人们心理感受需求的最佳空间范围。

2．室内内含物的尺寸及安置范围

室内空间里的内含物即是家具、灯具、设备(空调器、热水器、电视机等)、陈设之类，它们的尺寸和安置范围是室内平面布置的重要依据。在有的室内环境里，如宾馆的门厅、高雅的餐厅等，室内绿化和水石小品等的所占空间尺寸，也应成为组织、分隔室内空间的依据条件。

3．室内空间的结构构成、设施管线等的尺寸和制约条件

室内空间的结构体系、柱网的开间间距、楼面的板厚梁高、风管的断面尺寸以及水电管线的走向和铺设要求等，都是组织室内空间时必须考虑的。

有些设施内容，如风管的断面尺寸、水管的走向等，在与有关工种的协商下可做调整，但仍然是必要的依据条件和制约因素。例如集中空调的风管通常在板底下设置，计算机房的各种电缆管线常铺设在架空地板内，室内空间的竖向尺寸，就必须考虑这些因素。

4．合适的装饰材料和可行的施工工艺

由设计设想变成现实，必须动用可供选用的地面、墙面、顶棚等各个界面的装饰材料，采用现实可行的施工工艺，这些依据条件必须在设计开始时就考虑到，以保证设计图的实施。

5．投资限额，建设标准以及工程施工期限

具体而又明确的经济和时间概念，是一切现代设计工程的重要前提。

投资限额与建设标准是室内设计必要的依据因素。不同建设标准的室内装修，可以相差几倍甚至10多倍。比如一般经济型旅馆大堂的室内装修费用单方造价1 000元左右，而五星级旅馆大堂的单方造价可以高达8 000～10 000元。

同时，不同的工程施工期限，将导致室内设计中不同的装饰材料安装工艺以及界面设计处理手法。

另外，在工程设计时，建设单位提出的设计任务书以及有关的规范(如防火、卫生防疫、环保等)和定额标准，也都是室内设计的依据文件。此外，原有建筑物的建筑总体布局和建筑设计总体构思也是室内设计时重要的设计依据因素。

5.3 生活空间的设计

5.3.1 住宅室内设计概念

1．住宅

住宅是一种以家庭为对象的人为生活环境。它既是家庭的标志，也是社会文明的体现。

2．社区条件

住宅虽是一独立的家庭居住空间，但它只有归属于一个完整的社区系统，才能充分发挥其生活价值。社区概念，即人类在特定地域内共同生活的组织关系，包含精神与物质条件。

1) 精神条件
(1) 共同的集体背景：相同的传统、习俗教育、职业、宗教。
(2) 浓厚的社区意识：相同的生活观念、行为规范和责任心。
(3) 和谐的整体环境：优美的景观，统一的建筑群。
(4) 充分的文教设施：学校、公园、动物园、娱乐中心。
2) 物质条件
(1) 完善的公共建筑：电力、电信、系统。
(2) 完善的福利设施：市场、托儿所、交通、卫生、停车场等。

5.3.2 住宅室内设计的家庭因素

住宅因家庭需要而存在，每一个家庭又有不同的个性特征而使住宅形成了不同的风格。家庭因素是决定住宅室内环境价值取向的根本条件，其中尤以家庭形态、家庭性格、家庭活动、家庭经济状况等方面的关系最为重要。住宅设计的因素是设计的主要依据和基本条件，也是住宅室内设计的创意取向和价值定位的首要构成要素，合理而协调地处理好这些因素的关系是设计成功的基础。

1．家庭形态

家庭形态包括人数构成、成员间关系、年龄、性别等。家庭的发展成长阶段的不同，对住宅环境的需要也截然不同。

1) 新生期

家庭从新婚起到第一个儿女出生以前，人口简单，这种家庭无论是独立居住，或与上一代家庭共同居住，利弊参半。独立居住自由而富私密性；共同居住经济富足，有安全感，但私生活易受干扰。

2) 发展期家庭

儿女诞生至少年期、青年期，至另组新生期家庭。

(1) 发展前期。儿女诞生，至进入少年期。在此阶段，第一代需全力照顾第二代的成长，第二代需依赖第一代而生活。家庭居住形式以两代结合式为最佳，即将两代的生活空间密切结合，加强有利于第一代成长的设计因素。

(2) 发展后期。儿女进入青年期开始，至另组新生期家庭为止。在此阶段，第二代逐渐成熟，为使两代之间能在和谐亲密中保持适度独立生活和私密性，采用"两代自由式"或"两代分离式"为宜。

3) 再生期家庭

儿女另组家庭。人口减少，第一代人步入中晚年。

4) 老年期家庭

第二代完全离开家庭。

每个家庭在不同阶段的需要是截然不同的，事实上，只有根据实际人口年龄、性别结构和成员关系分别采取适宜形式，方能解决实际问题。

2．家庭性格

家庭特殊是精神品质的综合表现，包括家庭成员的爱好、职业特点、文化水平、个性特征、生活习惯、地域、民族、宗教信仰等，具体表现为以下几点。

(1) 先天因素：历史、地域、家庭的传统。

(2) 后天因素：教育信仰、职业等现实条件。

室内设计的形式应与家庭性格相符。

3．家庭活动

家庭活动包括以下3个方面的内容。

群体活动——与家人共享天伦之乐，与亲友联络情谊，谈聚、用餐、看电视、阅读等。

私人活动——每个家庭成员独自进行的私密行为。应与人保持适度距离，避免无谓干扰，包括睡眠、休闲、个人嗜好等。

家务活动——最繁重琐屑的工作，如准备膳食、维护环境清洁等。

4．家庭经济

家庭经济状况包括收入水平、消费分配等。即使经济条件较好，但若不善用，不仅无法获得完美的生活环境，反而容易导致低级趣味。单纯金钱因素只能交换物质条件，需加入智慧因素才能产生精神价值。经济不充裕时也不能草率地选用低品质的材料设备，以避免造成双重损失。应追求良好的性价比，宁可采用高品质材料，实施分期付款，以保障长期的经济实效。

5.3.3 住宅室内设计的原则

住宅的空间一般多为单层、别墅(双层或3层)、公寓(双层或错层)的空间结构。住宅室内设计就是根据不同的功能需求，采用众多的手法进行空间的再创造，使居室内部环境具有科学性、实用性、审美性，在视觉效果、比例尺度、层次美感、虚实关系、个性特征等方面达到完美的结合，体现出"家"的主题，使业主在生理及心理上获得团聚、舒适、温馨、和睦的感受。

住宅室内设计在整体上应该遵循以下原则。

1．功能布局

住宅的功能是基于人的行为活动特征而展开的。要创造理想的生活环境，首先应树立"以人为本"的思想，从环境与人的行为关系研究这一最根本的课题入手，全方位地深入了解和分析人的居住和行为需求。

1) 基本功能

包括睡眠、休息、饮食、梳洗、家庭团聚、会客、视听、娱乐以及学习、工作等。这些功能因素又形成环境的静与闹、群体与私密、外向与内敛等不同特点的分区。

2) 平面布局

其内容包括各功能区域之间的关系、各房室之间的组合关系，各平面功能所需家具及设施、交通流线、面积分配、平面与立面用材的关系、风格与造型特征的定位、色彩与照明的运用等。

2．面积标准

1) 最低面积标准

因人口数量、年龄结构、性格类型、活动需要、社交方式、经济条件诸因素的变化，在现实生活中，很难建立理想的面积标准，只能采用最低标准做依据。

2) 确定居室面积前考虑与空间面积有密切关系的因素

(1) 家庭人口愈多，单位人口所需空间相对愈小。

(2) 兴趣广泛，性格活跃，好客的家庭，单位人口需给予较大的空间。

(3) 偏爱较大群体空间或私人空间的家庭，可减少房间数量。

(4) 偏爱较多独立空间的家庭，每个房间相对狭小一点也无妨。

3．平面空间设计

住宅平面空间设计是直接建立室内生活价值的基础工作，它主要包括区域划分和交通流线两个内容。

区域划分与交通流线是居室空间整体组合的要素，区域划分所致力的是整体空间的合理分配，交通流线寻求的是个别空间的有效连结。唯有两者相互协调作用，才能取得理想的效果，另外还需注意以下几点。

(1) 合理的交通路线以介于各个活动区域之间为宜，若任意穿过独立活动区域将严重影响其空间效用和活动效果。

(2) 尽量使室内每一生活空间能与户外阳台、庭院直接联系。

(3) 群体活动或公共活动空间宜与其他生活区域保持密切关系。

(4) 室内房门宜紧靠墙角开设，使家具陈设获得有利空间，各房门之间的距离不宜太长，尽量缩短交通路线。

4．立面空间设计

室内空间泛指高度与长度，高度与宽度所共同构成的垂直空间包括以墙为主的实立面和介于天花板与地板之间的虚立面。它是多方位、多层次的，有时还是相互交错融合的实与虚的立体。

立体空间塑造有两个方面的内容：一是储藏、展示的空间布局；二是通风、调温、采光、设施的处理，其手法上可以采用隔、围、架、透、立、封、上升、下降、凹进、凸出等手法以及可活动的家具、陈设等，辅以色、材质、光照等虚拟手法的综合组织与处理，以达到空间的高效利用，增进室内的自然与人为生活要素的功效。

在实施时应注意以下几点。

(1) 墙面实体垂直空间要保留必要部分做通风、调温和采光，其他部分则按需做储藏展示的空间。

(2) 墙面有立柱时可用壁橱架予以隐蔽。

(3) 立面空间要以平面空间活动需要为先决条件。

(4) 在平面空间设计的同时，对活动形态、家具配置详做安排。

(5) 在立面设计中调整平面空间布局。

5．家具配置

家具配置是室内平面设计的核心。家具的选择和组合取决于室内活动需要和空间条件。选用合适的与环境风格协调的家具，对住宅室内设计中会起到重要的作用。

1) 活动需要

(1) 家具结构形态和陈列方式取决于家庭生活需求和生理、心理状态。

(2) 供群体活动的家具需依据所有参与者的生理、心理条件。

(3) 供个人使用的家具需合乎生理条件。

2) 空间条件

(1) 空间面积和造型对家具数量、大小、造型、陈列方式都有直接关系。

(2) 大面积空间选用家具数量可较多，形体可较大，造型可较自由，陈列方式可多变化。

(3) 小面积空间，数量宜少，形体宜巧，造型宜单纯理性，陈列方式宜规范而有序。

6．色、光、材、景

住宅室内的色调、光照、材质、景观，是空间利用和设计所不可忽略的重要组成要素，设计时应高度重视，细致考虑。

7．整体统一

室内环境的整体设计是将同一空间的许多细部以一个共同的有机因素统一起来，使它变成一个完整而和谐的视觉系统。设计构思立意时，就需根据业主的职业特点、文化层次、个人爱好、家庭人员构成、经济条件等做综合的设计定位，形成造型的明晰条理、色彩的统一调子、光照的韵律层次、材质的和谐组织、空间的虚实比例以及家具的风格式样统,以求取得赏心悦目的效果。

5.3.4 住宅室内各部分环境设计

现代住宅内部功能发展包含了人的全部生活场所,其功能空间的组成因条件和家庭追求而各具特点,但组成不外乎包括玄关(门厅)、客厅、餐厅、厨房(兼早餐)、卧室(夫妻、老人、子女、客用)、卫生间(双卫、三卫、四卫)、书房(工作间)、储藏室、工人房、洗衣房、阳台(平台)、车库、设备间等。

从发展现状看,住宅建筑空间组织越来越灵活自由,建筑一般提供的空间构架除厨房、厕浴(卫生间)固定外,其他多为大开间构架式的布局,从而为不同的住户和设计师提供了根据家庭所需及设计追求自行分隔、多样组织、个性展现的空间条件。

1. 群体生活区

这是以家庭公共需要为对象的综合活动场所。这种群体区域在精神上代表着伦理关系的和谐,在意识上象征着邻里的合作。所以,待客、休闲、娱乐、用餐等皆以它为活动空间。

群体生活区按功能常分为以下区域。

1) 门厅(玄关)

门厅为住宅主入口直接通向室内的过渡性空间,它的主要功能是家人进出和迎送宾客,也是整套住宅的屏障。门厅面积一般为$2\sim4m^2$,它面积虽小,却关系到家庭生活的舒适度、品位和使用效率。这一空间内通常需设置鞋柜、挂衣架或衣橱、储物柜等,面积允许时也可放置一些陈设物、绿化景观等。

在形式处理上,门厅应以简洁生动、与住宅整体风格相协调为原则,可做重点装饰屏障,使门厅具备识别性强的独特面貌,体现住宅的个性。门厅设计如图5.8所示。

(a)

(b)

图5.8 门厅设计

(c)

图 5.8　门厅设计（续）

2) 客厅

起居室是家庭群体生活的主要活动场所，是家人视听、团聚、会客、娱乐、休闲的中心，在中国传统建筑空间中称为"堂"。起居室是居室环境使用活动最集中、使用频率最高的核心住宅空间，也是家庭主人身份、修养、实力的象征。所以在布局设计上宜考虑设置在住宅的中央或相对独立的开放区域，常与门厅餐厅相连，而且应选择日照最为充实、最能联系户外自然景物的空间位置，以营造伸展、舒坦的心理感觉。

起居室应具有充分的生活要素和完善的生活设施，使各种活动皆能在良好的环境条件下获得舒适方便的享受。如合理的照明、良好的隔音、灵活的温控、充分的储藏和实用的家具等设备。起居室中的设备应具备发挥最佳功效的空间位置，形成流畅协调的连接关系。

同时，起居室的视觉造型形式必须充分考虑家庭性格和目标追求，以展露家庭特殊性格修养为原则，采取相应的风格和表现方式，达到所谓的"家庭展览橱窗"的效果。起居室的装饰要素包括家具、地面、天棚、墙面、灯饰、门窗、隔断、陈设品、植物等。设计时应掌握空间风格的一致性和住宅室内环境的构思一致性。客厅设计如图5.9所示。

(a)

图 5.9　客厅设计

(b)

(c)

图 5.9 客厅设计（续）

3) 餐厅

餐厅是家庭日常进餐和宴请宾客的重要活动空间。一般来说，餐厅多邻近厨房，但以靠近起居室的位置最佳。餐厅可分为独立餐厅、与客厅相连餐厅、厨房兼餐厅几种形式。

在住宅整体风格的前提下，家庭用餐空间宜营造亲切、淡雅、温馨的环境氛围，采用暖色调、明度较高的色彩，具有空间区域限定效果的灯光，柔和自然的材质，以烘托餐厅的特性。另外，除餐桌椅为必备家具外，还可以设置酒具、餐具橱柜，墙面也可以布置一些影照小品，以促进用餐的食欲。餐厅设计如图5.10所示。

图 5.10 餐厅设计

4) 休闲室

休闲室又称家人室，是指非正式的多功能活动场所，是一种兼顾儿童与成人的兴趣需要，将游戏、休闲、兴趣等活动相结合的生活空间，如健身、棋牌、乒乓、编织、手工艺等项目，为"第二起居室"。其使用性质是对内的、非正式的、儿童与成人并重的空间。休闲室的设计应突出家庭主人的兴趣爱好，无论是家具配置、贮藏安排、装饰处理，都需要体现个性、趣味、亲切松弛、自由、安全、实用的原则。休闲室设计如图5.11所示。

图 5.11　休闲室

5) 书房

住宅中的书房是供阅读、藏书、制图等活动的场所，是学习与工作的环境，可附设在卧室或起居室的一角，也可紧连卧室独立设置。书房的家具有写字台、电脑桌、书橱柜等，也可根据职业特征和个人爱好设置特殊用途的器物，如设计师的绘图台、画家的画架等。其空间环境的营造宜体现文化感、修养感和宁静感，形式表现上讲究简洁、质朴、自然、和谐的风尚。书房有开放式书房、闭合式书房、私人办公室式书房等形式。书房设计如图5.12所示。

图 5.12　书房

6) 其他生活空间

住宅除室内空间外，常常根据不同条件还设置有阳台、露台、庭院等家庭户外活动场所。阳台或露台在形式上是一种架空或通透的庭院，以作为起居室或卧室等空间的户外延伸，在设施上可设置坐卧家具，起到户外起居或阳光沐浴的作用。庭院为别墅或底层寓所的户外生活场所，以绿化、花园为基础，配置供休闲、游戏的家具和设施，如茶几、坐椅、摇椅、秋千、滑梯和戏水池等，其设计特点是创造一种享受阳光、新鲜空气和自然景色的环境氛围。阳台和楼台设计如图5.13所示。

(a)

(b)

(c)

图 5.13　阳台和楼台

2. 家务工作区

包括厨房、家务室、储藏室、车库等，各种家庭事务应在省力、省时原则下完成。

厨房是专门处理家务膳食的工作场所，它在住宅的家庭生活中占有很重要的位置，其基本功能有储物、洗切、烹饪、备餐以及用餐后的洗涤整理等。

厨房从功能布局上可分为储物区、清洗区、配膳区和烹调区4部分。根据空间大小、结构，其组织形式有U型、L型、F型、廊型等布局方式。基本设施有洗涤盆、操作平台、灶具、微波炉、排油烟机、电冰箱、烤箱、储物柜、热水器，有些可带有餐桌、餐椅等。

厨房在设计上应突出空间的洁净明亮、使用方便、通风良好、光照充足、符合人体工程学的要求，并且功能流线简洁合理。视觉上要给人以简洁明快、整齐有序，与住宅整体风格相协调的宜人效果。厨房与餐厅和起居室邻近为佳。厨房设计如图5.14所示。

(a)

(b)

(c)

图 5.14　厨房

(d)

图 5.14 厨房（续）

3. 私人生活区域

私人生活区域是成人享受私密性权利的空间，是子女生长发展的温床。理想的居家应该使家庭每一成员皆拥有各自的私人空间，成为群体生活区域的互补空间，便于成员完善个性、自我解脱、均衡发展。私人生活区域包括主人卧室、子女室、客卧室及配套卫生间。

1) 主人卧室

卧室是住宅中最私密、最安宁和最具心理安全感的空间，其基本功能有睡眠、休闲、梳妆、梳洗、贮藏和视听等，其基本设施配备有双人床、床头柜、衣橱或专用衣帽贮藏间、专用梳洗间、休息椅、电视柜、梳妆台等。主卧设计如图5.15所示。

(a)

(b)

图 5.15 主卧

(c)

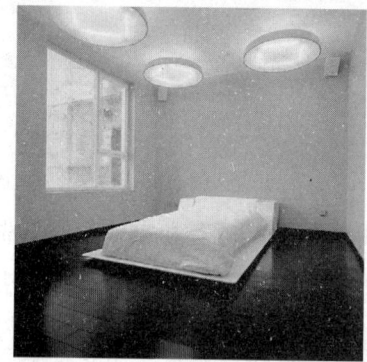

(d)

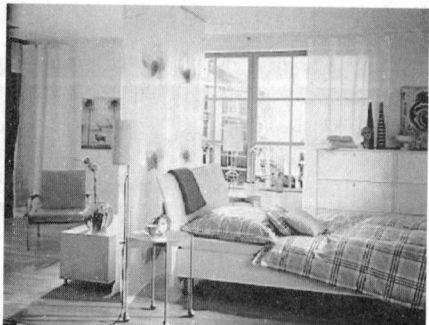

(e)

(f)

图 5.15　主卧（续）

2) 子女卧室

子女卧室是家庭子女成长发展的私密空间，原则上必须依照子女的年龄、性别、性格和特征给予相应的规划和设计。按儿童成长的规律，可分为婴儿期、幼儿期、儿童期、青少年期和青年期5个阶段。婴儿可与父母共居一室；幼龄子女需有一个游戏场所，使之能自由尽情发挥自我；渐成熟的子女宜给予适当私密空间，使工作、休闲皆能避免外界侵扰，情绪与精力皆能正常发挥。子女卧室设计如图5.16所示。

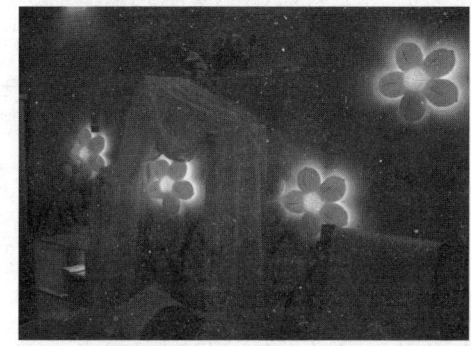

(a)

(b)

(c)

图 5.16　子女卧室

(d)

图 5.16 子女卧室（续）

4. 卫生间

理想的住宅里卫生间应为卧室的一个配套空间，应为每个卧室设置一个卫生间，但事实上，目前多数住宅无法达到这个标准。在住宅中如有两间卫生间时，应将其中一间供作主人卧室专用，另外一间供作公共使用。如只有一间时，则应设置在卧室区域的中心地点，以方便使用。卫生间可分为开放式(所有卫生设备同置一室)、分隔式(以隔断区分为数个单位)。

卫生间的基本设备有洗脸盆、浴缸或淋浴房、抽水马桶和净身器等。其设备配置应以空间尺度条件及活动需要为依据。由于所有基本设备皆与水有关，给水排水系统特别是抽水马桶的污水管道，必须合乎国家质检标准，地面排水斜度与干湿区的划分应妥善处理。

卫生间应有通风、采光和取暖设施。在通风方面，利用窗户可取得自然通风，用抽风机也可取得排气的效果。采光设计上应设置普遍照明和局部照明形式，尤其是洗脸与梳妆区宜用散光灯箱或发光平顶，以取得无影的局部照明效果。此外，冬季寒冷区的浴室还应设置电热器或"浴霸"电热灯等取暖设备。

卫生间除了基本设施外，须配置梳妆台、浴巾与清洁器材贮藏柜和衣物贮藏柜。此外，必须注意所有材料的防潮性能和表现形式的美感效果，使浴室成为优美而实用的生活空间。卫生间设计如图5.17所示。

(a)

图 5.17 卫生间

(b)

(c)

(d)

(e)

图 5.17　卫生间（续）

(f)

图 5.17 卫生间（续）

5.3.5 住宅室内照明

1．主要房间照明

1）起居室

起居室是空间最大的家庭中心房间，因此，使用灯光种类很多，选择照明方法时，功能、照度、情调等因素都要考虑到。

(1) 整体照明应选用不太刺眼的灯具镶在天花板中，可结合吊顶的跌落变化设置暗灯槽，增加整体光感效果；若想制造情调，则用投光灯或聚光性小的灯泡要比用日光灯为佳。可根据房间的大小来考虑灯的位置及数量。

(2) 局部照射灯光中，可放置落地灯或在沙发边小桌上放置小型台灯，以方便使用。

(3) 在装饰橱柜中使用间接照明，以使橱柜中的装饰物显得更美，这时可用日光灯或在天花板上安置聚光灯照射。聚光灯也适于照射绘画作品。

(4) 使用垂吊灯具需考虑家具的配置并与家具相协调，如可照射在茶桌上。垂吊灯具与天花板吸顶灯相同，是房间灯光的重点，其他照明不要过于突出，以免喧宾夺主。

总之，不管用哪种方法，都应把整体照明与局部照明的巧妙地分开控制和使用，开关也不要只限一个地方。家庭团聚时灯光明亮点，休息时只用局部照明，亲密交谈时，除用局部灯光外，可配合蜡烛照明。

2）餐厅

餐厅应制造舒适愉快的气氛，以增加食欲。可设置一二盏半直接或直接照明的吊灯，高度离桌面80～100cm，并可调节。吊灯以桌子为照射中心，能把饭菜照射得很吸引人，也可使玻璃器皿更美，为家庭带来快乐聚会的氛围。

3）厨房、杂室

厨房是烹调菜肴的地方，需非常干净，也需有充分的照明。碗橱内应设杀菌灯；而杂室也应和厨房一样明亮，以方便处理家务。

4) 书房

书房除桌上有台灯，便于长时间阅读，天花板下应设一盏整体照明灯。

5) 卧室

不管何种类型的卧室，照明需柔和；床头也需有灯光，或用台灯，或用壁垂灯，整个房间以采用间接式照明为宜。

6) 儿童卧室

要根据儿童的特点设计儿童卧室照明。儿童卧室同时也是读书和游戏的场所。年龄较小时，灯光宜整体式与局部式混合使用，不要使用落地灯具，以防绊倒儿童。年龄再大一点，书桌上便需要局部照明。由于年龄变化，趣味趋于个性化，所以开关应多装几个，以适应儿童的成长变化。

2．次要房间照明

1) 盥洗室、浴室、厕所

在镜台上端或两侧应设有明亮灯光，以方便化妆。日光灯以不露光源为佳。白炽灯应装在壁灯里使用，成为扩散球灯，以使人的脸型更美。浴室中的地面需有较亮光度，灯具必须有防潮处理。厕所占地小，使用时间短，所以宜采用明亮的白炽灯、壁灯、顶灯均可。

2) 走廊、楼梯

走廊要避免阴暗，应设天花板灯或壁灯，转角处更要保持良好光线。

楼梯部分应设壁灯或垂灯，以保证安全。开关应上下皆可控制，方便使用。

3) 门厅

门厅是住宅给人第一印象的地方，要用灯光营造出特别的气氛，使家人归来时有安心感，宾客造访时有宾至如归的印象。

门厅灯光不能昏暗，应有充分明度。若有绘画或花卉之类装饰物，可用局部投射照明，增加气氛。

3．其他空间照明

1) 室外

阳台、庭院是室内的延伸部分，其人工照明产生的气氛与白天不同。配置灯具需注意以下几点。

(1) 阳台的照明器设在屋外的墙里，在室内看不见电源，以柱光与壁光为适宜。

(2) 为预防漏雨，应使用防水灯具。如果阳台有顶，可装吸顶灯。

(3) 用水银灯照射庭院，使其有清凉感，并尽量用不太显眼、形态简单的灯器。

(4) 若是做观赏用，则需各种技术化的照明。

2) 建筑物外部照明

为防盗和提高隐私性能，装室外照明后，应从室外看不到室内的情形，并能增加建筑物的美观。

5.3.6 住宅室内设计程序

住宅室内设计是一种以满足个别家庭需要为目标的理性创造行为。因此，设计时应充分把握家庭实质，通过一种精密而冷静的作业程序，从家庭因素和住宅综合条件分析，进行实际空间计划和形式创造。住宅室内设计程序分为以下3个阶段。

1．分析阶段

1) 家庭因素分析

(1) 家庭结构形态——新生期、发展期、老年期。

(2) 家庭综合背景——籍贯、教育、信仰、职业。

(3) 家庭性格类型——共同性格、个别性格、偏爱、偏恶、特长、忌讳。

(4) 家庭生活方式——群体生活、社交生活、私生活、家务态度和习惯。

(5) 家庭经济条件——高、中、低收入型。

2) 住宅条件分析

(1) 建筑形态——独栋、集合式公寓、古老或现代建筑。

(2) 建筑环境条件——四周景观、近邻情况、私密性、宁静性。

(3) 自然要素——采光、通风、湿度、室温。

(4) 住宅空间条件——平面空间组织与立面空间条件，如室内外各区域之间空间关系，空间面积、门窗、梁柱、天花高度变化等。

(5) 住宅结构方式——室内外的材料与结构。

2．设计阶段

设计阶段的工作重点是根据分析阶段所得的资料提出各种可行性的设计构想，选出最优方案，或综合各种构想的优点，重新拟定一种新的方案。

平面空间设计以功能为先，立面形式设计以视觉表现为主。

设计方案定稿后，绘制三视设计图，绘制透视图或制作模型，以加强构思表现，并兼作施工的参考。

3．施工制作阶段

施工制作阶段的工作重点如下。

(1) 根据设计方案，拟定具体制作说明，制作施工进度表。

(2) 依据施工设计方案购置装潢建材、雇工或发包。

(3) 住宅室内施工的一般顺序为：空间重新布局(拆墙、砌墙、隔断、吊顶)；管线布置(水管、电线、电话电视音响等布线)；固定家具布置(厨房操作台、书房吊柜、吊顶等)；泥水作业(铺贴地砖、面砖)；木工作业(家具、门套、窗台等)；铺设木地板；油漆作业(墙面涂料、家具门板等上木漆)；安装作业(灯具、五金、设备等)；验收；美化作业(软装饰、家具、陈设、绿化等)。

(4) 施工中，需随时严格监督工程进度、材料规格、制作技法是否正确。

(5) 如发现问题需随时纠正，涉及设计错误和制作困难的，应重新检查方案予以修正。

(6) 完工后根据合同验收。

5.4 生活空间组织与界面及处理

5.4.1 室内空间的组织

室内设计一个重要的工作内容就是组织空间，这既是一种技术又是一种艺术，成功的空间组织是技术与艺术的高度融合。

对不同内部空间进行功能和形式的有序组织和安排，可以创造出一个有联系性的合理的建筑内容空间关系。

以下几个内容要充分重视。
(1) 要注意空间使用的秩序分配出主从空间关系。
(2) 要根据空间内容设计出空间流程关系。
(3) 要根据空间的主从和流程秩序设计出空间路径。

5.4.2 各类界面的功能特点

(1) 底面(楼、地面)——耐磨、防滑、易清洁、防静电。
(2) 侧面(墙面、隔断)——挡视线、较高的隔声、吸声、保暖、隔热要求。
(3) 顶面(平顶、天棚)——质精、光反射率高、较高的隔声、吸声、保暖、隔热要求。

5.4.3 室内界面的处理

界面处理是居室空间设计中要求对界面质、形、色的协调统一，尤其是对居室空间的营造产生重要影响的因素，如布局、构图、意境、风格等。

(1) 居室界面——即围合成居室空间的底面(地面)、侧面(墙面、隔断)和顶面(天面)，特别是顶面(天面)的确定，这是确定居室空间室内外的依据。

(2) 生活空间——室内界面设计既有功能技术要求，也有造型和美观要求，作为材料实体的界面，有界面的材质选用，界面的形状、图形线角、肌理构成的设计，以及界面和结构构件的连接构造，风、水、电等管线设施的协调配合等方面的设计。

基于以上概念居室空间界面处理可以概括为6个原则，即"功能—造型—材料—实用—协调—更新"。

(3) 生活空间界面设计6个原则

① 功能原则——技术。当代著名建筑大师贝聿铭有这样一段表述："建筑是人用的，空间、广场是人进去的，是供人享用的，要关心人，要为使用者着想。"也就是使用功能的满足自然成为居室空间设计的第一原则。需要由不同界面设计满足其不同的功能需要。

例：起居室功能是会客、娱乐等，其主墙界面设计要满足这样的功能。

② 造型原则——美感。居室界面设计的造型表现占很大的比重。其构造组合、结构方式使得每一个最细微的建筑部件都可作为独立的装饰对象。

例：门、墙、檐、天棚、栏杆等做出各具特色的界面和结构装饰。

③ 材料原则——质感。居室空间的不同界面不同部位选择不同的材料，借此来求得质感上的对比与衬托，从而更好地体现居室设计的风格。

例：界面质感的丰富与简洁，粗犷与细腻，都是在比较中存在的，并在对比中得到体现。

④ 实用原则——经济。从实用的角度去思考界面处理在材料、工艺等方面造价要求。

例：餐厅界面设计，地板砖材料选用、经济价格也是衡量的一个依据。

⑤ 协调原则——配合。起居室顶面设计中重要的是必须与空调、消防、照明等有关设施工种密切配合，尽可能使吊顶上部各类管线协调配置。

例：起居室空调、音响、换风等。

⑥ 更新原则——时尚。20世纪居室空间消费趋势呈现出"自我风格"与"后现代"设计局面，具有鲜明的时代感，讲究"时尚"。

例：原有装饰材料需要由无污染，质地和性能更好、更新颖美观的装饰材料取代。

(4) 居室空间界面设计的思考。

① 天面。基于界面设计的6个原则，引申出对居室天面、墙面、地面设计上的一些思考。天面与地面是室内空间中相互呼应的两个面。作为建筑元素，天面在空间中也扮演了一个非常重要的角色。首先它的高度决定一个空间尺度，直接影响人们对室内空间的视觉感受。不同功能的空间都有对天面尺度的要求，尺度的不同，空间的视觉和心理效果也截然不同。同样，天面上也有平面的落差处理，也有空间区域的区分作用和效果。在天地之间是墙，因此高度被天面所决定，所以在进行室内设计过程中，天面总是在墙面之前要考虑的问题。

② 墙面(隔断)。墙是建筑空间中的基本元素，有建筑构造的承重作用和建筑空间的围隔作用与其他建筑元素不同，墙的功能很多，而且构成自由度大，可以有不同的形态，如直、弧、曲等，也可以由不同材料构成(有机的、无机的)、因此在建筑空间里，设计师对墙的表现最为自由，甚至有时候是随心所欲的。

③ 地面。地面色彩是影响整个空间色彩主调和谐与否的重要因素，地面色彩的轻重、图案的造型与布局，直接影响室内空间视觉效果。因此在居室室内空间设计上既要充分考虑色彩构成的因素，同时还要考虑地面材质的吸光与反光作用。地面拼花要根据不同环境要求而设定，通常情况下色彩构成要素愈简单，整体愈好，要素应该是愈少愈好。拼花要求加工方法单纯明快，吻合人们的视觉心理，避免视觉疲劳。因此在进行地面设计时，必须综合考虑多种因素，顾及空间、凹凸、材质、色彩、图形、肌理等关系。

(5) 生活空间界面感觉指基于以上界面设计思考而引出居室空间界面感觉。

例：① 线型划分与视觉感受：垂直划分感觉空间紧缩增高，水平划分感觉空间开阔降低。

② 浅与视觉感受：顶面深色感觉空间降低，顶面浅色感觉空是增高。

③ 大小与视觉感受：大尺度花饰感觉空间缩小，小尺度花饰感觉空间增大。

④ 材料质感与视觉感受：石材、面砖、玻璃感觉挺拔冷峻，木材、织物较有亲切感。

第5章 家装空间装饰设计

本章小结

通过本章的学习，学生可以熟悉室内装饰设计中家具空间的基本划分及要求，掌握家居空间的设计方法。

【案例分析】

1. 妩媚空间、靓丽色彩——感觉现代生活

现代生活中各种室内设计如图5.18～图5.25所示。

图5.18　简易的奢华家居装修实例

图5.19　客厅

图5.20　客厅

图 5.21　起居室

图 5.22　餐厅

图 5.23　偏厅和楼道顶

图 5.24 卧室

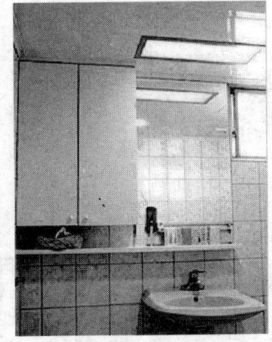

图 5.25 卫生间

2. 一套房子的7种设计方案

原建筑平面图如图5.26所示。

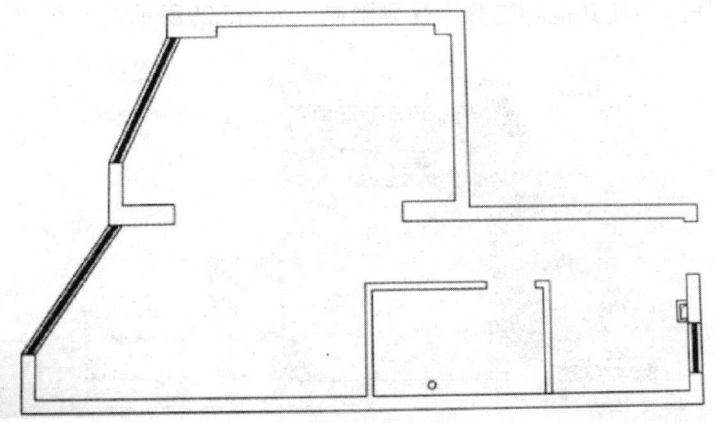

图 5.26 原建筑平面图

第一个方案：卫生间是两面通的。卫生间的镜面门与衣帽间镜面墙可合二为一。优点是卫生间既有主卫功能，又能作为客卫，使原本不大的空间得到合理的利用，如图5.27所示。

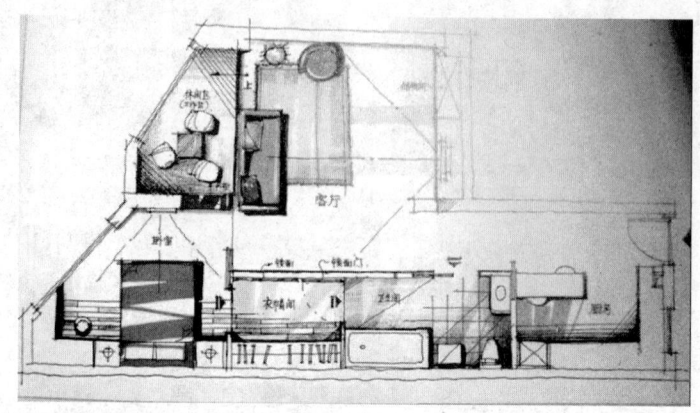

图 5.27　第一个方案

第二个方案：储物柜为电视机背景墙创造好的条件，同时满足了储物柜的多功能性，如图5.28所示。

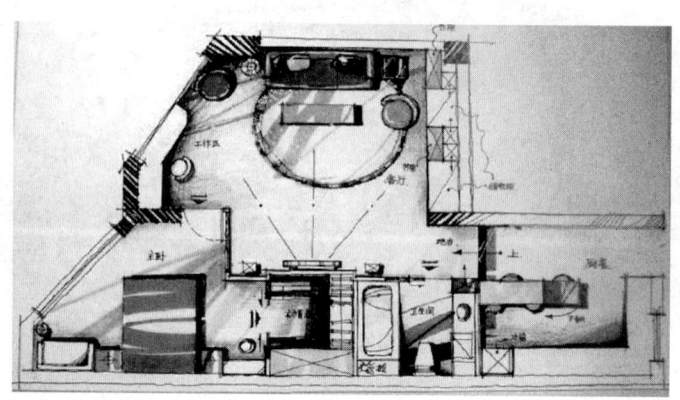

图 5.28　第二个方案

第三个方案：超大的客厅，感官上会模糊小房间的概念，使整个客厅大气与开阔。但是整个空间上的压缩会使其他功能分区受到限制，如图5.29所示。

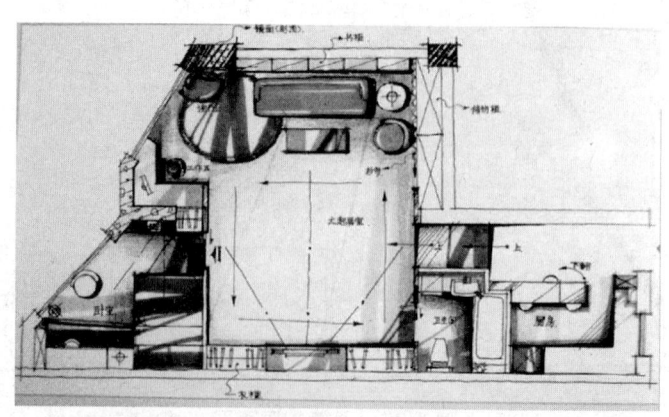

图 5.29　第三个方案

第四个方案：时间上重叠使用书房，方案构思巧妙，看来设计师真下了功夫。但是布局上会造成许多空间的划分不明朗，造成使用率的低下，反而会显得浪费空间，如图5.30所示。

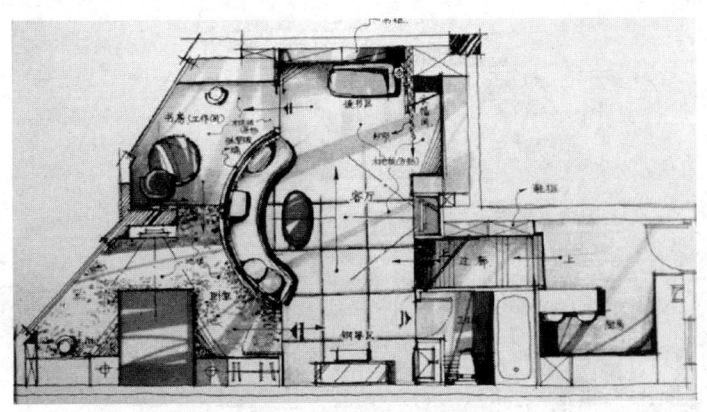

图 5.30　第四个方案

第五个方案：自由组合的空间及过道卫生间的特色。卧室的位置是该方案的一大亮点，但是这样做主人的私密性会不会受到影响还要在实际中看看，如图5.31所示。

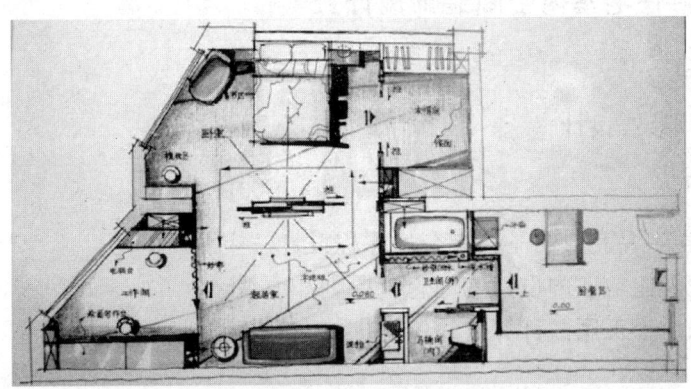

图 5.31　第五个方案

第六方案：圆弧的玄关，圆弧的厨房，圆的卫生间与浴缸，圆的工作台，圆的房间和圆的床，超前卫的设计，说不定也会深得年轻人的喜爱。但是圆形空间原本就不大的空间造成了浪费，如图5.32所示。

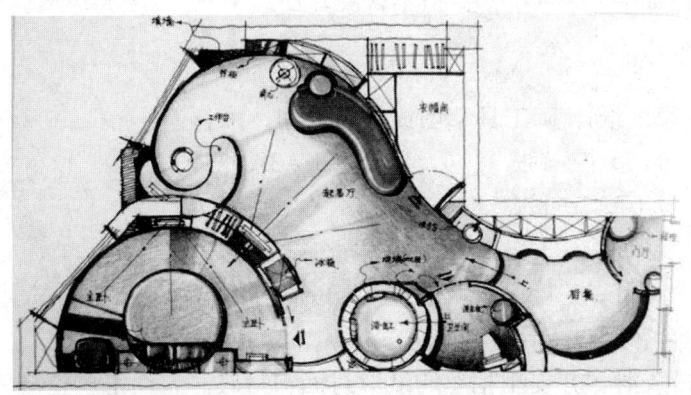

图 5.32　第六个方案

第七个方案：厨房、卫生间是房中的房子，桌子是桌旁边的桌，床是床里的床，如图5.33所示。其实以上这几个方案都设计的相当的不错。

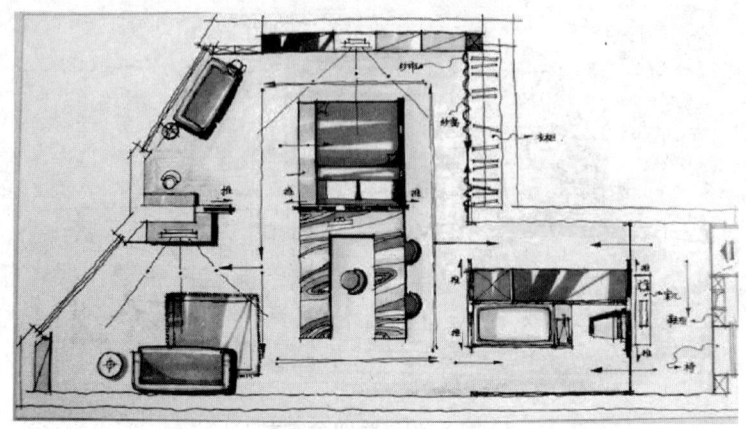

图 5.33　第七个方案

【综合实训：住宅室内空间装饰设计】

一、实训题目

住宅室内空间装饰设计

二、实训目的

此次设计是学生要完成的一次综合性课程设计，主要目的是：

1．进一步把握住宅室内设计的理念、原则和方法；

2．进一步强化手工图或计算机绘图的训练。

三、要求

某住宅平面及主要参数如图5.34所示，居住人口为一对夫妻、一位老人和一个上小学的小孩。男主人是某公司的业务助理，女主人为小学教师(也可以自定职业，但要体现业主的个性)。请完成该住宅的室内设计，做到适用、合理、环保、健康、有一定的特色，将装修费用控制在每平方米800元左右(不含家具)。

四、图纸

A3图纸(可用草图纸)，画工具草图或徒手草图，内容为：

平面图　　　　　1∶75　　1张　　　　　占一张A3图纸

天花平面图　　　1∶75　　1张　　　　　占一张A3图纸

立面图　　　　　1∶50　　3张或4张　　占一张A3图纸

详图　　　　　　两组　　　　　　　　　占一张A3图纸

透视图6张　含客厅、主卧各两张，餐厅、入口各一张

上述图纸装订成册，并要用稍厚的纸做封面与封底。封面上应整齐书写题目、班级、

姓名、指导教师及日期。

五、时间安排(根据任课老师具体安排)

1. 一草阶段
◎ 熟悉题目。
◎ 把相关资料及典型住宅户型进行调研。
◎ 参观一两个典型住宅户型空间环境，进行考察。
◎ 以上内容写成书面报告。

2. 二草阶段
◎ 总结一草存在的主要问题，并在此基础上归纳总结出一个方案。
◎ 注意流线及空间划分。
◎ 合理安排空间的导向作用。
◎ 考虑室内风格与业主要求的统一及联系。

3. 整理绘图阶段
◎ 要求用绘图纸绘制墨线图。
◎ 正确表达设计意图。
◎ 各面的关系对应正确，符合制图标准，图线分类明确。
◎ 各种室内家具、设备的尺度合理。
◎ 空间要领表达正确，划分合理，并能形成空间的完整性。
◎ 室内透视图，要求能真实准确地表现室内空间的形体关系和环境气氛。

六、评分标准

1. 原理与相关知识 10分
2. 调研与搜集材料 10分
3. 方案设计能力 60分
   ◎ 分区明确，功能合理流线组织顺畅　　30分
   ◎ 空间组织合理，尺度适宜　　　　　　10分
   ◎ 造型能立　　　　　　　　　　　　　10分
   ◎ 符合规范要求　　　　　　　　　　　10分
4. 表达能力　　　　　　　　　　　　　　20分

七、注意事项

1. 透视图技法不限，原则上要用马克笔或彩色铅笔上色，平立面也可以上色，但颜色种类不要过多，一张A3纸上最好只画一幅透视图。
2. 每张图纸上均可插画一些带有构思性质的小图，或必要的说明。
3. 3个重点：① 要有内涵；② 注意材料；③ 做好手工图。
4. 户型如图5.34所示。

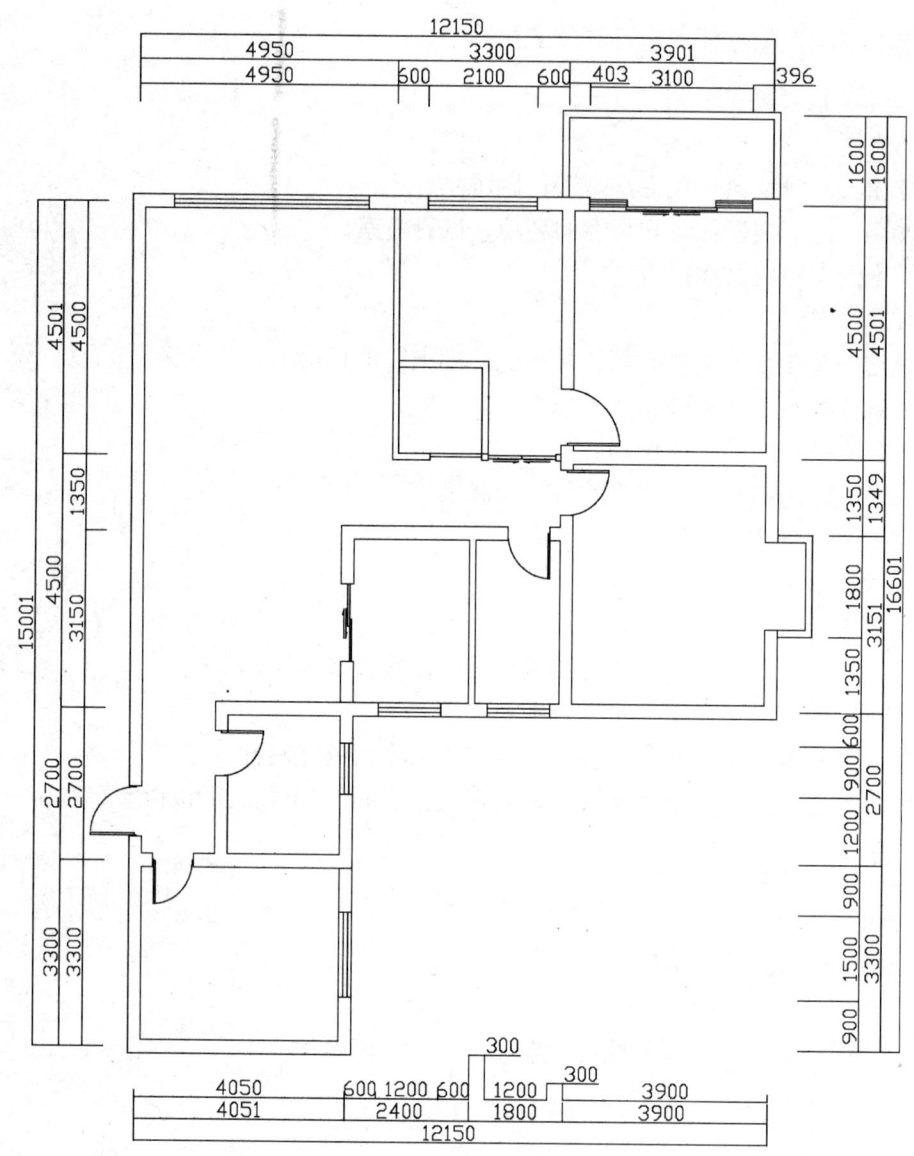

图 5.34　原建筑平面图

第6章
公装空间装饰设计

学习目标

　　了解公共空间装饰设计的要点；熟悉并掌握商业、办公、餐饮及展示等空间的装饰设计。

学习要求

能力目标	知识要点	相关知识	权重
理解能力	了解公共空间装饰设计的要点	公装设计要点，设计方法要点，界面处理要点	30%
掌握能力	熟悉并掌握商业、办公、餐饮及展示等空间的装饰设计方法	设计方法，界面处理	30%
应用能力	公装空间的设计	实务操作	40%

【引例】

商业空间设计进入文化表达时代

现代的品牌专卖店、品牌形象店、旗舰店和品牌的文化展示店、生活馆式专业店设计，都与品牌文化展示相关。

文化的展现是现代商业空间设计中一个非常重要的因素，许多设计理念、设计思路的展开都应在文化的表达上展现，一个好的设计是要有内涵的，使每个造型的塑造、色彩的利用、陈列的方法都应表达一种思想和一种品牌的文化，把设计师的设计表达诉求与文化相结合，使设计的每一个店面都富有灵气，都可表达品牌的文化。商品展示如图6.1所示。

图 6.1　商业展示

从广义上看，无论是东方还是西方的商业空间设计，都是在各个国家传统文化的基础上一步步发展过来的，文化的相互渗透、相互影响，将商业的空间展示得更加精彩，并随着时代的发展而发展。

从世界文化的多元性来看，拥有个性和民族性才会拥有国际性，品牌要发展就要与世界文化相结合，使品牌文化与世界文化相结合。在商业空间设计中，只有充分吸取本民族的传统文化精髓，具备浓厚的民族文化底蕴的设计，才能在现代的商业展示和空间设计中发挥和表达文化的展示效果。

在商业空间设计中，造型、材质、色彩和文化的因素是紧密相连的，成功的设计者可以说是设计者超越材料与工艺、需求与市场、功能与审美、文化与环境等多种因素的限制，达到设计的自由境界的结果。

6.1　专题一：商业空间室内设计

商场是商业活动的主要集中场所，从一个侧面反映一个国家、一个城市的物质经济状况和生活风貌。今天的商场功能正向多元化、多层次方向发展，并形成新的消费行为和心理需求，对室内设计师而言，商场室内环境的塑造，就是为顾客创造与时代特征相统一、符合顾客心理行为，充分体现舒适感、安全感和品味感的消费场所。

6.1.1　商业空间的类型与特点

1. 购物行为

购物行为是指顾客为满足自己生活需要而进行的全过程的购买活动。人的购买心理活动可分为 6 个阶段与 3 个过程，即认识——知识——评定——诚信——行为——体验 6 个阶段和认识过程——情绪过程——意志过程，它们相互依存，互为关联。

　　了解和认识消费者的购买心理全过程特征是商业环境设计的基础。商场除了商品本身的诱导外，销售环境的视觉诱导也非常重要。从商业广告、橱窗展示、商品陈列到空间的整体构思、风格塑造等都要着眼于激发顾客购买的欲望，要让顾客在一个环境优雅的商场里情绪舒畅、轻松和兴奋，并激起顾客的认同心理和消费冲动，如图6.2所示。

图 6.2　橱窗商品展示

2．商店类别

(1) 专业商店——又称为专卖店，经营单一的品牌，注重品种的多规格、多尺码。
(2) 百货商店——经营种类繁多商品的商业场所，使顾客各得所需。
(3) 购物中心——满足消费者多元化的需要，设有大型的百货店、专卖店、画廊、银行、饭店、娱乐场所、停车场、绿化广场等。
(4) 超级市场——是一种开架售货、直接挑选、高效率售货的综合商品销售环境。

3．商场功能

(1) 展示性：指以商品的分类、有序的陈列、促销表演为商业的基本活动。
(2) 服务性：指销售、洽谈、维修、示范等行为。
(3) 休闲性：指附属设施的提供，设置餐饮、娱乐、健身、酒吧等场所。
(4) 文化性：指大众传播信息的媒介和文化场所。

4．商业设计的内容

(1) 门面、招牌——商店给人的第一视觉就是门面，门面的装饰直接显示商店的名称、行业、经营特色、档次，是招揽顾客的重要手段。门面、招牌如图6.3所示。

图 6.3　门面、招牌

(2)橱窗——吸引顾客，指导购物、艺术形象展示，如图6.4所示。

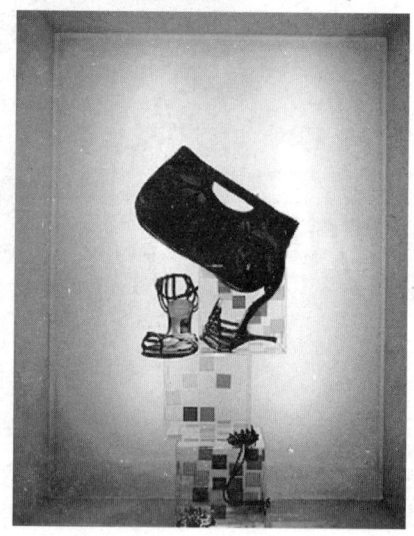

(a)　　　　　　　　　　　　　　(b)

图 6.4　橱窗

(3)商品展示——POP展示，如图6.5所示。

图 6.5　商品展示

(4) 货柜——地柜、背柜、展示柜，如图6.6所示。

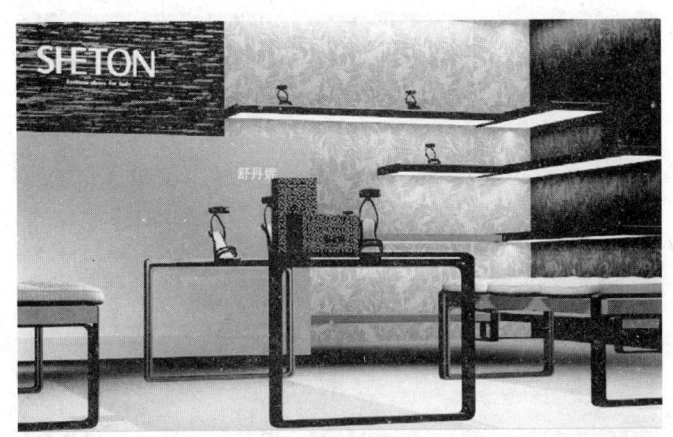

图 6.6　货柜

(5) 商场货柜布置——尽量扩大营业面积，预留宽敞的人流线路，如图6.7所示。

图 6.7　商场货柜布置

(6) 柱子的处理——淡化柱子的形象，或结合柱子做陈列销售点，如图6.8所示。

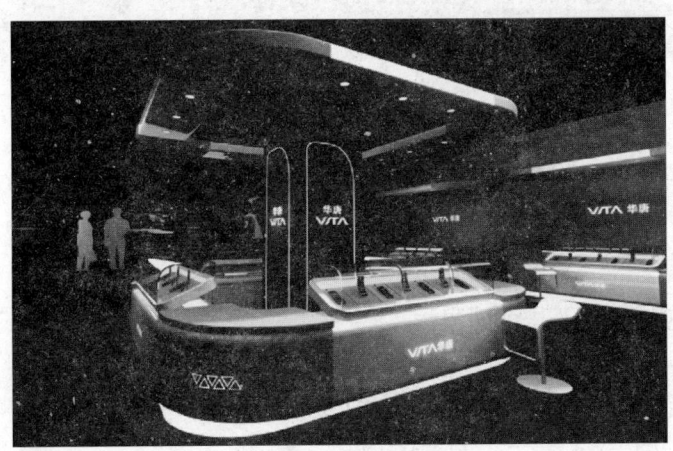

图 6.8　柱子的处理

(7) 营业环境的处理——天花墙面、地面、照明、色彩，如图6.9所示。

图 6.9　营业环境的处理

(8) 陈列方式——集中陈列、静态陈列，如图6.10所示。

图 6.10　陈列方式

6.1.2　商业空间室内设计的原则

1. 商场设计前期计划

在商场设计应考虑以下几个因素。
(1) 商场分析——经营管理条件，风格，顾客结构。
(2) 建筑条件分析——梁柱结构，平面空间。
(3) 商场室内功能系统——包括以下几点。

① 顾客系统——门面、招牌、橱窗、陈列展示设计、门厅、出入口、楼梯、休息间、卫生间，用以诱导顾客知道购买商品。

② 销售系统——货柜、货架、收银台、营业环境，用以创造理想的购物环境。

③ 商业系统——仓库、进出仓通道、上架前储存设施。

④ 管理系统——经理、财务、业务、供销室、车库。

⑤ 内部员工系统——员工休息室、通道、更衣室、楼梯、饭堂、医务室、洗手间。

2. 商场室内环境的设计原则

能否营造吸引顾客购物欲望的商场整体营销氛围，是商业空间功能设计的基本原则。此外，还应遵循以下一些具体的设计原则。

(1) 商品的展示和陈列应根据种类分布的合理性、规律性、方便性、营销策略进行总体布局设计，以有利于商品的促销行为，创造为顾客所接受的舒适、愉悦的购物环境。

(2) 根据商场(或商店，购物中心)的经营性质、理念，商品的属性、档次和地域特征，以及顾客群的特点，确定室内环境设计的风格和价值取向。

(3) 具有诱人的入口、空间动线和吸引人的橱窗、招牌，以形成整体统一的视觉传递系统，并运用个性鲜明的照明和形材、色等形式，准确诠释商品，营造良好的商场环境氛围，激发顾客的购物欲望。

(4) 购物空间不能给人拘束感，不要有干预性，要制造出购物者有充分自由挑选商品的空间气氛。在空间处理上要做到宽敞通畅，让人看得到，做得到，摸得到。

(5) 设施、设备完善，符合人体工程学原理，防火区明确，安全通道及出入口通畅，消防标志规范，有为残疾人设置的无障碍设施和环境。

(6) 创新意识突出，能展现整体设计中的个性化特点。

6.1.3 商业空间功能组织

1. 空间的引导与组织

1) 商品的分类与分区

商品的分类与分区是空间设计的基础，合理化的布局与搭配可以更好地组织人流、活跃整个空间、增加各种商品售出的可能性。

一个大型商店可按商品种类进行分区。例如一个百货店可将营业区分成化妆品、服装、体育用品、文具等，也有的商店将一个层面分租给不同的公司经营，这一层面自然按不同公司分成不同部分。

2) 购物行动路线的组织

商业空间的组织是以顾客购买的行为规律和程序为基础展开的，即吸引→进店→浏览→购物(或休闲、餐饮)→浏览→出店。

3) 柜架布置基本形式

柜架布置是商场室内空间组织的主要手段之一，主要有以下几种形式。

(1) 顺墙式——柜台、货架及设备顺墙排列。此方式售货柜台较长，有利于减少售货员，节省人力。一般采取贴墙布置和离墙布置，后者可以利用空隙设置散包商品。

(2) 岛屿式——营业空间岛屿分布，中央设货架(正方形、长方形、圆形、三角形)柜台周边长，商品多，便于观赏、选购，顾客流动灵活，感觉美观。

(3) 斜角式——柜台、货架及设备与营业厅柱网成斜角布置，多采用45°斜向布置，能使室内视距拉长，造成更好的、深远的视觉效果，既有变化，又有明显的规律性。

(4) 自由式——柜台、货架随人流走向和人流密度变化，灵活布置，使厅内气氛活泼轻松。将大厅巧妙地分隔成若干个既联系方便，又相对独立的经营部，并用轻质隔断自由地分隔成不同功能、不同大小、不同形状的空间，使空间既有变化，又不起杂乱。

(5) 隔绝式——用柜台将顾客与营业员隔开的方式。商品需通过营业员转交给顾客。此为传统式，便于营业员对商品的管理，但不利于顾客挑选商品。

(6) 开敞式——将商品展放在售货现场的柜架上，允许顾客直接挑选商品，营业员的工作场地与顾客活动场地完全交织在一起，能迎合顾客的自主选择心理，造就服务意识，是今后的首选。

4) 营业空间的组织划分

(1) 利用货架设备或隔断水平方向划分营业空间。其特点是空间隔而不断，保持明显的空间连续感，同时空间分隔灵活自由，方便重新组织空间。这种利用垂直交错构件有机地组织不同标高的空间，可使各空间之间有一定分隔，又保持连续性。

(2) 用顶棚和地面的变化来分隔空间。顶棚、地面在人的视觉范围内占相当比重，因此，顶棚、地面的变化(高低、形式、材料、色彩、图案的差异)能起空间分隔作用，使部分空间从整体空间中独立，是对重点商品陈列和表现，并较大程度地影响室内空间的效果。

5) 营业空间延伸与扩大

根据人的视差规律，通过空间各界面(顶棚，地面，墙面)的巧妙处理，以及玻璃、镜面、斜线的适当运用，可使空间产生延伸、扩大感。

比如通过营业厅的顶棚及地面的延续，使内外空间连成一片，起到由内到外延伸和扩大作用；玻璃能使空间隔而不绝，使内外空间互相延伸，借鉴、达到扩大空间感的作用。

随着人们物质生活的提高，商业空间要求建筑与环境结合成一整体，有些商场已将室外庭院组织到室内来。

2．视觉流程

商场视觉空间的流程可分为商品促销区、展示区、销售区(含多种销售形式)、休息区、餐饮区、娱乐区等。该类空间基本属于短暂停留场所，其视觉流程的设计趋向于导向型和流畅型。

3．商业环境的界面

商场地面、墙面和顶棚是主要界面，其处理应从整体出发，烘托氛围，突出商品，形成良好的购物环境。

(1) 商场的地面应考虑防滑、耐磨、易清洁等要求，并减少无谓的高差，保持地面通畅、简洁。对地面耐磨要求，常以同质地砖或花岗石等地面材料铺砌。

(2) 商场的墙面基本上被货架、尾柜等道具遮挡，一般只需用乳胶漆等涂料涂刷或施以喷涂处理即可，局部墙面可做重点特殊处理，营业厅中的独立柱面往往在顾客的最佳视觉范围内，因此柱面通常是塑造室内整体风格的基本点，须加以重点装饰。

(3) 除入口、中庭等处结合厅内设计风格可做一定的造型处理外，商场的顶棚应以简洁为主。大型商场自出入口至垂直交通设施入口处(自动梯、楼梯等)的主通道位置相对较为固定，其上部的顶棚可在造型、照明等方面作适当呼应，或做比较突出的处理。

6.2 专题二：办公建筑室内设计

6.2.1 各类用房组成、设计总体要求及发展趋势

1. 各类用房组成

办公空间的各类功能空间通常由主要办公空间、公共接待空间、配套服务空间、附属设施空间等构成。

1) 主要办公空间

是办公空间设计的核心内容，一般有小型办公空间、中型办公空间和大型办公空间3种。

(1) 小型办公空间：其私密性和独立性较好。一般面积在40m²以内，适应专业管理型的办公需求。

(2) 中型办公空间：其对外联系较方便，内部联系也较紧密，一般面积在40～150m²以内，适应于组团型的办公方式。

(3) 大型办公空间：其内部空间既有一定的独立性，又有较为密切的联系，各部分的分区相对较为灵活自由，适应于各个组团共同作业的办公方式。办公空间如图6.11所示。

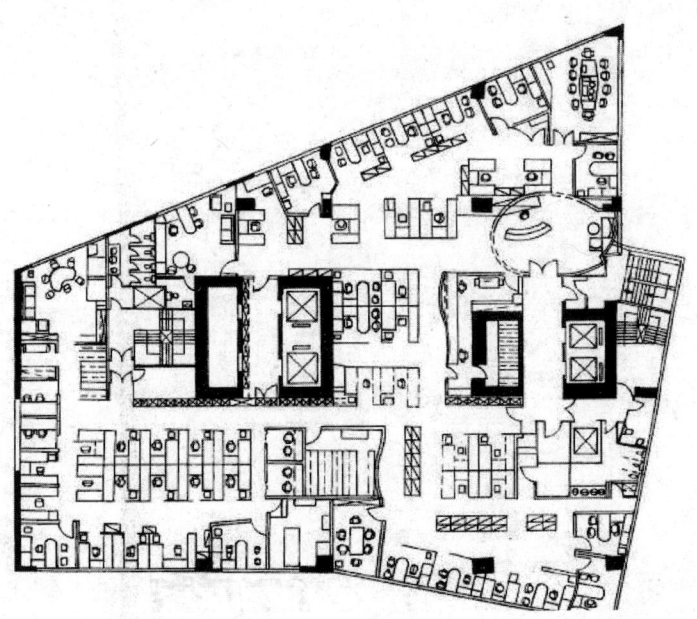

图 6.11 办公空间

2) 公共接待空间

主要指用于办公楼内进行聚会、展示、接待、会议等活动需求的空间。一般有小、中、大接待室；小、中、大会客室；大、中、小会议室；各类大小不同的展示厅、资料阅览室、多功能厅和报告厅等，如图6.12、图6.13所示。

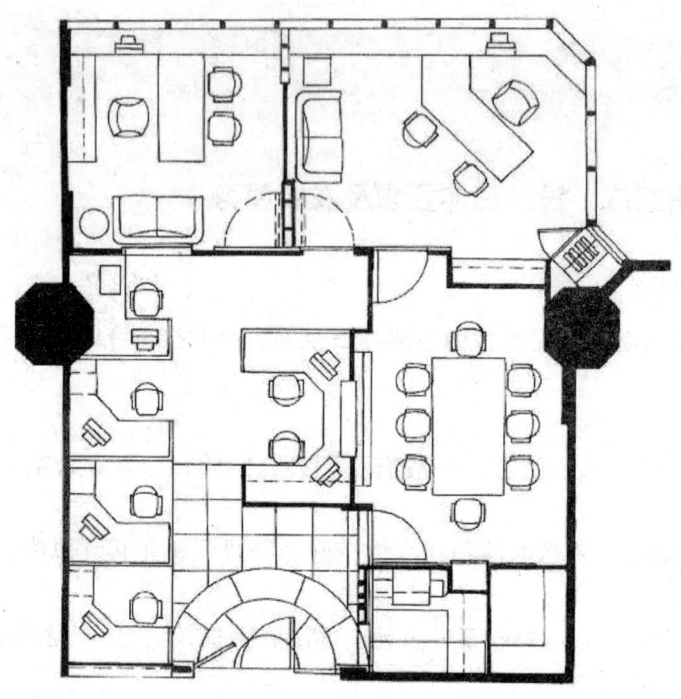

图6.12 公共接待空间

图6.13 多功能厅

3) 交通联系空间

主要指用于楼内交通联系的空间。一般有水平交通联系空间及垂直交通联系空间两种。

(1) 水平交通联系空间主要指门厅、大堂、走廊、电梯厅等空间。
(2) 垂直交通联系空间主要指电梯、楼梯、自动梯等。

4) 配套服务空间

主要为主要办公空间提供信息、资料的收集、整理存放需求的空间以及为员工提供生活、卫生服务和后勤管理的空间。

通常有资料室、档案室、文印室、计算机房、晒图房、员工餐厅、开水以及卫生间和后勤、管理办公室等。

5) 附属设施空间

主要指保证办公大楼正常运行的附属空间。

通常为变配电室、中央控制室、水泵房、空调机房、电梯机房、电话交换房、锅炉房等。

2．设计总体要求及发展趋势

办公空间的标准层设计是整个办公空间设计的主要内容，具有相当重要的地位。办公空间的标准层设计的优劣影响着整个办公空间设计的成功与否。

1) 办公空间标准层的内容构成

办公空间标准层通常由主要办公空间、公共走道、电梯厅、楼梯等交通联系空间，卫生间、茶水间、清洁房等服务空间，空调机房、配电房、消防控制室、监控室等设备相关空间，以及电力、空调、上下水、排烟排气、通信电缆和计算机网络等垂直管线竖井等构成。由交通联系空间、服务空间及设备相关空间组合而成一个或几个核心，通常称之为核心部，如图6.14所示。

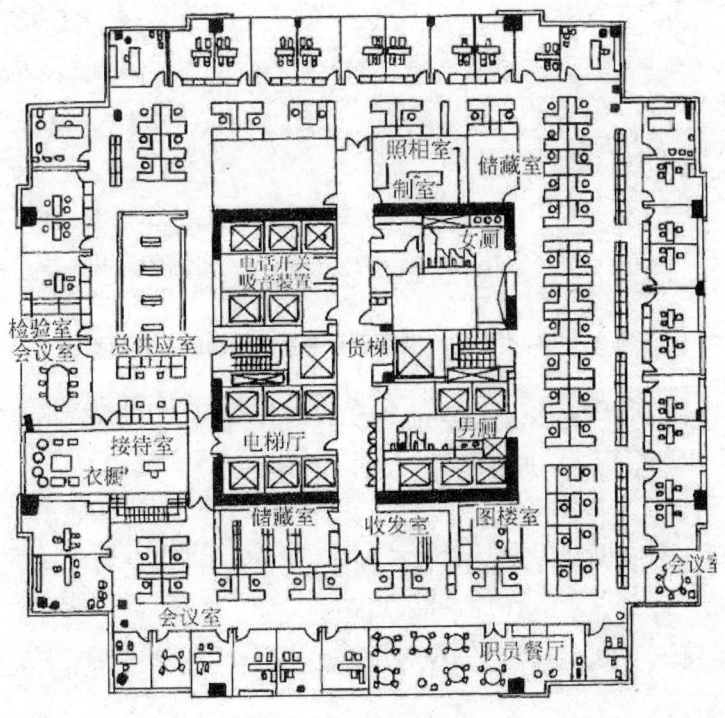

图6.14　标准层空间

2) 办公空间标准层设计的要求

标准层的设计主要从管理使用要求、技术条件要求、环境气候要求以及审美心理要求等方面进行考虑。

(1) 管理使用要求主要指标准层面积与核心面积之间的比例。

办公、服务及附属设施等各类用房之间的面积分配比例和管理使用要求；办公、接待、会议用房及卫生间、茶水间等平面尺寸。

国家关于办公楼的常用定额见表6-1，几种类型的标准层平面中基本用房的有效面积比见表6-2，欧美国家关于不同岗位的办公空间面积要求见表6-3。

表6-1 国家关于办公楼的常用定额

室别	面积定额(m^2/人)	附注
一般办公室	3.5	不含走道
高级办公室	6.5	不含走道
会议室	0.8	无会议桌
	1.8	有会议桌
设计绘图室	5.0	
研究工作室	4.0	
打字室	6.5	按每个打字机计算(包括校对)
文印室	7.5	包括装订、储存
档案室		按性质考虑
会议室		20~40m^2
计算机房		根据机型及工艺要求确定
电传室		10m^2
厕所		男：每40人设大便器一个，每30人设小便器一个 女：每20人设大便器一个，每40人设洗手盒一个

表6-2 几种类型的标准层平面中基本用房的有效面积比

平面布置系统	基本用途房内在标准层中占百分比(%)
(1) 长的走道系统，垂直管道占很大的采光面	45~47
(2) 管道和服务间放在核心的紧凑系统	50~52
(3) 长的双走道系统，垂直管道和服务间放在端部	52~55
(4) 核心式布置的紧凑系统，工作房间的进深按自然照明	≥53~57
(5) 核心式布置，房间具有很大的进深，按混合照明计算(大空间)	≥80~85

表6-3 欧美国家关于不同工作岗位的办公空间面积要求

办公空间类型	使用者	办公面积指标/m²	可能的办公桌尺寸/m
独立办公间	高级行政领导合伙人	20~30	(1.8~2.0)×(0.8~1.0)
独立办公间	部门经理	15~20	(1.6~1.8)×(0.8~1.0)
独立办公间	项目经理	10~15	(1.6~1.8)×(0.8~1.0)
小组办公	从职人员	3~12	(1.6~1.8)×(0.3~1.0)
大组办公	从职人员	8~10	(1.6~1.8)×(0.8~1.0)
开放空间办公	从职人员	8~10	(1.6~1.8)×(0.8~1.0)
开放空间办公	秘书、打字员、管理员	5~9	(1.2~1.0)×(0.6~0.8)+(0.8~1.2)×0.6
开放空间办公	财务	7~9	(1.2~1.0)×(0.6~0.8)+(0.8~1.2)×0.6
成组空间	商务	5~10	(1.5~1.8)×(1.0~1.1)
接待会议空间	所有成员	1.5~2	(1.5~1.8)×(1.0~1.1)

(2) 技术条件。

主要指高层办公楼的体型受到建筑结构的制约、防火分区及安全疏散的基本要求等办公空间使用功能复杂，设备种类繁多，人员集中，为保证安全，关于防火分区一般要求高层一类建筑，每层每个防火分区最大允许1 000m²，设有自动灭火设备的防火分区的面积可增加一倍，达到2 000m²/个。从安全疏散和有利于通行的角度考虑，接待、会客以及会议室和多功能厅等人员较为集中的房间应布置在出入口附近。标准层内房间门至最近的外部出口或楼梯间的最大距离：位于两个安全出口之间的房间为40m；位于袋形走道两侧或尽端的房间为20m。另外走道过长时宜设采光口，单侧设房间的走道净宽应大于1.3m；双侧设房间时走道宽应大于1.6m；走道净高不得低于2.1m。

(3) 环境气候要求。

这是提高办公空间的室内环境质量的设计要求，亦是现代办公空间设计的发展趋势。

现代办公空间均为高层，很少能全部依靠天然采光，合理的天然采光是提高空间环境质量的重要手段。

通常单面采光的办公室的进深不大于12m；面对面双面采光的办公室两面的窗间距不大于24m。有关办公室间采光系数的要求见表6-4。

表6-4 有关办公空间采光系数的要求

窗地比	房间名称
≤1:4	办公室、研究工作室、打字室、复印室、陈列室
≤1:5	设计绘图室、阅览室等
≤1:8	会议室

注：窗地比为该房间直接采光侧窗洞门面积与该房内同地面面积之比。

3) 办公空间标准层空间室内的组合

办公空间标准层其室内组合的设计依据标准层的平面形态、核心部在标准层上所处的部位和办公机构的工作流程等要求。

(1) 标准层设计的基本平面形态对空间组合的影响。

常见平面形态有点状平面、带状平面和交叉形平面。

点状平面其空间组合较为灵活、丰富，可适用于不同的空间划分需求，可大可小。

带状平面采光通风较好，一般采用中走廊，空间组合灵活性差。

交叉形平面其空间组合也较灵活，且各部位独立性强，同时具有较好的采光通风条件。

(2) 核心部对空间组合的影响。

一般核心部在标准层平面中的位置分为中央型、偏心型、分设型、外围型等(图6.15)。

中央型即核心部位于标准层中心。主要特点是交通组织联系极为便捷，主要办公空间均能享受到自然光线，空间组合及办公空间布置灵活，便于各种需求的分隔。但存在交通面积过大，办公空间进深受到限制的缺点。

偏心型即核心部位虽在标准层内部，但偏离中心部位。其特点是主要办公空间亦能获得天然光线，适合不同进深需求的办公空间，利于多组团工作及敞开大空间和秘密性强的小空间使用的组合需求，满足不同客户的使用要求，灵活性也较强。但也存在着局部交通联系路线过长的问题。

分设型是指核心部分开设置，解决了中央型的交通面积占用过多和偏心型面积交通联系不便的问题，其空间组合也具有较大的灵活性。

外围型是指核心部位于标准层平面的一侧、两侧或卯角部，其便于不同客户的分布，并提供了较大的办公室进深，其空间组合达到了最大的灵活性。但可能存在贴近核心的办公区得不到天然采光的缺点，如图6.15所示。

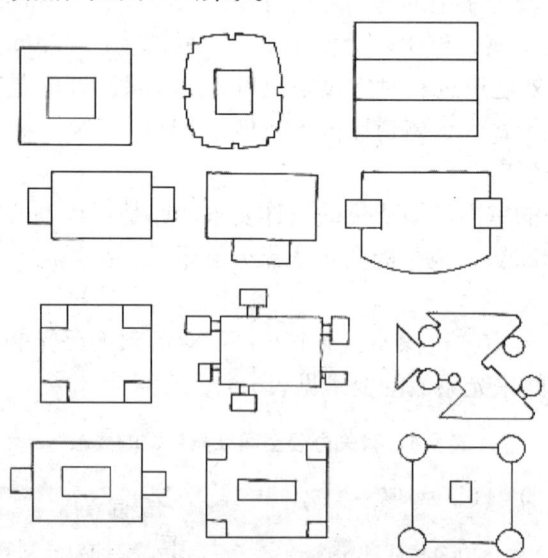

图 6.15　核心部在标准层平面中的位置

(3) 工作流程对标准层空间组合的影响。

对工作流程的研究和分析是标准层室内空间组合的主导因素。

一般工作流程：通常设计良好的办公空间，其应符合直线原则，即工作的进展应沿一系列的直线来向前移动，避免交叉和后退。当然工作流程应符合实际办公模式和办公组织系统的需求。

主要用途的办公空间有接待和秘书、会议、会客、公司及部门领导的办公室，员工办公室，档案室，复印室，工作餐室及备餐，储存室，样品展示陈列室，邮件室等。

空间组合的一般原则。

① 方便对外联络：需接受大量来访者的空间，应临近主入口。

② 方便内部联系：有密切工作关系的办公空间应布置在相近的位置。

③ 避免相互干扰：对易产生噪声干扰的办公空间应集中布置，注意"闹"与"静"的分区和间隔。

④ 集中用途的内容应居中：为整个办公空间服务的部分及设施在布置时，应位于中心位置，便于办公人员的使用。

⑤ 注意"内"与"外"有别：在办公空间中某些机要部门应同一般办公空间隔离出来。

3. 景观及智能型办公建筑

另外如何创造舒适、健康、节能的办公空间设计也是办公空间室内设计应充分考虑的内容。马来西亚华裔建筑师杨经文(KenYeang)结合实践运用生物气候学理论，提出了热带、亚热带地区高层建筑的设计如何来满足人的舒适和精神要求以及降低建筑能耗的目标。其处理手法为，在高层建筑的表面进行绿化，在屋顶上设置固定遮阳格片，创造室内通风条件和交通安排在东西侧以防房间内日晒等。

6.2.2 办公室

1. 办公室的基本布置类型

办公室通常有带走廊的中、小办公室和开放型的大办公室。两者互有优缺点。

前者具有私密性高、各房间的环境便于单独控制，但存在面积较为浪费和沟通交流不易的问题；后者具有便于交流和管理、空间较浪费、室内布置易调整和保密性差且相互有一定干扰的特点。

办公室的布置具体又可分为如下几种类型。

(1) 小单间办公室的布置。该类办公室面积一般较小，配置设施较少，空间相对封闭，办公环境安静、干扰少，但同其他办公组团联系不便。小单间办公室适应办公小空间的需要，其典型形式是由走道将大小近似的中小空间结合起来。通常有传统的间隔式小单间办公室和根据需要把大空间重新分隔为若干小单间办公室的类型，如图6.16、图6.17所示。

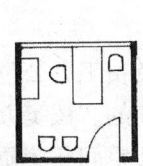 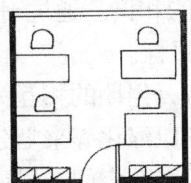 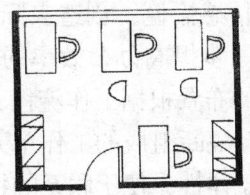

图 6.16　传统间隔式小单间办公室

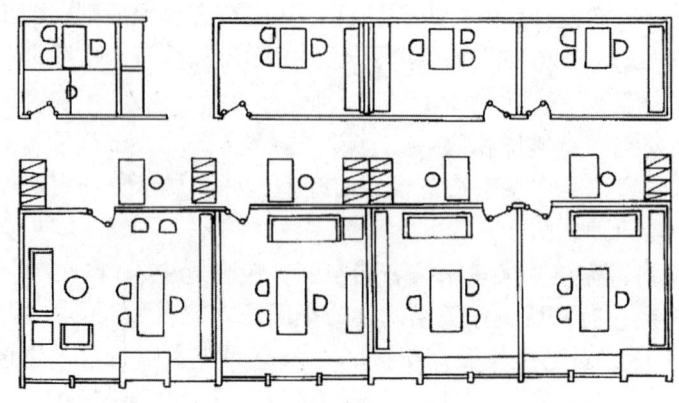

图 6.17　把大空间分隔为若干小单间办公室

(2) 中、大型敞开式办公室的布置。该类办公室面积较大，空间大且无封闭分隔。各员工的办公位置根据工作流程组合在一起。各工作单元及办公组团内联系密切，利于统一管理，办公设施及设备较为完善，工作效率高，交通面积较少，但同时又存在相互干扰的问题。其布局形式按几何形式整齐排列。标准敞开办公室平面如图6.18所示。

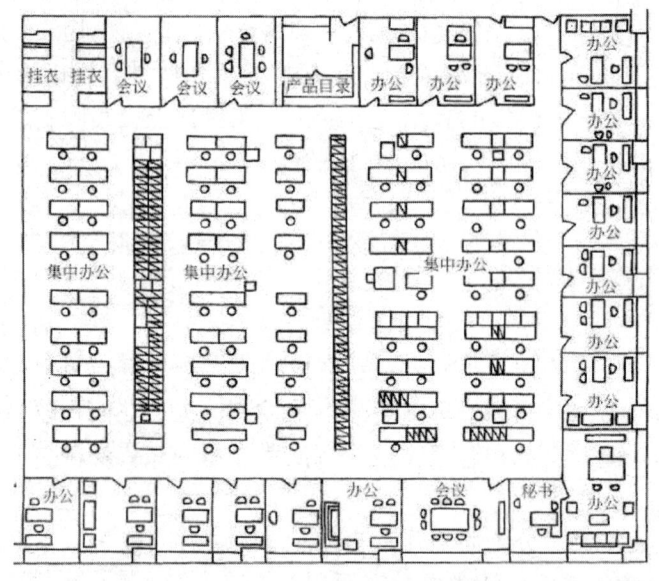

图 6.18　标准敞开办公室平面

(3) 景观办公室的布置。该类办公室是由德国人在1967年提出并实施的。这种布局方式是基于经济的高速发展、科学技术的成果和现代经营管理模式的推行。其设计理念是注重人与人之间的情感愉悦、创造人际关系的和谐。通过对人的尊重，发挥员工的积极性和创造性，达到进一步提高办公效率的最终目标。

景观办公室的布置根据工作流程、各办公组团的相互关系及员工办公位置的需求，通过由办公设备和活动隔断组成的工作单元并配以绿化等来划分空间的。该类办公室既有较好的私密环境，又有整体性、便于联系的特点。整个空间布局灵活，空间环境质量较高，其使用的家具与隔断都采用模数化进行设计，配合管线多点的布置，具备灵活拼装的特点。

从景观办公室的最早出现发展至今，这种相对集中、有组织的自由的管理模式已被全世界广泛采用。景观办公室的布置如图6.19所示。

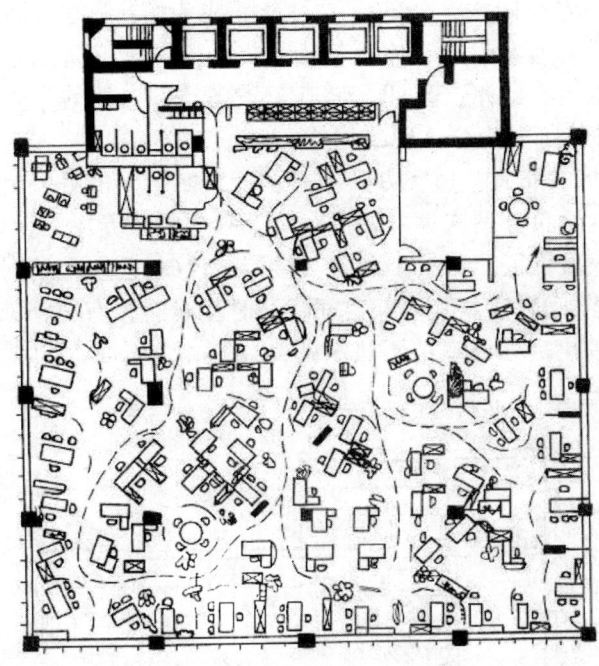

图 6.19　景观办公室的布置

(4) 单元型办公室的布置如图6.20、图6.21所示。

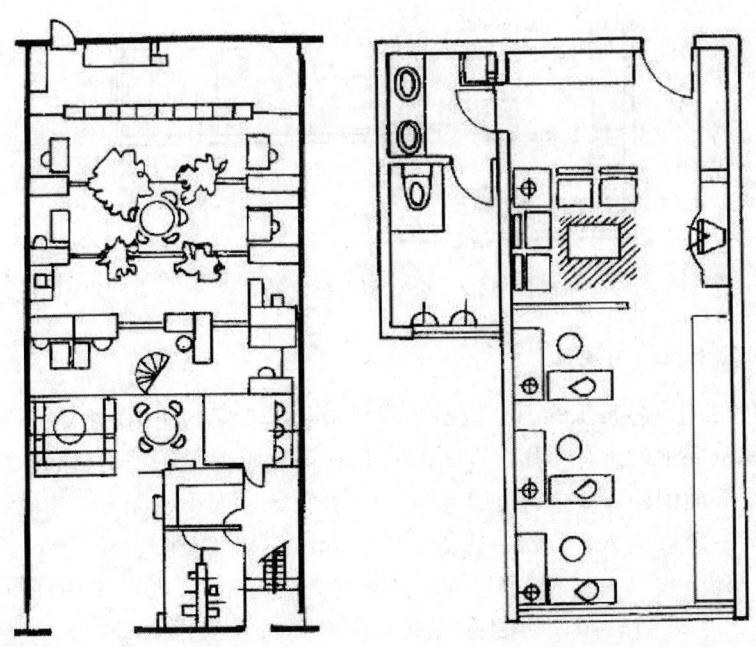

图 6.20　单元型办公室的布置 (a)　　图 6.21　单元型办公室的布置 (b)

该类办公室一般位于商务出租办公楼中，亦可能是以独立的小型办公建筑形式出现（如设计工作室等）。前者除复印、展示等服务空间为公用外，其作为办公空间具有相对独立完整的特点，其室内空间按办公的需要可分隔成为接待区、大小不同的办公区(室)、会议室、储存室；后者通常自成一体，包括了办公空间所必备的主要功能，如接待、洽谈、办公、会议、卫生、茶水、复印、储存、设备等，一般其室内空间设计如同其外观一样具有强烈的个性特征，充分体现公司的形象。

(5) 公寓型办公室的布置。该类办公室是类似公寓单元的办公组合方式。其主要特点是将办公、接待及生活服务设施集中安排在一个独立的单元中。该类办公室具有公寓(居住)及办公(工作)的双重特征。除大小办公、接待会议(起居室)、茶水间(厨房)、卫生间、储存室，还配备有(若干)卧室。其内部空间组合时注意有分有合，强调公共性与私密性关系的良好处理。一般此类办公室位于集中的商住楼中。公寓型办公室的布置如图6.22所示。

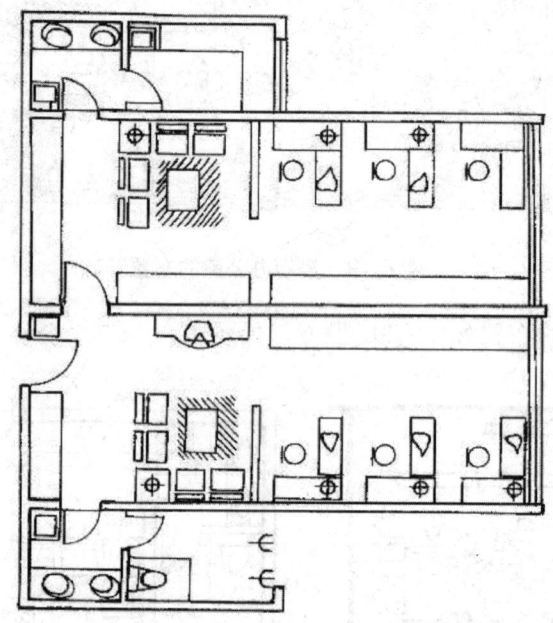

图6.22 公寓型办公室的布置

2. 办公室的面积使用要求

根据各工作部门及各员工的办公设备、资料架及挂衣架的使用面积和不同部门之间的走道、活动的面积及偶尔来访客人和咨询所需的面积(不包括另设的档案空间、特殊设备、储存空间、特殊房间等面积和公共主走道等)要求，可分为如下面积指标来作为设计时的参考。最高级主管人员37~58m^2／人，初级主管人员9~19m^2／人，管理人员7~9m^2／人，使用1.5m办公桌的工作人员5m^2／人，使用1.4m办公桌的人员4.6m^2／人，使用1.3m办公桌的工作人员4.2m^2／人。另外当工作人员的办公桌并排排列时，每排两桌，如有需要可增加档案柜和桌边椅的位置。使用L形的家具作为工作桌可比标准办公桌有更高的工作面，但占有面积以桌宽为标准。

3. 办公室室内设计的要点

办公室室内设计旨在创造一个良好的办公室内环境。一个成功的办公室室内设计，需在室内划分、平面布置、界面处理、采光及照明、色彩的选择、氛围的营造等方面做通盘的考虑。

(1) 平面的布置应充分考虑家具及设备占有的尺寸、员工使用家具及设备时必要的活动室内尺度，各类办公组合方式所必需的尺寸。办公室家具的间距及交通过道尺寸如图6.23所示。

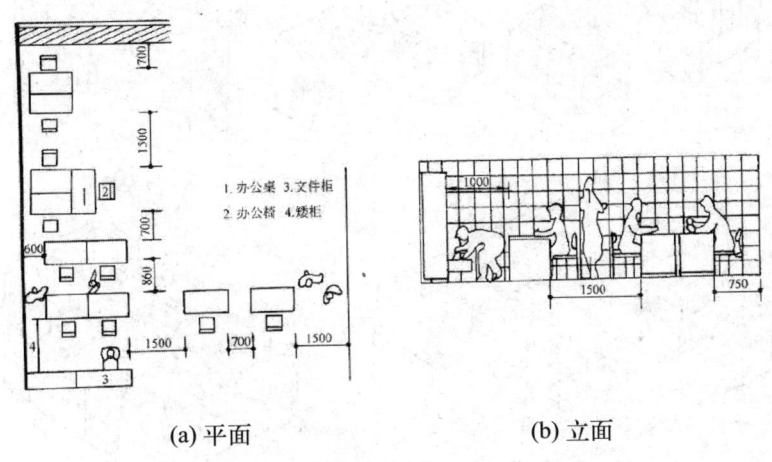

(a) 平面　　　　　　　　　(b) 立面

图6.23　办公室家具的间距及交通过道尺寸

(2) 根据空调使用、人工照明和声音方面的要求及人在空间室内的心理需求，办公室的室内净高一般宜在2.4～2.6m的范围之内。净高指楼地面到天花底面的高度。普通办公室净高不低于2.6m，使用空调的办公室净高不低于2.4m，智能化的办公室室内净高为甲级2.7m，乙级为2.6m，丙级为2.5m。

(3) 办公室室内界面处理宜简洁，着重营造空间的宁静气氛，并应考虑到便于各种管线的铺设、更换、维护、连接等需求。隔断屏风选择适宜的高度如需保证空间的连续性，可根据工作单元及办公组团的大小规模来进行合理选择。人体动作状态与办公屏风隔断高度关系与屏风隔断布置类型如图6.24、图6.25所示。

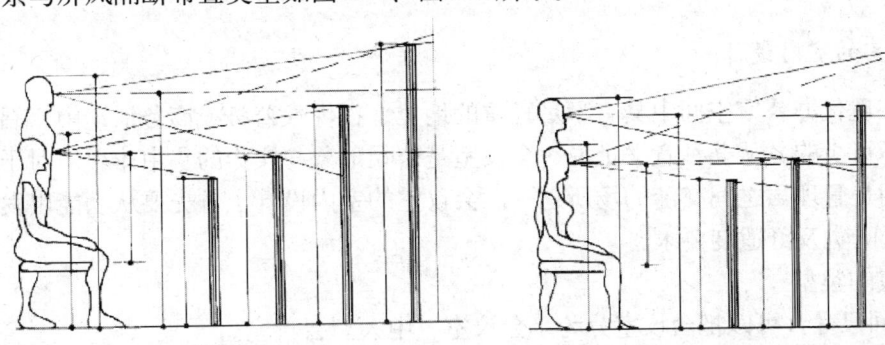

(a) 适应于男性办公人员　　　　　　(b) 适应于女性办公人员

图6.24　人体动作状态与办公屏风隔断高度关系

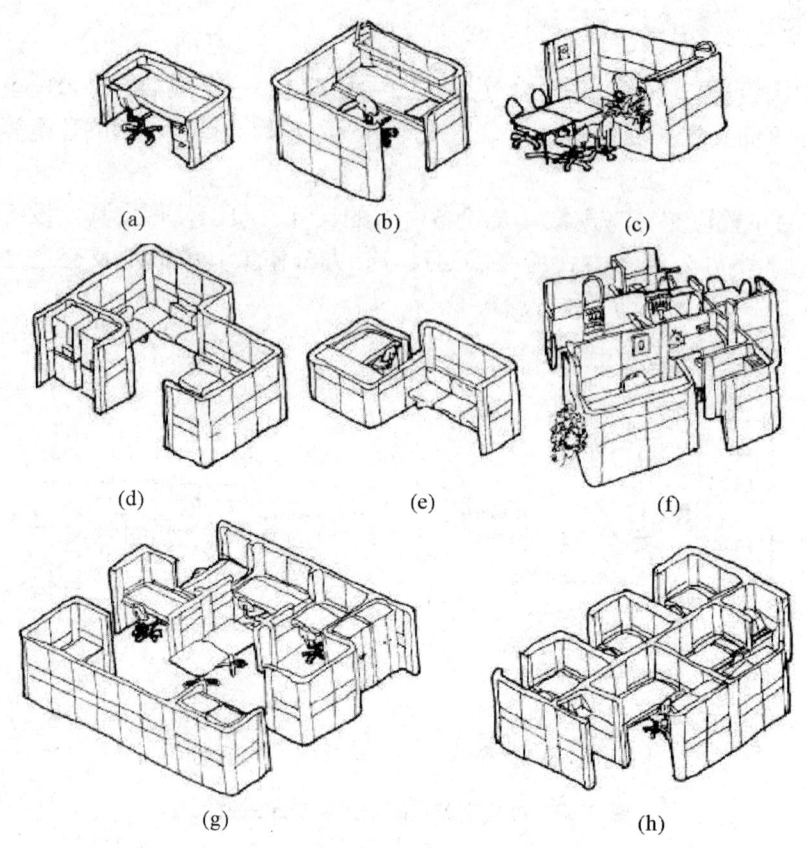

图 6.25 屏风隔断布置类型

(4) 办公室的室内色彩设计一般宜淡雅，各界面的材质选择应便于清洁并满足一些特殊的使用要求；办公室的照明一般采用人工照明和混合照明的方式来满足工作的需求，一般照度不应低于100 lx。不同的办公空间有着不同的照明要求，通常好的照明条件是既有大面积均匀柔和的背景光，又有局部点状的工作辅助照明。

6.2.3 会议室、绘图室、经理或主管室

1. 会议室的室内设计

会议室在现代办公室空间中具有举足轻重的地位。在现代公务或商务活动中，召开各种会议是必不可少的。从某种意义上说，会议室是公司形象与实力的集中体现。对于公司内部来讲，则是管理层之间交流的场所之一。会议室的室内设计上首先要从功能出发，满足人们视觉、听觉及舒适度要求。

1) 会议室的类型

(1) 按空间尺寸，可以把会议室分为小会议室、中大型会议室。

(2) 按空间类型，又可以把会议室分为封闭型会议室和非封闭型会议室。

(3) 按不同功能要求，又可分为普通(功能)会议室和多功能会议室两类。

2) 会议室的平面布置

会议室的布置以简洁、实用、美观为主，会议室布置的中心是会议桌，其形状大多为方形、圆形、矩形半圆形、三角形、梯形、菱形、六角形、八角形、L形、U形和S形等。

3) 会议室的室内设计

(1) 会议室的空间及界面处理。如上所述，会议室由6个围合界面组成了基本的会议空间。在这个空间中，占中心地位的是功能空间，即由会议桌和会议椅组成的会议空间。会议家具的款式和造型往往决定了空间的基本风格，空间界面应围绕这个中心来展开。顶棚的主要作用是提供照明并通过造型来形成虚拟空间，增加向心力。地面一般作为一个完整界面来处理，如有需要也可通过不同材质或利用不同标志来划分各区域。在首长座的背面和正面，一般处理成形象背景，并可安排视听设备。

(2) 会议室的色彩和灯光处理。会议室的灯光具有双重功能。第一，它能提供所需的照明；第二，它还可利用其光和影进行室内空间的二次创造。灯光的形式可以从尖利的小针点到漫无边际的无定形式，我们应该用各种照明装置，在恰当的部位，以生动的光影效果来丰富室内的空间。

2．绘图室

作为专业的绘图设计工作室，其布局、家具的设计与选用及照明的需求都充分体现该专业功能特色，绘图设计工作的空间组织和室内空间顶界面和底界面的设计类似于一般的办公室的设计，而其侧界面设计往往作为体现设计公司品味和特色的重点处理部分。该部分无论是在材料的选用及造型处理上都有异于一般办公室内的设计。在材料使用上更为大胆，如砖、石、天然木材等，可以通过运用不同材质对比的手法来营造浓厚的设计氛围、展示其个性风格。在侧界面设计时还可根据设计工作室设计工作过程，要讨论研究方案的需求，可留存足够大的墙面供临时展示方案，并选择便于反复张贴图纸且不污损外观的饰面材料。绘图室平面布置和绘图空间如图6.26、图6.27所示。

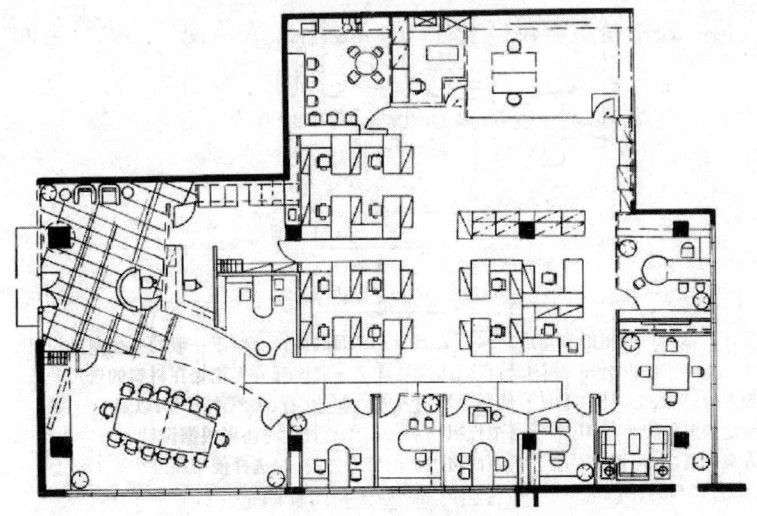

图6.26　绘图室平面布置

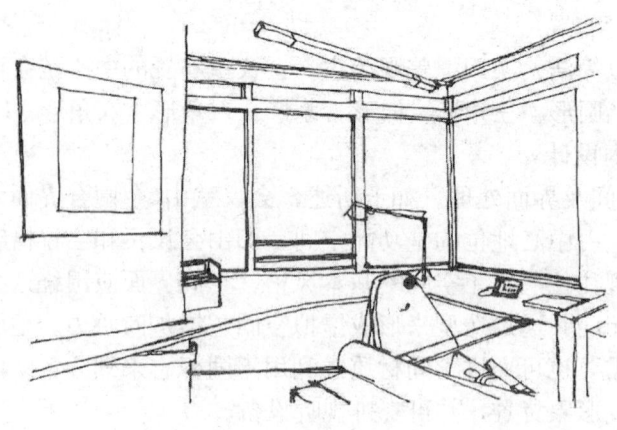

图6.27 绘图空间

绘图设计的家具及人体活动尺度如图6.28所示。绘图设计工作室的照明宜采用人工照明和混合照明的方式,通常满足正常工作照度应不低于300 lx。

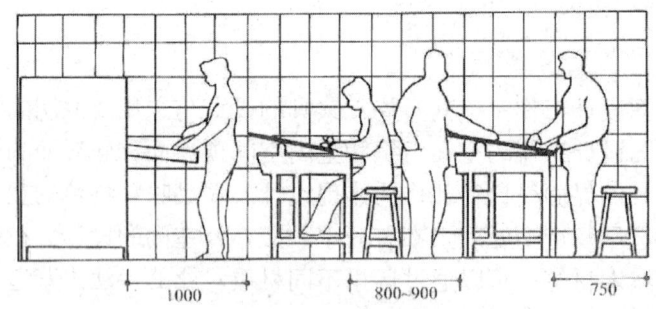

图6.28 绘图设计的家具及人体活动尺度

3. 经理室或主管室

高级行政人员办公室是主要供企业(单位)高层行政人员使用的办公空间。

1) 功能组成

从功能上考虑,这类办公室包括事务处理、文秘服务、接待及休息。经理室的功能组成如图6.29所示。

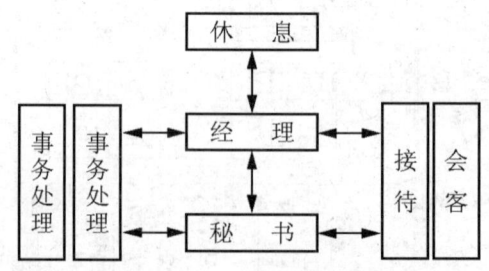

图6.29 经理室的功能组成

(1)事务处理空间:主要是进行日常事务办公的区域。家具主要包括办公桌、文件柜、座椅等,设备包括计算机、电话、传真等。办公家具的款式与造型具有其标志性和象征性。不同的办公空间有不同的环境特点,而办公家具常常成为体现其特点的主要形象。另外,办公家具的选用与布置直接影响到办公环境与办事效率。

(2) 文秘服务:主要辅助经理处理日常事务,如待客、收集资料、准备用车等。布置上可设一个单独区域,一般安排在办公室外。

(3) 接待空间:根据办公室大小单独设置一组家具,借助地毯、顶棚或灯光划分出一个空间,虽然是虚拟的,但具有独自的领域感和独立性。

(4) 休息空间:可安排一个单独的休息室,也可利用现有场地灵活处理。

2) 总经理室的室内设计

(1) 总经理室的总体布置:结合空间性质和特点组织好空间活动和交通路线,功能区分明确。安排好空间的形式、形状和家具的组、团、排的方式,达到整体和谐的效果。

(2) 总经理室的家具布置:家具在总经理室所占比重较大,因此家具就成为空间表现的重要角色。在进行家具布置时,除了注意其使用功能外,还要利用各种艺术手段,通过家具的形象来表达某种思想和涵义。总经理的家具布置如图6.30所示。

图6.30 总经理室的家具布置

(3) 总经理办公桌及其配套家具。总经理办公桌在室内处于中心地位,其尺度较大,包括工作活动区,面积在$7\sim10m^2$/人左右。其他辅助家具包括文件柜(橱)、电脑桌、装饰柜(橱)、衣帽柜(橱)等。一般来说柜类家具造型比较简洁、实用性很强。这类柜(橱)在造型手法上往往通过对各点、线、面、棱角的巧妙构画,创造出独特的风格。总经理办公桌及其配套家具如图6.31所示。

(4) 总经理室接待家具。这类家具较多采用沙发及配套茶几等。沙发款式种类繁多,但归根结底不外乎两大类:单人沙发与多人沙发。

3) 其他高级行政人员办公室的室内设计

其他高级行政人员办公室主要指企业副总经理、各部门部长等上层职员办公室。

这类办公室空间没有总经理室那么宽裕，故在空间安排上较为紧凑。家具常用一体式组合家具，突出其个性。

图 6.31　总经理办公桌及其配套家具

6.3　专题三：餐饮空间设计

"民以食为天"。中国古代的贤哲告子曾说过"食、色、性也"，把"进食"视为人类的本性之一。

(1) 餐饮——"餐"为进食，"饮"为液体的食物或饮料，汤水、酒、茶水等是补充人体机能消耗的主要营养来源。

(2) 空间——《辞海》中解释为"物质存在的一种形式，是物质存在的广延性和伸张性的表现。空间是无限和有限的统一。就宇宙而言，空间是无限的，无边无际的；就每一具体的个别事物而言，则空间是有限的"。

(3) 主题餐饮空间——是一种利用主题文化为内容的餐饮空间。

(4) 主题设计——以一种主题文化为出发点的并贯通整体设计形式和内容的设计，如图6.32、图6.33所示。

图 6.32　主题设计 (a)

图 6.33　主题设计 (b)

6.3.1 餐饮空间的构成和分类

1. 餐饮空间的构成

主题餐饮空间是以从事饮食烹饪加工及消费服务经营活动为主的带有主题文化内容的餐饮空间。主要由如下几个类别构成。

(1) 各饭店、宾馆、酒店、会所、度假村、公寓、娱乐场所中的餐饮系统(包括各种风味的中、西餐厅及宴会厅、自助餐厅等;酒吧、酒廊;咖啡厅;茶座)。

(2) 各营利性餐饮服务机构(包括各种社会餐厅、餐馆、酒楼;快餐店、食街、风味小食店;各类餐饮连锁店;茶馆、茶楼、茶吧;酒吧;咖啡屋)。

(3) 非营利性及半营利性的餐饮服务机构(包括企事业单位食堂、餐厅;学校、幼儿园的餐厅;医院餐厅)。

(4) 监狱餐厅。

(5) 军营的饮食服务机构。

2. 餐饮空间的功能分类

人们对餐饮空间的认识:①用餐的场所; ②娱乐与休闲的场所;③喜庆的场所;④信息交流的场所;⑤交际的场所;⑥团聚的场所;⑦餐饮文化享受的场所。

3. 主题餐饮的形式

餐饮空间分为以下两类。

东方:中式、日本式、韩国式、泰国式、印度式。

西方:法式、英式、意大利、俄罗斯式、美国西部式、德国式、西班牙式。

各种主题的餐饮空间如图6.34、图6.35、图6.36、图6.37、图6.38所示。

图 6.34 中式风味餐厅

图 6.35 印度风格的西餐厅

图 6.36　印度风格的西餐厅

图 6.37　西餐厅

(a)　　　　　　　　　　　　　　(b)

图 6.38　英式风格的西餐厅

4．主题餐饮空间的经营规模

(1) 宴会餐饮空间——主要是用来接待外国来宾或国家大型庆典、高级别的大型团体会议以及宴请接待贵宾之用。

(2) 普通餐饮空间——主要是经营传统的高、中、低档次的中餐厅和专营地方特色菜系或专卖某种菜式原材料的专业餐厅，适应机团、企业接待和商务洽谈、小型社交活动、家庭团聚、喜庆宴请等。普通餐饮空间如图6.39所示。

图 6.39　普通餐饮空间

(3) 食街、快餐厅——主要经营传统地方小食、点心、风味特色小菜或中、低级档次的方便、快捷的经济饭菜，适应简单、经济、方便、快捷的用餐需要。

(4) 西餐厅——西餐厅主要是满足西方人生活饮食习惯的餐厅。其环境按西式的风格与格调，并采用西式的食谱来招待顾客，也分为传统主题和地方主题特色西餐厅和综合、休闲式西餐厅。

6.3.2　餐饮空间的设计原则

由于主题餐厅本身经营与管理以及餐饮产品的特性，主题餐厅的设计必须依据一定的原则与理念，成功的设计源自正确的指导思想与原则，同时，主题内容的定位不同也决定了主题餐厅的设计包罗万象，内容繁多，并且关系到各种关联学科。主题餐厅如图6.40所示。

图 6.40　主题餐厅

主题餐厅设计的理念与原则如下。
(1) 以市场为导向原则。
(2) 注重符合性及适应性原则。
(3) 突出服务性、主题性、文化性、灵活性原则。
(4) 多维设计原则(平面设计、立体设计、时空设计、意境设计)。

6.3.3 餐饮空间的设计规划

1．餐饮空间的概念

对于现代主题餐饮空间的设计规划是一种区域的分配与布置，是按经营的定位要求和经营管理的规律来划分的。另外，还要求与环保卫生、防疫、消防及安全等特殊要求同步来考虑。一般来说，主题餐饮空间分为两个大区域，即餐饮功能区和制作功能区。如餐饮功能区包括门面和顾客进出口功能区、接待和候餐功能区、用餐功能区、服务功能区等，如制作功能区包括消毒间、清洗间、备餐间、活鲜区、点心房等。

2．餐饮空间的功能分类

1) 餐饮功能区
(1) 门面和出入功能区：包括外立面、招牌广告、出入口大门、通道等，如图6.41所示。

图6.41 门面

(2) 接待区和候餐功能区：主要是迎接顾客到来和供客人等候、休息、候餐的区域。
(3) 用餐功能区：用餐功能区是餐饮空间的主要重点功能区。
(4) 配套功能区：配套功能区一般是指餐厅服务的配套设施。
(5) 服务功能区：服务功能区也是餐饮空间的主要功能区，主要是为顾客提供用餐服务和经营管理的功能。

2) 制作功能区

制作功能区是餐饮空间的主要重点功能区，又是整个餐厅食物出品制作的心脏。主要设备有消毒柜、菜板台、冰柜、点心机、抽油烟机、库房货架、开水器、炉具、餐车、餐具等。厨房如图6.42所示。

图 6.42　厨房

6.3.4　餐饮空间的设计内容

1．主题餐厅设计的内容

主题餐厅设计涉及的范围很广，包括餐厅选址、制作流程、餐厅室内设计、餐厅的设备设计、陈设和装饰等许多方面。

1）主题餐厅设计的基本内容

(1) 餐厅外部设计方面。包括餐厅选址、外观造型设计、标志设计、门面招牌设计、橱窗设计、店外绿化布置、外部灯饰照明设计等。

(2) 餐厅内部造型设计。包括餐厅室内空间布局设计、餐厅主题风格设计、餐厅主体色彩设计、照明的确定和灯具的选择、家具的配备、选择和摆放等。

2）主题餐厅设计的应变内容

餐厅设计还有一个重要的环节，即为餐厅在特定时间或特殊活动发生时进行相应的餐厅设计。常见的有以下几种。

(1) 各式宴会餐厅设计。

(2) 传统节日餐厅设计。

(3) 店庆餐厅设计。

(4) 美食节餐厅设计。

(5) 主题活动餐厅设计等。

2．主题餐厅设计的关联学科

做好餐厅的设计必须具备许多方面的知识，主要如下所列。

(1) 餐饮企业经营、管理、服务方面的专业知识。

(2) 装饰美学类知识。

(3) 其他相关学科。例如环境学、心理学、行为科学、人类工程学、民俗学等一系列学科都对餐厅的设计有相应的指导作用。

6.3.5 餐饮空间的设计要点

1. 满足功能的内容设计要点

(1) 门面出入口功能区是餐厅的第一形象,也称为"脸面",最引人注目,容易给人留下深刻的印象。

(2) 接待区和候餐功能区是承担迎接顾客、休息等候用餐的"过渡"区功能。一般设在用餐功能区的前面或者附近,面积不宜过大,但要精致,设计时要适而其分,不要过于烦杂,从而营造成一个放松、安静、休闲、情趣、观赏、文化的候餐环境。

(3) 用餐功能区是主题餐饮空间的经营主体区,也是顾客到店的目的功能区,是设计的重点,包括餐厅的室内空间的尺度,分布规划的流畅,功能的布置使用,家具的尺寸和环境的舒适等。

(4) 配套功能区是主题餐饮空间的服务区域,也是主题餐厅的档次的象征。主题餐厅的配套设施设计是不应忽视的。

(5) 服务功能区是主题餐饮空间的主要功能区,主要为顾客提供用餐服务和营业服务的功能。

(6) 厨房的工作空间非常重要,一般的餐厅制作功能区的面积与营业面积比为3∶7左右为佳。

2. 满足主题内容的设计要点

各类主题餐饮空间的功能性是不同的。就风味餐厅而言,它主要通过提供独特风味的菜品或独特烹调方法的菜品来满足顾客的需要,主要是供应地方特色菜系为多。如风味小吃店、面馆、蛇餐馆、伊斯兰风味餐厅、日本料理等。它的主题特点是具有浓厚的地方特色和民族性,它的设计要点主要如下。

(1) 以地区特点为设计要点——以突出体现地方特征为宗旨。

(2) 以文化内涵为设计要点——如广州"潮人食艺"主题餐厅,是一个取意于广东潮汕地区传统的食艺文化主题的餐饮空间。

(3) 以科技手段为设计要点——随着经济和科技的发展,装饰材料的日新月异,在装饰行业的应用也越来越多。

6.3.6 餐饮空间的设计程序

(1) 调查、了解、分析现场情况和投资数额。

(2) 进行市场的分析研究,做好顾客消费的定位和经营形式的决策。

(3) 充分考虑并做好原有建筑、空调设备、消防设备、电气设备、照明灯饰、厨房、燃料、环保、后勤等因素与餐厅设计的配合。

(4) 确定主题风格、表现手法和主体施工材料,根据主题定位进行空间的功能布局,并做出创意设计方案效果图和创意预想图。

(5) 和业主一起汇审、修整、定案。

(6) 施工图的扩充设计和图纸的制作,如平面图、开花图、地坪图、灯位图、立面图、剖面图、大样图、轴测图、效果图、设计说明、五金配件表等。

> **特别提示**
>
> 主题餐饮空间的设计顺序可做如下排列。
> 熟知现场——了解投资——分析经营——考虑因素——决定风格——创意方案图——审核修整——设计表达(平面图、立面图、结构图、效果图、设计说明等)——材料选定——跟进施工——家具选择——装饰陈设——调整完成。

【拓展阅读】

进行餐饮空间设计时，关键是做好目标定位和设计切入两方面的工作。

(1) 目标定位。在进行餐饮空间设计时，首先要端正自己的价值观，我们的设计是以人为中心的。在餐厅顾客和设计者之间的关系中，应以顾客为先，而不是设计者纯粹的"自我表现"。如功能、性质、范围、档次、目标；原建筑环境、资金条件以及其他相关因素等，都是我们必须要考虑的问题。

(2) 设计切入。按照定位的要求，进行系统的、有目的的设计切入，从总体计划、构思、联想、决策、实施，发挥设计者的创造能力。

6.3.7 餐饮空间的创意设计

主题餐饮空间的创意设计是餐厅总体形象设计的决定因素，它是由功能需要和形象主题概念而决定的。餐饮功能区是主题餐饮空间中进行创意和艺术处理的重点区域，它的创意设计应体现建筑主题思想，并是室内设计的延续和深化。

创意设计的关键是设计主题的定位和施工材料的选择和制作技术的配合。

1. 经营形式是主题餐饮空间创意设计定位的关键

内容与形式这一哲学原理是辩证统一的关系。在创意设计中，餐厅的内容表现为餐厅功能内在的要素总和，创意设计的形式则是指餐厅内容的存在方式或结构方式，是某一类功能及结构、材料等的共性特征。在创意设计时，应该充分注意内容与形式的统一。

2. 民俗习惯、地区特色是主题餐饮空间创意设计的源泉

不同的民族有着不同的宗教形态、伦理道德和思维观念。主题餐饮空间作为一种空间形态，它不仅满足着那个民族和地区餐饮活动的需要，而且还在长期的历史发展中逐渐成为一种文化象征。

3. 时代风貌是主题餐饮空间创意设计的生命力

在主题餐饮空间的创意设计中，要考虑满足当代的餐饮文化活动和人们现代行为模式的需要，积极采用新的装饰概念和装饰技术手段，充分体现具有时代精神的价值观和审美观，还要充分考虑历史文化的延续和发展，因地制宜地采用有民族风格和地方特色的创意设计手法，做到时代感与历史文脉并重。

4. 环境因素是主题餐饮空间创意设计的再创造

著名建筑师沙里宁曾说过:"建筑是属于空间中的空间艺术。"整个环境是个大空间,主题餐饮空间是处于其间的小空间,二者之间有着极为密切的依存关系。主题餐饮空间的环境包括有形环境和无形环境,有形环境又包括绿化环境、水体环境、艺术环境等自然环境和建筑景观等人工环境,无形环境主要指人文环境,包括历史、文化和社会、政治因素等。

5. 装饰材料和施工技术是主题餐饮空间创意设计的前提条件

由创意构思变为现实的主题餐饮空间,必须要有可供选用的装饰材料和可操作的施工技术。没有两者作为前提条件的保障,所有的创意构思只能是一纸空文、纸上谈兵。现代材料和结构技术的出现才使得超大跨度建筑空间的实现成为可能。

6.3.8 餐厅的色彩运用

主题餐饮空间设计的色彩艺术应用是一门综合性的学科,它并没有固定模式。要做好主题餐饮空间的色彩设计,首先要确定主题餐饮空间总体的基调,然后再针对主题餐饮空间的不同区域功能来设定搭配的局部色调。处理色彩关系一般是根据"大调和、小对比"的基本原则,即大的色块间色调协调,小的色调与大的色调间讲究对比,在总体上应强调统一,但也要有重点地突出对比,起到"动中有静,静中有动"的感觉。

1. 色彩的象征

色彩能唤起人的第一视觉的作用,比形体更先引人注意,它依附于形体,又相对独立于形体。视觉是左右人类感情的最重要的感觉,色彩在光的作用下,能唤起人的视觉传达反应,因而在人们心理产生呼应,同时人类也在长期的生活实践中对色彩产生了很深的认识与感受。

充分运用色彩学原理,通过色彩变化产生的各种色彩形象变化,各种情感变化,各种食欲感觉以及各种色彩美的规律变化来进行主题餐饮空间设计,这样往往会让我们的设计起到事半功倍的作用。

2. 色彩的形象

色彩的形象喜好禁忌虽然有一定的普遍性,也有一定的个性,并非一成不变,而是因人而异的。不同的国家与地区、不同的民族与宗教信仰、不同年龄、性格与爱好的人对色彩都有不同的爱好及禁忌,所以在不同的消费者面前,色彩所代表的形象是不同的。

1) 不同国家对色彩的喜好及忌讳(表6-5)

表6-5 不同国家对色彩的喜好及忌讳

国家和地区	喜欢的色彩	忌讳的色彩
中国	红色、橙色	黑色
日本	黑色、红色	绿色及荷花色
马来西亚与新加坡	绿色	白色、黄色

续表

国家和地区	喜欢的色彩	忌讳的色彩
土耳其	绿色、白色、绯红色	花色
伊拉克	蓝色、红色	橄榄绿、黑色
埃及	绿色	蓝色
保加利亚	灰绿色、茶色	浅绿、鲜明色
德国	黑灰色	茶色、红色、鲜明色
法国	灰色、黑灰、黄橙色	墨绿色、黑茶色、深蓝色
意大利	绿色、黄色、橙色	黑色
比利时	略	蓝色
爱尔兰	绿色	红白蓝组色
瑞典	略	蓝黄组色
挪威	红色、蓝色、绿色	黑色
西班牙	多色相间的色组	黑色
美国	蓝色	略
泰国	鲜艳的色彩	黄色、黑色
中国港澳地区	红色、绿色	蓝色
古巴	鲜明色彩	略
秘鲁	略	紫色

2) 我国各民族的色彩指代形象(表6-6)

表6-6　我国各民族的色彩指代形象

民族	习惯用色	忌讳
汉族	红色表示喜庆	黑白多用丧事
蒙古族	橘黄、蓝色、绿色、紫红色	淡黄色、绿色
藏族	白色代表尊贵，喜欢黑、红、橘黄、深褐色	淡黄色、绿色
维吾尔族	红、绿、粉红、玫瑰红、紫、青、白	黄色
苗族	青、深蓝、墨绿、黑、褐	白、黄、朱红色
彝族	红、黄、蓝、黑	
壮族	天蓝色	
回族	蓝色、绿色	不洁净的色彩
京族	白色、棕色	
满族	黄、紫、红、蓝	白色

3) 不同年龄性格的色彩喜好差异

不同年龄性格的人对色彩的喜好也有差异，一般来说，青年女性与儿童大都喜欢单纯、鲜艳的色彩；职业女性最喜欢有清洁感的色彩；青年男子喜欢原色等较淡的色彩，可以强调青春魅力；成年男子与老年人多喜欢沉着的灰色、蓝色、褐色等深色系列。

不过，性格不同也会影响对颜色的喜好。对于性格内敛、内向者多半喜欢青、灰、黑等沉静的色彩，而性格活泼开朗、乐观好动者则会更喜欢红、橙、黄、绿、紫等相对鲜艳、醒目的色彩，等等。所以，主题餐馆也要根据自身目标对象设计主题餐饮空间的色彩，选择顾客所喜欢的配色。

3. 色彩搭配对于主题餐饮空间设计的重要性

1) 色彩的感吸引力

众所周知，人类根据5种感觉——视觉、听觉、嗅觉、触觉、味觉产生不同的心理作用，进而采取行动。无论是购买意向、商品选择、购买行为等，都受这5种感觉的左右。

2) 色彩情感作用

色彩是沉默无言的，然而却能透过人的眼睛在人的心里沉淀为一种心境，色彩带给人的情感作用是不容忽视的。色彩的良好搭配能带给人美妙的色彩环境及富有诗意的气氛，而失败的色彩搭配将会使整个环境变得不适。因此，色彩对于商家而言，是强化促销所不可或缺的重要因素。

3) 色彩的对比与调和

色彩的协调性就如同音乐家的节奏与和声。在主题餐饮空间中，和谐对比关系是辩证统一的关系，如何恰如其分地处理室内色彩的和谐与对比关系，是塑造主题餐饮空间色彩气氛的关键。色彩的协调意味着色彩三要素的靠近，从而产生一种统一感，但过分的统一又将失去生气与活泼，会显得沉闷和平淡。因此，色彩的协调表现为追求色与色的对比中的和谐，对比中的衬托。主题餐饮空间的色彩气氛应讲究主调明确，讲究色彩变化的统一性，讲究其色彩搭配中合理性与高级性，讲究色彩与人的各种联想和色彩的民族性，使主题餐饮空间的整个色彩环境变得生动而不失调和，活泼而不失稳重。

4) 色彩改善空间

色彩有前进和后退的视觉效果，一般暖色给人感觉突出、向前，冷色则收缩、后退。

5) 色彩丰富造型

色彩还具有丰富造型的作用。在对单调实墙面进行装饰时，鲜明的色块与奇特的构图可以使墙面丰富生动，在装饰材料不变的情况下，取得良好的效果。

6) 色彩统一形象

主题餐厅的色彩就如整个餐厅的精神面貌，主色调及标准色的采用，可以使装饰构件繁杂、造型凌乱的卖场变得统一协调，更为纯净，产生和谐美。

4. 同类色的应用

同类色搭配是指将色相相同或相近而明度、彩度不同的色彩组合在一起。

同类色是典型的调和色，搭配效果为简洁明净、单纯大方。餐馆采用这样的色彩搭配能使餐馆的色彩环境有利于减少与消除顾客的疲劳感，使顾客在用餐的同时能尽快恢复精力,达到体憩的目的。但是同类色组合也容易产生沉闷、单调感,所以在应用时通常利用物体的不同质地、肌理和光影的差别,适当地加大色彩浓淡的差别,并且在此基础上配以对比色的装饰、摆饰或陈设物的点缀。并且注意在色相冷暖等方面与基调相对照,虽然占的色块不大,但会产生明显的效果,使整个空间增添生动活泼的气氛。

5．邻近色的应用

邻近色的搭配是指在色环上90°范围内的色彩组合,即色环上距大于同类色但色距又未及对比色的色彩组合在一起。邻近色又可称为类似色及近似色,也是调和色搭配。

由于这种搭配比同类色搭配更富有层次和变化,而且适用空间较大、色彩部件较多、功能要求复杂的场所,所以在饭店与餐馆中应用较广。运用邻近色处理主题餐厅色彩关系的一般规律是利用一两个色距较近的浅色作为背景,形成色彩的协调感,再用一两个色距较远、彩度较高的色彩装点餐桌、餐椅及陈设,形成重点,以取得主次分明、过渡自然的结果。

6．对比色的应用

对比色搭配是指将色相性质相反或明暗相差悬殊的色彩搭配在一起。在色相环上相对应的色彩,即互为补色的两种色彩的搭配,是最典型的对比色搭配,称之为补色搭配。与此相对,非补色的对比搭配则称之为弱对比搭配。

补色搭配对比强烈,具有鲜明、活泼、跳跃的视觉效果,在中式餐厅此类配色方法应用较为频繁。对比色彩搭配时,应该注意以下几点。

(1) 对比色占面积的比例。在进行对比色搭配时,对比色所占面积应有一定的比例,即明显的主次之分。

(2) 对比色彼此的交错与渗透。在应用对比色搭配时,还应注意对比色之间应彼此交错、渗透。不能使对比色成为均分面积,成为独立区域。

(3) 适当采用中和色。在应用对比色进行搭配时,还应适当采用中和色加以调和,这将会收到理想的效果。

7．黑白色彩的应用和仿生色

彩色产生活跃的效果,无彩色产生平稳的感觉,这两种色彩搭配在一起,将会取得上佳的效果。黑色代表庄重大方,白色代表明亮纯净,黑色与白色作为两种主要的无彩色,应用范围很广。它们的合成色灰色由于与其他色彩相互组合时,既能表现差异,又不互相排斥,具有极大的随和性,所以也被频繁地用于色彩搭配。

目前世界的普遍潮流是环保与亲近自然。所以,在进行色彩搭配时,可以根据餐馆的实际情况运用模仿自然的色彩搭配方法。这种色彩搭配方法是以自然景物或图片、绘画为依据,按照其中的色块比例进行餐厅空间色彩搭配。这些模仿自然或图片的色彩搭配能使人联想到大自然,给人以清新、和谐的感觉。

6.3.9 主题餐饮空间的装饰陈设

装饰陈设是主题餐饮空间设计的一个重要组成部分,也是对主题餐厅空间组织的再创造。装饰陈设是各种装饰要素的有机组合,对整个主题餐厅风格起到画龙点睛的作用。从家具的辅助作用出发,装饰陈设还能直接地反映出当地的人文、地域特征,在某种意义上还能提高主题餐厅的文化氛围和艺术感染力。它包括家具的陈设、织物的式样、艺术品摆放、绿化植物陈设、灯饰配置等。装饰陈设在环境设计中称为"二次装饰"。对主题餐饮空间效果具有极强的锦上添花的作用。

餐饮空间的装饰陈设如图6.43所示。

图6.43 餐饮空间的装饰陈设

1. 家具的陈设

由于主题餐饮空间的家具比较多,体量也较大,在餐厅内部十分突出,因而其尺寸、颜色对于空间的影响很大。一般小面积的餐厅利用低矮和水平方向的家具使空间显得宽敞、舒展;大面积、净空较高的空间则用高靠背和色彩活跃的家具来减弱空旷感。所以,家具的陈设、选择和布置方式,对于餐厅设计的整体效果起着重要的协调作用。

2. 织物的式样

由于织物在餐厅的覆盖面积大,因而对餐厅的室内气氛、格调、意境等起着很大的作用。由于织物本身具有柔软、触感舒适的特殊性,所以又能有效地增加空间的亲和力。主题餐饮空间的织物一般有地毯、台布、窗帘、吊帘、墙布、壁挂等。餐厅织物材料和工艺手段,在主题餐饮空间设计中具有举足轻重的地位。由于织物的原料、织法、工艺等的不同,织物表面的视感和触感也不相同。

以视觉而言,粗纹理往往给人以粗犷的感觉,细纹理则给人以光洁文静的感觉,两者的装饰效果截然不同。为了显示织物的质感,常用一些对比的手法,用光洁的物品配以粗糙的织物,而粗糙的物品则配以光滑的织物。以触感而言,直接与人的皮肤接触的织物应使用质地细密平滑的布料,而需要经常摩擦的织物,可以采用坚固的粗纹理的布料。主题餐饮空间的织物的色彩、图案以及铺设方法必须与主题餐厅的整体主题风格相一致,同时兼顾到各个局部效果。整体搭配得当,即使粗布乱麻,也能为餐厅生辉;而选用不当,即使是绫罗绸缎也不能为餐厅增添光彩。织物的搭配如图6.44所示。

3. 艺术品摆设

艺术品的摆放对室内环境气氛和风格起着画龙点睛的作用。艺术品由于陈设点的不同、大小不同、风格不同,对餐厅的空间气氛起到极其重要的作用。艺术品的选择和使用要根据餐厅整体的主题设计风格而决定。在风格古朴的餐厅内,铜饰、石雕、古董、陶瓷和古旧家具等是最好的艺术陈设品；在传统风格的中式餐厅中，中国的青铜器、漆艺、彩陶、画像砖以及书画都是最佳的装饰品；在主题风味餐厅中，可以选用具有浓郁地方特色的装饰艺术品，如潮洲菜馆可摆饰大型的潮洲木雕和贴金画银的木雕装饰物；如经营民族特色菜的餐馆则摆设些民间工艺品，如玻璃、刺绣、织花、编艺、蜡染、剪纸等均有独特的民俗味道。如现代风格的餐厅，则摆设一些简洁、抽象的、工业化比较强烈的、现代风格的装饰艺术品。

图 6.44　织物的搭配

4．绿化植物陈设

由于人们对自然的向往，对植物的偏爱和赞美，而且绿化植物可以调节人的精神，调节室内空气，减少噪声，改善小气候，并且增加视觉和听觉的舒适度，因此绿化植物陈设是餐饮空间设计必不可少的一个组成部分。它主要是利用植物的材料并结合常见的园林设计手法和方法，组织、完善、美化餐饮空间，协调人与环境的关系，丰富并升华了主题餐饮空间。绿化植物极富观赏性，能吸引人们的注意力，因而起到空间的提示与引导作用。植物不仅可以作为空间的间隔，又可以围合成具有相对独立性的私密空间。绿化植物陈设如图6.45所示。

图 6.45　绿化植物陈设

6.3.10 主题餐饮空间的照明装饰设计

1. 灯饰的配置

主题餐饮空间的灯饰配置首先是供给餐厅室内活动时所需的光照度。用照明和灯饰来制造气氛，突出餐饮空间的重点、亮点，划分空间，制造错觉，调整空间气氛等方面起了不可忽视的作用。

餐饮空间的照明大致有3种形式：①直接照明；②间接照明；③散光照明。

主题餐饮空间可采用多种类型的照明方法，直接照明能创造小环境的亲切感并加强重点效果；间接照明常用于强调特征和柔和感，为了增加光源的层次感和舒适性，可安装调节器；散光照明能带来满堂明亮。主题餐饮空间的照明设计特别是营业厅的照明设计，除了满足基本照度外，更重要的是创造出良好的光照环境和独特的艺术氛围。因此，不论是灯的装饰效果和光源的选择，都应该与餐厅的主题风格和主次轻重相一致。照明首先要满足亮度的需要，再就是考虑其艺术效果。灯饰的配置如图6.46所示。

2. 主题餐饮空间的照明设计

光是体现室内一切，包括空间、色彩、质感等审美要素的必要条件。只有通过光，才能产生视觉效果。但是提供光亮，满足人的视觉功能的需要只是照明的其中一个功能，仅能提供光亮的餐厅是不能吸引顾客的。主题餐饮空间照明的一个重要功能，与色彩在餐厅中所扮演的角色相同，便是塑造整个餐厅的气氛，强调优雅的格调，创造预期的餐厅效果。灯光照明也是改变室内气氛和情调的最简捷的方法，它可以增添空间感，削弱室内原有的缺陷。光照和光影效果还是构成主题餐饮空间环境的最为生动的美学因素。照明设计如图6.47所示。

图 6.46　灯饰的配置

图 6.47　照明设计

3. 餐饮空间的照明装饰设计

1) 主题餐饮空间自然采光和人工照明

主题餐厅的光源来自自然采光和人工照明两个方面。自然采光主要是指日光与天空漫射光，人工照明包括各种电源灯照明。

(1) 自然采光。自然采光是将自然光引进室内的采光方式，自然光线具有亮度、光谱等特性，并且与自然景色相连。

(2) 人工照明。人工照明是通过各种灯具照亮室内空间，有强光、弱光、冷色光、暖色光、可调节照度和光色的照明等。

人工光源(电源光)主要包括白炽灯与荧光灯两大类，其他电源灯的使用相对较少。照明装饰设计如图6.48所示。

2) 主题餐饮空间照明方式

(1) 从明亮度分类，可分为一般照明、局部照明、混合照明等方式。

(2) 从光射角度分类，可分为直接照明、半直接照明、漫射照明、半间接照明、间接照明，如图6.49所示。

图6.48 照明装饰设计 (a)

图6.49 照明装饰设计 (b)

3) 照明艺术在主题餐饮空间的应用

(1) 人工照明的艺术效果。人工照明除了满足亮度，对环境气氛的营造也有着丰富的艺术效果。如导向性、虚拟空间的艺术表现、渲染的艺术表现、冷暖的艺术效果表现、质感和色彩的艺术表现、灯饰的艺术表现、特技处理的加强艺术表现等。人工照明技术效果，如图6.50所示。

(2) 外部照明的艺术效果。

① 门面招牌的艺术表现。招牌的照明方式有两种：一是用投光灯外投射或内投射门面招牌、店标；二是用灯光映衬门面招牌。

② 霓虹灯的艺术表现。霓虹灯因为内充气体不同，电流大小变化，可以呈现出不同的色彩，还可造成闪烁感受和动感，特别引人注目。

③ 橱窗的艺术表现。橱窗照明中可以采用点光源，重点照射被陈列的食品。灯具应选用显色性高的白炽灯，白炽灯的光线强调暖色，使食品的色泽更为鲜艳诱人，突出菜品和原料的"色香味"的艺术表现。

(3) 内部照明的艺术效果。讲究装饰的主题餐厅经常选择一些有着优美造型极富艺术特色的灯具，以显示其等级、规模、餐厅命名相适应的特点。在日间灯具的造型点缀着空间，在夜晚这些灯饰更是焕发出引人入胜的华丽光彩，成为突然间的构图中心，人们注视的焦点，也是主题餐饮空间的艺术魅力。

① 灯具的种类如下。

天花顶类灯具。顶面类灯具有吸顶灯、吊灯、镶嵌灯、扫描灯、凹隐灯、柔光灯及发光天花板等。墙体装饰类灯具如图6.51所示。

图 6.50 人工照明技术效果

图 6.51 天花顶类灯具

墙面类灯具有壁灯、窗灯、檐灯、穹灯等，如图6.52所示。

局部的强化灯具，如图6.53所示。

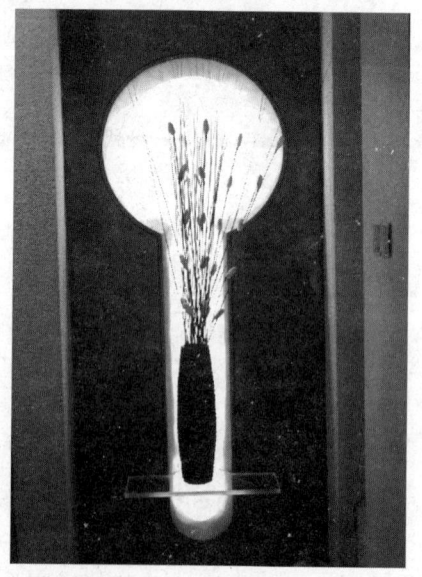

图 6.52 墙体装饰类灯具

图 6.53 局部的强化灯具

便携式灯具。便携式灯具是指没有被固定地安置在某一地点，可以根据需要调整位置的灯具，如落地灯与台灯等。

② 灯具风格。灯具的造型及用材可以体现一定的风格。除了光的造型之外，昼夜都能欣赏的灯具造型也是体现餐馆室内文化氛围的重要方面。灯具风格与造型要和主题餐厅风格、设计手法、色彩、陈设等相一致。

古典西式灯具如图6.54所示。古典西式灯具的造型受电源灯产生前的人工照明影响，与18世纪的欧洲非电源灯的造型非常相似。

(a)

(b)

(c)

图 6.54　古典西式灯具

传统中式灯具如图6.55、图6.56所示。传统中式灯具受中国民间和宫廷的油灯、烛灯影响，具有代表性的特点为灯笼与多角形木结构灯具。

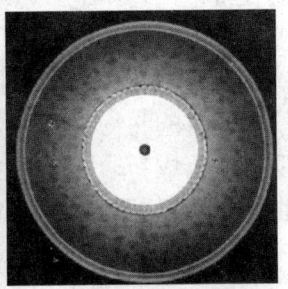

图 6.55　传统中式灯具(a)

图 6.56　传统中式灯具(b)

日式传统灯具。日式传统灯具的特点是以纸和木制作较多，光色柔和，注重气氛。

6.4 专题四：现代商业空间展示设计

6.4.1 展示设计原则

1. 真实性

商业展示设计要想最大限度地吸引、招徕顾客，就必须充分发挥设计者的创造才能和丰富的想象力，创造出标新立异的审美形象。与此同时，商业展示设计又必须注重审美创造的真实性(即所传达的信息必须准确，不能夸大其词、虚张声势)，这也是现代商业展示设计较为关键的问题。否则，不仅会失去信誉，违背职业道德，还会造成消费者心理上的不信任感和憎恶感。美国工商界在其广告信条八则中有五条是有关真实性问题的，即讲求事实，不做引诱，价格确实，不得夸张，诚实推荐等。由此可见一斑。

同时，强调商业展示设计的真实性并不意味着否定表现手法的丰富性。相反，为了激发人们的情感，调动购买欲望，必须重视表现手法的独特性、丰富性和新奇感。

2. 时代感与民族风格

商品是一定社会生产力和科学技术水平发展的产物。从本质上讲，它体现着历史的演进和人类社会的进步。因此，作为商品与消费者之间信息媒介的展示设计也必然带有鲜明的时代特征。具体地讲，现代商业展示设计就是运用人类社会的先进科学技术和现代化的商业管理手段，利用工业化社会大生产带来的物质便利条件，通过各种传播媒体的展示，创造出多变的视觉传达效应，从而完成属于商业范畴的媒介策划，进而以崭新的商品观念去改变顾客的购物心理，使消费者在展示形式的感化之下，对商品进行有机地选择。实践证明，较为成功的设计往往具有高强度的刺激性或标新立异的形式感，与高技术和现代人的生活方式所决定的高情感相适应，从而引起人们的美感。缺乏时代感的设计则缺乏视觉冲击力，因而不易吸引人，不为人们所注意。

在注重商业展示设计时代感的同时，不能忽视其民族风格。因为特定的地理、气候及其他生活环境因素造就了各民族特有的生活习俗以及对于图形、色彩、自然物、数字等特有的情感反应，并形成了一定的审美定势特征。因此，在进行商业展示设计时，应进行定向分析，以迎合特定消费群体的审美需求和物质需求。另外，注重商业展示设计的民族风格还表现在对传统设计手法的继承和审美再创造等方面。这是因为，传统设计手法具有一种乡土气息和民俗风格，它不仅以其自身审美特性取悦于顾客，还成为一种民族文化的象征。当今，不同地区、不同民族传统文化的多样性极大地促进了旅游文化的发展。为迎合游客的观赏心理，设计师着力于艺术构思，借助于传统设计手法，创造出"活人博物馆"、"仿古城市"等一系列展示作品。这种表现形式采用了当代超现实主义的"借实主义"、"移实主义"手法，将其民族传统赋予现代时尚美感，以其独特的手法，吸引了无数国内外游客。此外，传统设计风格往往给人们以暗示，该商品为历史悠久的"老字号",从而显示其名贵和令人信服的质量。

3. 环境观念

商业展示主要是诉诸于人的视觉、听觉感受,它与人的活动场所——环境有着紧密的联系。同时,它也是构成城市人文景观的重要方面,所以有必要充分强调其环境观念。商品展示设计是存在于人—环境这个大系统之中的,因此,在具有设计时必须从环境出发进行综合设计。要依据所处环境的色彩、建筑、道路宽窄和气候季节等方面的特点进行综合考虑,这在店面展示、霓虹灯、招贴广告、电子显示广告设计中尤为重要。从整个城市总体规划及环境美的要求出发,应对其设计提出某些统一的要求和规划,经过系统地规划设计,才能形成琳琅满目的繁荣街景。反之,则会产生杂乱无章的感觉。心理学家认为,环境是一种包含情感的视觉形象,对人的思维、情绪、行为等有着强烈的控制和调节作用。因此,应充分强调商业展示设计中的环境观念,以全新的设计理念策划和组织展示方案。

4. 直觉审美效应

实践表明,人们对商业展示物的观赏都是在极短的时间内完成的。来去匆匆的行人对于街面广告、店面装修很少驻足细观。商店里,顾客的目光对琳琅满目的商品也常常一扫而过。这些都向商业展示设计师提出了一个尖锐的问题,即如何在最短的时间里传递商品的最大信息量。由此,"最短的时间与最大的信息量"便成了现代商业展示设计所要解决的重大课题。心理学研究表明,"直觉"审美效应强调的是瞬间观照,是在以往经验、理智的前提条件下,对事物本质内容的直观把握。这种瞬间观照,是审美客体给予主体刺激所引起的情感反应,进而产生主客体交映,使主体在想象的过程中丰富了客体形象,并在其心目中留下了对于客体的鲜明感受和强烈印象。

现代商业展示设计应具有易视、易记、动人等特点,这样才能最大限度地达到招徕、传达、沟通的本质机能。

现代商业展示设计对直觉审美效应的追求和创造,既出于审美要求,又为了节省人力、物力、财力和时间,以适应现代人们生活节奏、行为方式和审美情趣,使业主以最少而合理的支出达到最佳的促销目的,综上所述,对商业展示设计直觉审美效应的研究和应用,将为现代商业展示设计的发展开辟更加广阔的前景。

6.4.2 展示设计基础

1. 艺术美的形式法则的应用

1) 重复与渐变

重复即是以不分主次关系的相同形象、颜色、位置距离做反复并置排列。以一种形象做左右或上下反复并置,称为二方连续式;上下、左右同时反复并置,称为四方连续式。重复并置的特点具有单纯、清晰、连续、平和、无限之感。但有时因为过分的统一,也会产生枯燥乏味的感觉。在商业展示中,运用重复的形式可使展品均等陈列。如服装的展示,即可把不同款式的服装做连续重复陈列,使顾客的视点放在每件服装之上,以此引导消费者依次观看、比较,并选择称心如意的商品。

渐变含有渐层变化的阶梯状特点，或渐次递增，或逐次减少。在橱窗展示陈列中，可对商品采用某种渐变的展示形式。食品类、日用百货类、服装布料类商品均可采用这种形式进行陈列。

2) 对称与均衡

对称即在画面中心画一条直线，以这条直线为轴，其上下或左右对称，称为对称，或称均齐。对称具有一定的规律性，是统一的、正面的、偶数的、对生的。在商业展示中，对称的手法常被采用，是一种较好的陈列形式，有庄重、大方、稳定之感。

均衡即在无形轴的左右或上下各方的形象不是完全相同，但从两者形体的质与量等确有雷同的感觉。均衡富有变化，具有一种活泼感，是侧面的、奇数的、互生的、不规则的。在商业展示中，常常把支持点偏放在焦点之上，距离中心点较远一方陈列商品较多，较近一方陈列商品较少，但在感觉上却能获得平衡。

3) 调和与对比(统一与变化)

调和是把两个相同性质不同量的物体，或把两种不同性质但相近似的物体并置在一起，给人以融合统一的舒适感觉。在艺术表现形式中，常常体现在形的统一、色的统一、主调的统一。

对比是当两种物体并置在一起时，其形感觉既不相同，又不相近，有明显的差异，形成明显的对照。在商业展示艺术形式中，通常表现为形的对比，色彩的对比，虚实、肌理等方面的对比。适度的对比会给人以"万绿丛中一点红"那样的愉悦美感。

在商业展示设计过程中，应根据其主题与整体结构的需要，侧重调和，给人以舒适统一的感觉，或充分运用对比，造成生动活泼、新奇动人的最佳传播效果。

4) 比例与尺度

比例是指在一个形体之内，将其各部分关系安排得体，如大小、高低、长短、宽窄等形成合理尺度关系。

尺度则指标准，是设计中的计量、评价等的基准。换言之，尺度是设计对象的整体或局部与人的生理尺寸或人的某种特定标准间的计量关系。完美的设计形式离不开协调匀称的比例尺度。商业展示设计中常用的比例主要有黄金分割比和数列比。

5) 节奏与韵律

节奏是根据反复、错综和转换、重叠原理，加以适度组织，使之产生高低、强弱的变化。在商业展示设计艺术表现形式中，通常表现为形、色、音的反复变化。有时表现为相间交错变化，有时表现为重复出现。由周期性的相间与相重构成律动美感。

节奏与韵律的展示表现的方法与技巧如下。

一是利用反复的形式表现。

二是利用渐变的形式表现。

三是利用放射的形式表现。

2．人体工程学要素的应用

人体工学是以生理学、心理学为基础，结合各类相关知识，研究"人—机—环境"的协调统一关系的学问。其目的是为人们建立一个舒适、安全的工作与生存环境而提供理论与方法。

商业展示设计中的人体工学要素包括尺度要素、视觉要素和心理要素等。

1) 商业空间展示中的尺度要素

商业展示中的空间尺度、道具尺度、商品尺寸等均应以人体为标准的绝对尺寸为基准，进行组织、设计与陈列。人的活动范围与行为方式所构成的特定尺度是界定其他设计尺度的标准。

(1) 制定商业展示设计尺度的基点。任何物体本身的形状原本没有尺度的概念，只有将其与其他因素进行比较时才产生了尺度标准。因此，把某一单位尺寸标准引入到设计中去，使之产生尺度间的比较，是创造商业展示设计良好尺度的首要原则。

创造商业展示设计良好尺度的第二个原则是重视设计与人自身的关系研究。如商场货架的陈列尺度，若设计过高，人拿取商品会比较困难。如果设计让人在拿取过程中感觉方便而舒适，显然可以认定它与人体的尺寸关系是相互协调的。

(2) 人体的静态与动态尺寸计测。商业展示设计中人体尺寸的应用包括静态尺寸和动态尺寸两个方面。

静态尺寸又称结构尺寸，是人体处于相对静止状态下所测得的尺寸，如头、躯干及手足四肢的标准位置等。静态尺寸测量可在立姿、坐姿、跪姿和卧姿4种状态下进行，这些姿势均有人体结构上的基本尺度特征。

动态尺寸又称为机能尺寸，是受测者处于执行各种动作或进行各种体能动作时各个部位的尺寸值，以及动作幅度所占空间的尺度。在现实生活中，人体的运动往往通过水平或垂直的一两种以上的复合动作来达到目的，从而形成了动态的"立体作业范围"。在商业展示设计中，研究作业空间的目的，正是为了掌握好空间尺度标准，使人机系统能最有效、最合理地展示空间基本的尺度要素。

所谓平面尺度是指空间分割与组织、商品陈列与人行通道等要素与商场空间总面积之间的百分比数，又称陈列密度。若密度过大，会形成客流的拥挤。使人产生紧张不安的心理感觉，影响展示传达与交流效果；若密度过小，又会让人感到厅堂内商品匮乏。因此，陈列密度的控制应慎重，可结合具体展示性质、功能、客流量等因素综合考虑。常规条件下，陈列密度以30%～60%较为适宜。商品展示的陈列高度，因受观者视角的限制而产生了不同功能的垂直面区域范围。地面以上80～250cm为最佳陈列视域范围。按我国人体计测尺寸平均168cm计算，视高约为152cm，接近这一尺度的上下浮动值112～172cm可视为黄金区域。若做重点陈列，这一视域最能引起观者注意。距地面以上、80cm以下可作为大型商品的陈列区域，如机械、冰箱、空调、摩托车、洗衣机、服装模特等，可制作低矮展台进行衬托；距地面250cm以上空间可作为大型平面商品陈列区域，如壁毯、针织品、大型电脑喷绘画面等。商业展示道具的尺度受商品、环境、人、道具自身结构、材料和工艺等要素限定，其尺度标准的制定应综合考虑。厅堂内挂镜线的高度通常为350～400cm，桌式陈列柜总高约为120cm，底座约为60cm；立式陈列柜总高为180～220cm，底抽屉板距地面约为60cm；低矮的陈列柜视商品大小而定。

2) 商业空间展示中的视觉要素

视觉是人类获取信息的重要途径。商业展示设计的招徕、传达和沟通功效的生成主要取决于人的视觉因素。对于人视觉特征的了解与研究将直接关系到展示设计的成败。人的视觉特征如下。

(1) 视野。指人的头部与眼球处于相对固定状态时所看到的空间范围。视野反映着视网膜的普遍感光机能的状况。视野包括一般视野和色觉视野两种形式。

一般视野是指人眼视角在1.5°左右(水平或垂直方向)时，其分辨能力最强。由此可见，人眼的最佳视觉区域范围是有限的。

光线的不同波长对人的视网膜产生不同程度的刺激，生成色觉感受。人眼识别不同颜色的机能称为色觉。白色视野最大，其次为黄色、蓝色、绿色。色觉视野与被视对象的颜色和其背景衬色产生的对比有关。

(2) 视角。指被视物的两端点光线投入眼球时的相交角度，与观察距离和所视物体两点距离有关。视角是商业展示设计中确定不同视觉对象尺寸大小与尺度标准的重要依据之一。

(3) 视力。又称视敏度，指眼睛分辨物体细微结构的最大能力。视力随视觉形象的照度值标准、被视物背景亮度与视觉形象之间对比度的增加而提高。

(4) 视距。指观者眼睛至被视物之间的距离。正常的视距标准由竖向与横向视角所决定，一般为商品高度的1.5~2倍为好。此外，视距与厅堂内部的照度值成正比。亮度高，视距可加大，反之应缩小。

(5) 明度适应。人眼对光亮程度的适应性称为明度适应(或光适应)。眼睛受光从亮至暗的视物过程称为暗适应，反之称为明适应。人眼的明度适应特征要求在商业展示照明设计时应布光均匀，切忌忽暗忽明。明暗跳跃度过大会加重观者的视觉疲劳与判断失误。

(6) 眩光。被视物表面产生的反射光称为眩光。由外射光源引起的眩光称为直接眩光；由其他物品折射引起的眩光称为间接眩光。眩光可减弱视力，产生不舒服的视感。商业展示设计的采光与陈列应尽量避免眩光出现。

(7) 错视。是视觉形态受光、形、色等视知觉要素的干扰，在人的视觉中产生的错觉，即主观判断的意象与客观实在的物象之间存在着不一致的现象。错视不仅出现在生理学与心理学领域，而且在商业展示设计领域也是不可忽视的。

① 错视现象如下。

a．构形错视。主要体现在造型要素的几何形方面，包括长度错视、形状错视、大小错视、空间错视等。

b．色彩错视。其中，对比错视现象包括当两种或两种以上颜色并置时，由于色彩的对比因素，在人的视觉中所产生的错视现象。相同大小的黑白色块并置，白色块显大；同样均匀的颜色并置，两色的边缘部分视觉感偏重；同样的黑、白、灰色块，若放置于不同的色彩背景之中，其明度和色相会有明显的倾向变化；等等。

c．残象错视。指人眼在连续看不同的色彩时，在视觉上会笼罩前色的补色，如红底的灰色有绿色倾向，绿底的灰色有红色倾向等。

同化与简约，亦即前色不脱离后色，而显得色彩倾向更为接近。

前进与后退，亦即饱和度高的色彩和暖色会有趋近感，反之则产生后退感。

d．运动错视。其中包括自动效应，即人眼长期注视一点时，这一点的形态会产生自动错视；诱导现象，如人在行驶的火车上向窗外观看时，会有近处物体朝相反方向急速运动的感觉；后动现象，如理发店圆形标志灯箱的旋纹，当顺时针方向转动时，色轮的视觉感扩大；当逆时针方向旋转时，色轮的视觉感缩小。

　　e．视点位移错视。指俯视的物体显矮小，仰视的物体显高大的透视现象。

　　② 错视的利用与矫正如下。

　　a．调整形态比例。

　　b．分割形态面积。横向分割可调整视觉高度；垂直分割可改变视觉深度；环形分割可改变视觉面积。

　　c．装饰形态面层。通过图形、色彩、肌理的装饰性处理，可调整视觉感受。

　　d．利用错视造型。可通过固定视点、镜面折射等技巧，利用错视规律进行商业展示设计。

3) 人的视觉运动规律

(1) 人的视线习惯于由左至右、由上至下运动。因此，展示内容的次序排列也应适应人的视觉运动特征。平面布局次序通常按顺时针方向组织。

(2) 人的视线。水平方向运动比垂直方向快。

(3) 眼球上下运动比左右运动容易产生疲劳。

(4) 两眼的运动方向和速度是同步协调的。

(5) 人眼对所视物的直线轮廓比曲线轮廓更易接受。

4) 视区分布

(1) 水平方向视区。

① 人眼在中心视角10°以内是最佳视区，识别力最强。

② 人眼在中心视角为20°范围内是瞬息视区，可在极短的时间内识别物体形象。

③ 人眼在中心视角30°范围以内是有效视区，需集中精力才能识别物象。

④ 人眼在中心视角120°范围内为最大视区。对处于此视区边缘的物象，需要投入相当大的注意力才能识别清晰。

(2) 垂直方向视区。人眼的最佳视区在视平线以下约10°；视平线以上10°至视平线以下30°范围为良好视区；视平线以上60°至视平线以下70°为最大视区。最优视区与水平方向相似。

5) 商业空间展示中的心理要素

商业展示活动是以招徕、传递和沟通为主要机能的交流与购物活动，其功效的生成与人的心理要素息息相关。从"注意——知悉——联想——喜好——信任——接受"的展示生成原理顺序中，不难看出它关联着人的心理感觉与反应。人在认知客观物象的过程中，总会伴随着满意、厌恶、喜爱、恐惧等不同的情感，产生意愿、欲望与认同等不同的心理特征。因此，认识和研究其规律，对提升商业展示的功效是十分必要的。

(1) 感觉与知觉(是人的大脑对作用于不同客观事物属性的反应)。

(2) 注意(是人的心理认知过程的基本特征)。

(3) 情感(触景生情，形态尺度、空间要素不同，会产生各异的情感效应，或亲切、舒展、气势逼人、开阔、神圣；或空旷、压抑、杂乱、狭窄、憋闷等)。

3．展示用新材料、新媒体、新工艺、新技术

以往展示的传统用材基本上类同于建筑业，以天然材质为主，人工合成材料为辅。由

最初的木方、木板材、钢材和砖、石、石膏、各类纸张、橡胶、竹、藤、皮革等，发展到后来的多层木夹板、纤维板、有机玻璃板、人造革、装饰布等。自20世纪80年代之后，又开始使用铝塑板、石膏板、各类无纺装饰布、即时贴、电化铝纸、彩色胶布、壁纸、高密度苯板、双面胶纸、自喷漆、铝型材、特种玻璃与工程塑料等。使用这些材料营造商场的隔间、天棚、展墙等，制作展板、广告牌、装饰物、展台、展柜、导向标牌等。

近年来，商场展示业随着科技进步和新材料、新工艺、新媒体、新技术的不断更新，使其展示效果得到改善和提高。

1）新材料、新工艺

(1) 售货摊位的构筑材料。售货摊位的构筑搭装多采用质量轻、硬度高、耐腐蚀和防火性能好的铝材、铝合金、不锈钢与钛金板、复合塑料、有机玻璃、防火胶板、阻燃合成板与特种纤维板等。塑料板材包括聚酯材料、铝塑板、铝塑泡沫板、硬质聚氯乙烯彩色板或透明板。硬质聚氯乙烯低发泡板、PVC板、ABS板、KT板、万通板等。

(2) 媒体、道具的面饰材料。用以黏裱展板、展墙、展台、展柜等的表面装饰材料，多使用各类防火胶板、薄化纤地毯、无纺壁布、亚麻布、尼龙布、彩色胶布、人造革、防火壁纸或丝绸等，能够取得较好的质感与肌理效果。

即时贴有上百种花色，分为户外贴、室内贴与灯箱透光贴等。此外，还有荧光反光贴，可用于制作交通标牌、车身广告或其他导向装饰与装置等。外饰涂层多采用新型漆类，如硝基喷漆、强力喷胶、真石漆或压力感应胶等。

(3) 发光装饰材料。各色反光电化铝胶纸有平光面和凹凸纹理面两种，多用于制作字体和标志，多种色彩的光导纤维。用于组合字体、标志或图形的装饰，可获得醒目的视觉效果；荧光胶管和胶片又称为"光彩荧胶"，分圆管、方条、片条等形状，包括红、黄、绿、蓝、白及无色透明等多种色彩，在荧光管的照射下能发出耀眼的荧光。最新发明的招牌胶片，只需贴于普通灯管照明的灯箱或在日光灯的照射下，即能产生霓虹灯光的特殊效果。荧光胶管和胶片除价格较霓虹灯便宜外，比霓虹灯省电2/3，而且寿命长、易保养，安全实用。闪光粉有金、银、蓝、绿、红等色，使用时可在刻出的字体图形模板上喷胶，再撒以色粉固定，装饰效果较好；塑胶质霓虹管易于弯曲加工，用以制作门楣图形与字体，较经济方便。

(4) 胶粘剂与漆饰材料。商业展示用胶粘剂，除一般建筑用胶粘剂外，还有专用胶粘剂。

强力建筑胶可用于粘接质量较重的大理石、混凝土、硅酸铝耐火板、厚釉面砖、石膏板等；通用建筑胶，可用于粘接马赛克、釉面瓷砖、塑料制品等；地板胶可用于粘接各类壁纸、地毯、皮革、木质板材；壁纸胶可用于粘接各类壁纸、地毯、皮革、木材、塑料等。

国产专用胶粘剂XY401，可将铝塑板粘接于轻铜或木质龙骨、混凝土墙面上，CX205用于粘接ABC塑料；CX206用于粘接有机玻璃；CX404用于粘接聚乙烯塑料、橡胶、铝塑板、水泥、石棉及木材等；CX-1光敏胶用于粘接光学玻璃及透明材料；CX201用于粘接聚氨酯泡沫塑料；CX203用于粘接各类聚乙烯塑料等。

商业展示专用胶水无强刺激气味，用途广，无腐蚀性。1~8号胶水可用于金属、皮革、木材及玻璃材质的粘接；10号胶水可用于硬质泡沫塑料、海绵等材质的粘接；2号胶水用于丝网印刷定位；75号胶水是无色透明的喷雾制剂，用于展示现场的临时粘接、修补；77号胶水是无色透明的强力喷雾制剂，风干迅速，用于粘接苯板或户外广告、装饰等。

此外，压敏胶粘剂可代替传统的图钉及其他钉子，可在任何材质上粘接不同材料的字体、照片、图表等，粘附力强，不损伤展板表面。

AA超能胶粘合力最强，粘合的速度最快，可广泛用于粘合或修补任何材料，是展示工程的理想粘合剂。

展示用漆料，户外适于使用丙烯酸乳胶漆、各色真石漆(分平面和凹凸状两类，色彩肌理品种多样)、丙烯酸闪光烘漆、膨胀型乳胶防火涂料、喷塑涂料等；各色罐装自喷漆可用于展示道具的喷饰。

2) 新媒体、新技术

多幕电影与组合录像。多幕电影，最早是由捷克在1958年的比利时布鲁塞尔世界博览会上推出的新形式，因其具有打破时空局限的较强表现力，很快得到普及和发展。在展示活动中，常见形式为球形全景式电影，能产生身临其境的效果。

组合录像，近几年应用较广泛的多以幕墙的形式由多个大屏幕投影式电视单元组成，具有分屏显示、画中画等多项特殊功能。

电视屏幕能显示诸多视频信号、计算机信号，尤其适宜于高水准的图像展示。在高档展示空间、电视会议厅、可视图像信息处理环境等均能产生极佳的展示效果。

此外，还可以应用计算机多媒体技术，将生动、感染力强的形象资料进行展示；也可将组合录像与投影幻灯搭配使用。幻灯图像是大尺寸的，在其周围或一侧利用录像放映与幻灯片相关的内容，以造成丰富、新奇的视感。

多幕电影、组合录像、计算机多媒体技术等，以其特有的音、像、色、光的组合和涵括的丰富信息量，深受商业展示界的重视。要取得较好的视传效果，在进行影视展示设计时需注意影视幻灯与周围空间物象的明暗反差效应以及整体环境的节奏和谐关系；音响之间不能相互干扰而导致噪声，防止产生对观众心理的不适。因此，在展示空间中，影视机数量必须适当设置，不宜集中。在发挥影视特殊功能的同时，还应注意"视觉疲劳"因素，尤其应注意在以实物陈列为主的展示中，决不能用影视替代，影视只能作为补充调节气氛的手段。

6.4.3 展示设计原理

1. 商业空间构成分析

商业空间是实现商品交换的空间，是满足消费者需求的场所，是实现商品流通的最终环节。在商业空间的基本功能中，包含3个最基本的要素：商品、顾客、购买。依照心理学家的分析，顾客的购物心理过程可概括为"注意——兴趣——欲望——信任——行动"几个重要环节。这就要求商家要采取相应的对策，以合理的展示形式引导顾客自然地进入购物心理行为过程。

依照国际惯例，商业营销环境分为购物中心、超级市场、商业步行街和专卖店四大类型。

1) 购物中心

购物中心(shopping center)，美国称为mall，是适应时代发展产生的一种新的商业营销空间形式。第二次世界大战后，西方国家的经济快速发展，在一些发达国家的城市中逐渐形成新的商业网点。新型商业区与以往传统商业街有着本质的区别，以往的商业街一般集中在城市繁华地带，其中有诸多老字号商店。随着城市人口的不断增多，汽车工业的迅猛发展，导致城市交通日趋拥挤，城市污染、地价上涨等问题也日益突现。于是，许多人移居郊外，那些精明的商人则抓住时机，在郊外建设了规模较大、富丽豪华的购物中心，并增加了餐饮、娱乐、会展等服务项目，发展成为多功能的活动中心。

通常，购物中心内的售货区分为开放区和封闭区两大区域。

店中店的经营功能分区大致为店面区、导购区、形象展示区、商品展示区、收银台、打包台、库房仓储区、更衣室等。

店中店多以经营特定品牌商品为主，故其店面形象应依据其品牌视觉形象的个性特点加以呈现。商品展示区是其主体空间，但由于面积受限，商品陈列应分类明确，挑选精品，展示道具与陈列要与其品牌形象有内在联系。店中店又是一个个相对独立的经营体系，具有完整的营销流程，各类空间(包括办公、库房、更衣休息等)一应俱全。因此要做到分隔布局合理。

2) 专卖店

随着经济日益繁荣，生活节奏日益加快，促使人们的购物活动更加富有针对性，从而产生了同类商品集中的商业集市。如食品一条街、服装一条街、古玩文化一条街等特色专业化商业街区。此类商店往往集中同类商品的各种品牌。

(1) 家用电器类专卖店。如今家用电器种类繁多，在组织店内空间与商品陈列时，应分类清晰，方便顾客选购。不同的家电产品有其不同的功能特性与要求。因此，其陈列架的高度与结构空间应有所区别，是采用地面陈列、高台架陈列、壁面陈列还是吊挂式陈列，都要根据具体情况而定。现代商业展示追求的是商品的最佳视觉传达效果。如在进行电视机的陈列时，若将其组合为电视墙，则可利用富有视觉冲击力的特大电视画面吸引顾客。音响设备的陈列则需设计较为奇特的背景墙与环境，使顾客产生身临其境的音乐意念空间感受；而对于袖珍型精美产品，则应陈列在特制的玻璃展柜中，以显示其精工与价值，刺激顾客的购买欲望。

(2) 时装专卖店。时装专卖店有很强的品牌形象感、消费层次感和时尚感，是服装企业形象统一设计和品牌经营策划的一部分。时装是具有较强艺术感染力的商品，又有较强的时代性和流行性。因此，时装店的空间与展示设计应强调其时尚感和独特的品牌特色。特定品牌的时装店不同于其他专业商店之处就在于当顾客进入商店后，应给予其较强的鲜明整体形象感的第一印象。单纯、明快的空间背景才能衬托时装自身的美感。

(3) 鞋类专卖店。鞋子的尺寸较小，种类繁多，因此在进行空间和展示设计时。首先应根据经营类别和顾客购物行为特点合理地分区、分组和安排顾客活动路线，并设置顾客试穿鞋子的辅助道具。

(4) 珠宝首饰店。珠宝首饰属贵重商品，物小价昂。此类商店设计除注重其审美性、豪华性和安全性外，更多的是突出其展示效果。由于是贵重商品的销售，其陈列柜的设计除应具备陈设展示功能之外，收纳与防盗功能也尤为重要。陈列柜的展示与陈列尺度需满足顾客的最佳视域范围。照明设计应考虑所采用的照明器具与陈列商品之间比例尺度的协调关系，可采用石英吸顶牛眼灯、轨道射灯等小巧型灯具。装饰材料也应以高档耐用型为主。其空间规划应较为疏朗，除观赏与选购空间外，还应设有鉴定室、接待洽谈室、休息角等空间。

(4) 钟表店。钟表的品种、款式、品牌很多，因此，商品的陈列应慎重选择那些有魅力、有风格以及足以吸引顾客的款式。手表体积较小，故应以陈列柜展示为主，以排列构成组合图形为佳。若以陈列橱展示，每块表应配有特制支架，背景吊挂表现此品牌的广告画面。挂钟应以壁面展示为主，座钟宜陈列于台架上，均应以获得最佳视觉效果为主，以充分激发顾客的购买欲望为目的。钟表店的空间不宜太大。在装修材料和形式上，应以体现钟表的机械技术美感和高档豪华感为主。在照明方面，除基础照明外，应以局部照明为主，可选用追光灯、小射灯、展橱灯等对钟表进行局部照射，以起到突出、醒目的作用。

(6) 眼镜店。眼镜分为矫正视力镜和美容镜两大类。因此，店内应设验光设备和镜面。眼镜的陈列应以玻璃货柜和POP展架为主，可局部配以人物佩戴眼镜的形象图片和模型。照明应以泛光形式为主，并避免眼镜产生高光。

3) 品牌商品专卖店

"品牌"一词源于19世纪初期的威士忌酒容器木桶上的区别性标志。随着时间的推移和社会、经济、文化的发展，品牌概念已凝聚了丰富的内涵和迷人的魅力。正如国际广告界泰斗大卫·奥格威所说："品牌是生活结构的一部分。"如今，中国的消费者面对告别了存在数十年的短缺经济后的卖方市场，几乎每个人的头脑中均充满了"品牌意识"。

以经营同一品牌为主的商店主要应注重树立自身的品牌形象和针对消费群体的市场定位与宣传。何佳讯在《品牌形象策划》一书中提出了专业化的3C刻画品牌经营整体脉络的模式，阐述了全方位塑造品牌形象的八大经营操作模块，即创立品牌、规划品牌识别系统、设计品牌符号、驾驭品牌传播、累积品牌资产、谨慎开展品牌延伸、建立品牌系统、实现品牌全球化理想。

就品牌专卖店的经营而言，对同一品牌的商品往往采用系列销售的方式进行。如服装专卖店，就可将与服饰有关的鞋帽、饰物等一并展示销售。因此，展架的设计、组合应按照商品销售的功能分区进行组织，达到既错落有致，又适用美观。通常，品牌商品专卖店的店面、店内均设有一个主体品牌形象展示面，将品牌符号、字体、色彩等视觉要素组合在一起，以作为品牌传播与宣传的重点。

2．商业空间的展示形式与功能配置

1) 格调鲜明的店面装饰与入口

商家都希望将自身特有的品牌形象给顾客留下永久的记忆，故都不惜代价进行标新立异的形象创意，以达到传达吸引的目的。以CIS——企业形象统一设计为基点所进行的商业品牌表达，即为常见的店面展示形式和表现手法。

2) 整洁明亮的店堂空间

五光十色、琳琅满目的商品陈列空间，若处理不当，极易造成店堂的杂乱无章。因此，注重空间的合理布局，讲究商品的陈列秩序，进行通透式的视觉组织，加强其各功能流程的策划，是营造一个整洁明亮的店堂形象的关键。

3) 自然合理的客流疏导

商业空间人流的路线设定应根据其本身的功能分区、结构顺序和经营特点而定。理想的流动线设定应具有明确的导向性、短而便捷的构成形式，以及通畅舒展的临场感。店中要划分出主道、次道和聚散区域。通道宽度从1~4m不等，根据货柜展区和商品特点以及由此引发的购物行为模式而定。

4) 恰如其分的照明形式

光照是人们感受商业空间综合要素的必要前提，商店内部空间是否赏心悦目，商品是否突出，展示形式是否标新立异，大多取决于所采用的照明方式。采光与照明既要从人们的视觉生理需求出发，重视光环境的科学依据，又要注意各类色光的不同显色性能、心理效应和审美效应，使光照体现出多种功能的价值与意义。

5) 突出醒目的品牌形象宣传

在组织商店空间和商品陈列的同时，可通过一些手段展现自身的品牌形象，向顾客灌输商家的经营理念，创造品牌经营的附加价值。

(1) 品牌店的店面视觉识别系统。品牌店的店面通常采用将商店标志图形、标准字体、标准色彩等统一形象视觉识别系统要素设置在店面入口门楣或外墙立面上，以达到醒目突出的招引效果。

(2) 品牌形象展示墙。在店内品牌商品专卖区，通常设置一个主视面展示墙，将视觉识别系统要素组合进去，以起到突出主题的作用。

(3) POP广告系统。POP广告是购买现场的促销广告。商店中的POP系统主要包括贴纸广告、标签广告、吊旗广告、货架式广告等形式，均是统一形象设计中的视觉识别系统部分。通过统一识别符号、字体、色彩的反复出现，以连续性的视觉流程，给顾客留下深刻的印象。同时，又具有较强的导向功能。因此，POP广告又有"沉默的推销员"和"最忠实的推销员"的美称。

6) 预留充足的仓储空间

仓储式超市的货架既是陈列空间，又承担了储存的功能。而一般性商店则要合理设置充足的储存空间，以满足商品流通中的供给需求。

7) 营造轻松的购物环境

市场经济的日益成熟，生活水平的日益提高，使人们已不满足于单纯的购物活动，更要求商业环境具备较强的观赏价值和休闲娱乐价值。因此，从功能空间的规划到各类设施的配套均应满足顾客的要求。此外，还可通过各造型要素、色彩要素、装饰要素、照明要素、听觉要素等手段，集购物、参与、观赏、健身、娱乐等功能为一体，以实现"轻松购物"的现代消费理念。

3．商业空间的展示设计实务与程序

将庞杂的设计内容按照一定的科学程序，有目的地实施展示设计计划，并遵循分阶段、按时间顺序展开的方法，是从事商业空间展示设计行之有效的方法和技巧。

在进行商业空间展示设计之前，首先要对所服务业主的经营理念、市场定位、商品特征、消费群体、环境地貌、资金投入等要素进行搜集整理与分析，从中找出设计构思的基点与要点。其工作流程概括如下。

1) 业主交流

领会商家理念，熟悉场馆结构，了解资金投入等。

2) 进行市场调查

了解顾客的生活方式和消费时尚，相关商品的生产与供给，分析顾客的购物心理行为、模式等。

3) 资料的搜集、整理与分析

知己知彼，百战不殆。只有广泛收集资料，了解国内外相关信息，才能拿出一流的设计方案。只有对收集到的大量资料进行细致的分析与研究，才能理出策划的头绪与路径。

4) 策划商品营销计划

与业主共同制定品牌经营战略、商品营销方式、宣传与促销策略等。

5) 进行商业空间总体方案的规划

根据以上各流程获得的资讯、理念与要求进行空间的分割与组织。通过平面图与里面图的图示的表达，完成各功能空间的设计策划与设施配置。通过效果图示的表达，完成各空间展示要素的色彩配置。

6) 进行统一视觉识别系统设计

包括商家标准图形、标准字体、标准色彩的具体应用系统，商品陈列的构想与创意，照明形式与装饰技巧等诉诸视觉传达的具体内容。

7) 论证、完善方案资料、编制施工方案

会同业主、营销专家、工程施工、物理环境等方面的人员，广泛征求意见，进一步改进、完善方案和图纸，编制施工预算和施工进度方案，报送业主审批。

8) 施工监理与商业展示的执行

以优化实现设计方案为目的，按照设计的内在规律对工程进行有效的计划、组织、协调和控制。包括施工前的施工组织策划和施工过程中的技术监理、质量监理、成本监理等一系列执行工作。

6.5 专题五：商业购物空间设计

6.5.1 商业购物空间的含义与分类

1. 商业购物空间的概念

商业购物空间是商业空间的一部分，是指为人们日常购物活动提供的各种空间、场所。其中最具代表意义的是各类商场、商店，他们是商品生产者和消费者之间的桥梁和纽带。

2. 商业空间的分类

(1) 按建筑的规模分类，可分为商业区(图6.57)、商业街(图6.58)、商业中心(图6.59)、大型自选商场和大中型综合零售商场(图6.60)、专业商店(图6.61)。

图 6.57　商业区

图 6.58　商业街

(a)

(b)

图 6.59　商业中心

(c)

(d)

图 6.59　商业中心（续）

(a)

(b)

(c)

图 6.60　大型自选商场和大中型综合零售商场

(d)

图 6.60 大型自选商场和大中型综合零售商场（续）

(a)

(b)

(c)

图 6.61 专业商店

(d)

(e)

(f)

图 6.61　专业商店（续）

(2) 按内容、经营特点和组织方式分类，可分为百货商店(大中型综合商店)、批发商店、购物中心(商业中心)、专业商店。

6.5.2　商业购物空间的室内规划设计

1．总体布局设计

总体布局设计考虑的要点如下。

(1) 总平面布置应按商场使用功能进行组织。

(2) 大中型商场建筑的主要出入口前应按当地规划及有关部门的要求，设置相应的集散场地及能提供自行车和汽车使用的停车场。

2．营业厅平面设计

1) 营业厅建筑与室内设计要点

(1) 为了加强诱导性和宣传性，营业厅入口外侧应与广告、橱窗、灯光及立面造型统一设计；入口处在建筑构造和设施方面应考虑保温、隔热、防雨、防尘的需要；在入口内侧应根据营业厅的规模设计足够的通道与过渡空间。

(2) 大中型商场顾客的竖向交通，今后趋向以自动扶梯为主，楼梯和电梯为辅。

(3) 营业厅应避免顾客主要流向线与货物运输流向交叉杂混，因此，要求营业面积与辅助面积分区明确，顾客通道与辅助通道分开设置。

(4) 应在大中型商场的各层分段设置顾客休息角，在中庭及其他位置设置小景及集中休息区。

(5) 小型商场一般不设置卫生间，但大中型商场一般要设置。

(6) 现代商场，尤其是大中型商场在有条件时应尽量采用空调系统来调节温度和通风。

(7) 现代大中型商场、大城市中的各专业商场基本采用的是人工照明。注意应增设安全疏散用的事故照明及通道诱导灯。

(8) 营业厅在营业时间内，应与其他商业空间，如餐厅等隔开，以便于管理。

(9) 在可能出现不安全的地方增加安全或提醒性标志牌。

(10) 根据商场的经营策略、商品特点、顾客构成和设计流行趋势及材料特性确定室内设计的总体格局，并形成各售货单元的独特风格。

(11) 商场室内设计的基本原则是在满足商场功能的前提下，使其色彩优雅、光线充足、通风良好、感官舒适。基本目的是突出商品、诱导消费、美化空间。

(12) 室内装饰使用的可燃性材料的总量应不高于防火规范所规定的平均每平方米千克数。

2) 营业厅的空间形式与流向线设计

(1) 三条流向线(顾客、工作人员和货物)的交叉点(如门口、电梯厅)，在避免不了顾客主要流向线与货物路线交叉时，应设立过厅，加宽通道以疏通空间，并在使用时间上错开。

(2) 流线组织应使顾客能顺畅地浏览选购商品，主通道和区域性通道应随着柜台的摆放环向贯通，避免死角，并能安全、迅速疏散。

(3) 横竖主通道的交叉处应避免尖角。

(4) 水平流向应通过幅宽的变化、地面材料、图案的运用，与出入口、扶梯、楼梯的对应位置关系，区分主、次和支流的关系。

(5) 垂直流向线应能迅速地运送和疏散顾客人流，交通手段在营业厅的分布应适当，主要的扶梯、楼梯及电梯应靠近主出入口。

(6) 大件商品货物的运输路线应尽量短、方便，另外应考虑顾客购买大件商品运输的方便。

营业厅如图6.62所示。

(a)

图6.62 营业厅

(b)

(c)

(d)

图 6.62　营业厅（续）

3) 营业厅的柜架摆放与陈列方式

该方式主要有封闭式、半开敞式、开放式、综合式等。

4) 营业厅的通道宽度

通道由柜台与柜台、货架与货架、柜台与展示台之间的空间组成，是顾客在店内的活动空间。它是顾客行走、站立在柜台或货架前挑选及购买商品所需空间的总和。

通道宽度设计具有重要意义。通道过窄会造成人流阻滞，这无疑是要将顾客自动拒之门外；通道过宽则影响有效营业面积，降低商店经济效益。

5) 营业厅通道与柜架布置的组合形式

该形式主要有直线交叉型、斜线交叉型、弧线型。

6) 营业厅各层的商品分布与设置

在商场的布局设置中，首层处理有以下几个特点。

(1) 首层室内、主入口处的人工采光光线较上面各层明亮，使顾客能适应光线差。

(2) 入口正面和中心区域商品要有一定精度和档次，以便第一眼就给人舒服、高雅且色彩鲜明、花色丰富的感觉。

(3) 入口正面和中心的商品摆放区域，主通道要宽敞。

(4) 靠近主入口的前部和中部区域最好摆放以闭架销售为主的商品以及季节性、流行性强的商品。

(5) 销售的产品需要广告宣传推销、方便顾客购买。

6.5.3 商业购物空间各基本部分的装饰设计

1．外立面

以独特的造型、色彩、材质和体量等建筑、装饰语言向人们表明自己的存在。

2．入口、门厅

入口与门厅都起着引导和疏散客流的作用。其空间设置有以下功能。
(1) 疏导交通、引导客流。
(2) 在此空间设置问询处、咨询台、商场分区指示牌、导购牌等。
(3) 与环境、绿化的良好设计结合，形成商场或亲切宜人，或优雅时尚，或高档，或大众的商业氛围。
(4) 有些商场的入口门厅与宽大的前庭或入口广场结合，除上述功能之外，还与顾客的休闲、小座结合，形成丰富的城市商业景观。

3．中庭

中庭是大中型商场，特别是大型商场的公众活动空间，并具有以下意义。
(1) 丰富空间层次，强化商业气氛。
(2) 形成交通枢纽，组织空间秩序。
(3) 强调生态绿化倾向，形成舒适空间。
(4) 宣传企业品牌，美化商场形象。
(5) 组织多种活动，增加休闲空间。

4．自动扶梯、电梯和步行楼梯

1) 自动扶梯

自动扶梯是大中型商场垂直运输客流的主要通道，在一般商场的人流集中区，前庭、中庭及商品集中售卖区域都设有自动扶梯。设置的排列一般为两部并排放置，一上一下运行，在不同楼层相同位置设置。还有两部自动扶梯中间与步行楼梯一起排列的，也有一部单独排列的。

2) 电梯

商场重要位置、中心位置的观光电梯，一般设在商场的开放性空间，多数设置在中庭、前庭这些多层贯通的空间或外立面上。

3) 步行楼梯

在大中型商场中是电梯和自动扶梯垂直交通的补充手段。与之相比，结构可靠，维护费用少，造价经济。可作为平时的商场通道，紧急时还可以作为消防疏散之用。

营业厅交通方式如图6.63所示。

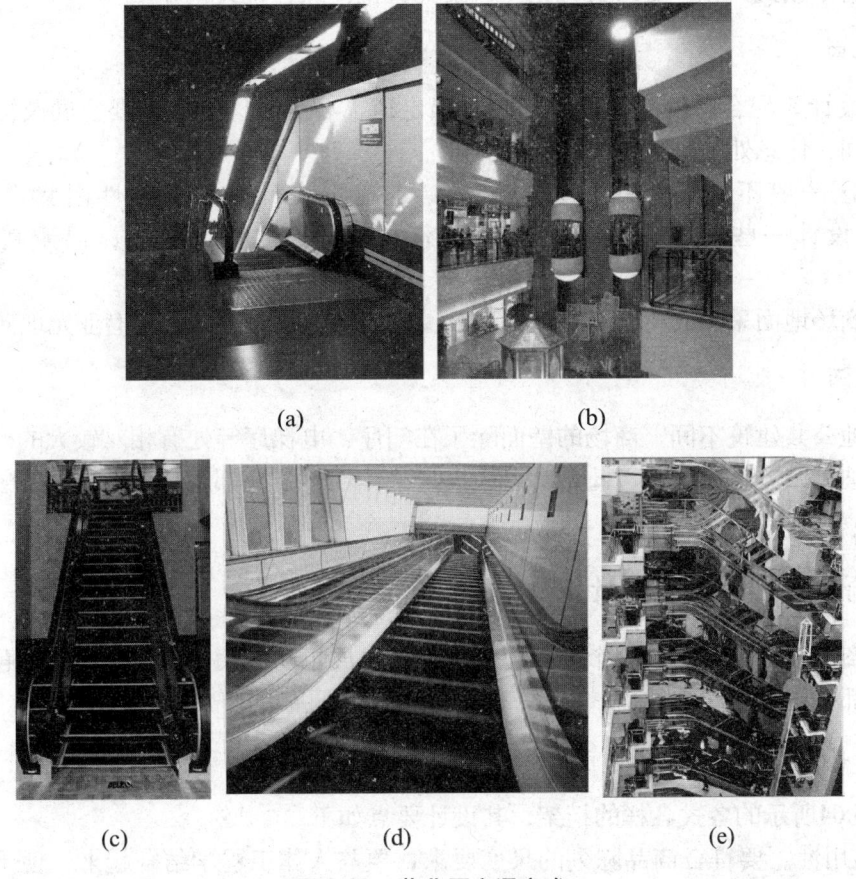

图 6.63　营业厅交通方式

5．天花

1) 设计要点

(1) 总体布局应与平面相一致，密切配合平面设计的功能区域，充分发挥天花对空间的界定作用，合理划分各销售展区的空间层次和引导顾客流向线。

(2) 天花与地面不同的是它还有空间标高的可变性，应利用这一特性在合适的局部创造出各种富有造型变化的空间组成要素。

(3) 天花总体布局应尽量简洁，色彩淡雅。局部可以丰富变化，材质的选用尽量在同层以一到两种为主，统一中求变化。

(4) 天花设计考虑多专业配合(空调、水、点、消防、背景音乐、弱电综合系统布线、放置设备等)。

(5) 天花设计除考虑本身具有的材料属性、造型、色彩特性之外，与灯具的设计和布局以及艺术效果关系最为密切。两者应融合在一起考虑。

(6) 大面积天花用材一定要用不可燃性材料。如结构架一般采用轻钢龙骨，面材一般使用石膏板、铝型板、水泥纤维板(埃特板)、铝合金扣板、条板、格栅等。

2) 形式与特点

主要有平顶式天花、叠级式天花、构架式天花、综合式天花等。

6. 地面

地面设计要配合总的平面设计，划分出走道、各销售区域等主要空间及门厅、电梯间、楼梯间、休息处等辅助空间。

销售区一般不宜设计较复杂的图案；走道要设计一些引导性图案；重点门厅的地面要设计一些精美、细致的拼花图案来突出其位置；地面提倡无高差、无阻碍设计。

现代商场地面采用的材料有磨光大理石、花岗石、抛光地砖、耐磨亚光地砖等。

7. 壁面

与其他公共建筑不同，商场的壁面除了在门厅、电梯厅等处有相对较大的壁面外，在营业厅均被划归零售区域，因此，其壁面设计整体性不强，都服从于售卖区的装饰与功能设计。

6.5.4 商品陈列柜架的设计

这是商场设计中最大的一个专题，也是与基本展示功能关系最为密切的专题，几乎所有的商品都是通过不同的展柜、展架、展台与消费者见面的。

1. 柜架

如图6.64所示的各式各样的柜架，其设计要点如下。

(1) 实用性。要符合商品陈列的尺度要求；要与人体工程学结合起来，便于观看、挑选和存取。

(2) 灵活性。在商场空间中便于灵活摆放，便于搬运布置。

(3) 美观性。在满足基本功能的基础上，通过材料的不同运用、色彩的不同搭配、造型的对比组合，设计出不同的柜架形式。

(4) 安全性。一是商品安全，保证价值较为贵重的商品不易滑落、摔坏，柜、架能承重；二是顾客的安全。

(5) 经济性。

(a)

图 6.64 柜架商品陈列

(b)

图 6.64　柜架商品陈列（续）

2．柜台

目前，常用的柜台有3种形式，如图6.65所示。

(1) 金银首饰和手表销售柜台，长度为1 000～2 000mm，高度为760～900mm，使用材料多为胶合玻璃，且多用特别的点光源。

(2) 化妆品销售柜台，长度为1 000～2 000mm，高度为500～600mm，一般设计成双层玻璃柜，多用各色胶板按企业的形象色来装饰表面，同时搭配不锈钢、彩色不锈钢及名贵木胶合板，在灯光的配合下显得华贵、浪漫。

(3) 其他小商品经营柜台，尺寸基本与以上两者相同，但要注意两个方面的问题：一是内在使用是否方便；二是柜台造型可以千变万化。

(a)

(b)

图 6.65　常用的柜台

(c)

(d)

图 6.65　常用的柜台（续）

3．低尺度开放陈列架(或中小商品陈列架)

在商场中间部位的低尺度开放陈列架，一般高度不超过人的视线，具体可分为以下两大类。

(1) 按基本结构设计的可变换位置、灵活摆放的柜架。

(2) 根据商品特性和区域装饰的需要设计的形式、独特的可移动的异形柜架。

6.6　专题六：展示空间设计

6.6.1　展示空间设计的含义及特征

1．展示空间设计的含义

展示空间设计是指通过对展示空间和环境的重新创造，采用一定的视觉传达手段和造型方式，借助一定的道具设施，将一定量的信息和宣传内容展示在公众面前，以期对观众的心理、思想与行为产生一定影响的一种综合设计。它包括展(博)览会、博物馆陈列设计、各种室内陈设设计、各类橱窗设计、商业环境设计、演示空间环境设计、庆典环境设计和标志环境设计等。

2．现代展示空间的设计特征

1) 开放性
2) 实物性
3) 参与性
4) 综合性
5) 时空性
6) 从属性
7) 多维性
8) 科技性
9) 效益性
10) 系统性

现代展示空间如图6.66所示。

(a)

(b)

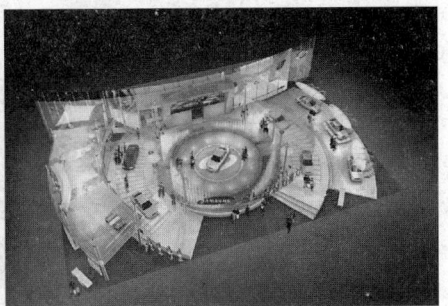

(c)

图 6.66　现代展示空间

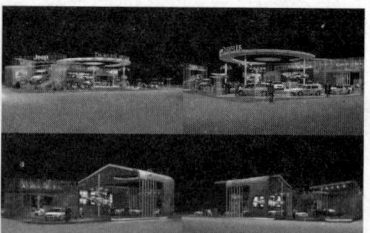

(d)

(e)

(f)

(g)

(h)

图 6.66　现代展示空间（续）

(i)

(j)

图 6.66　现代展示空间（续）

6.6.2　展示空间设计的程序

1．展会空间设计的前期准备工作

在展会空间设计前期，应明确展会的级别、规模、人数、内容、形式、时间、资金及社会的公共关系的基础。

根据展会的功能、特点而制定展会总体设计的方案，运用设计的手段表现出可视的空间与可视的形象。包括展会的会徽设计、展会的专用色彩设计、展会的吉祥物及旗帜设计。

2．展示空间的布局设计

展会空间包括以下几种。

(1) 外部空间。展览会周围的环境空间、前厅、货场、停车场等。

(2) 内部空间。各展示和演出空间、各种洽谈接待空间等。

(3) 辅助空间。包括连接过渡共用空间、配套服务空间及共享空间。

(4) 其他空间。展览会展示场地具备的基本功能空间，即展示空间。

展会空间设计布局包括对展示活动的策划与组织，对展示主题的创意与深化，对展示环境及模具的制作与施工，具体内容有平面图、立面图、效果图、模型、施工图、设计说明、电器照明配置、材料表及施工时间表、工程预算报表等。

6.6.3　展示空间设计的形式

展示设计空间最大的特点是具有很强的流动性，所以在空间设计上采用动态的、序列化的、有节奏的展示形式是首先要遵从的基本原则，这是由展示空间的性质和人的因素决定的。人在展示空间中处于参观运动的状态，是在运动中体验并获得最终的空间感受的。这就要求展示空间必须以此为依据，以最合理的方法安排观众的参观流线，使观众在流动中，完整地、经济地介入展示活动，尽可能不走或少走重复的路线，尤其是不在展示的重点区域内重复，在空间处理上做到犹如音乐旋律般的流畅，抑扬顿挫分明有致，使整个设计顺理成章。在满足功能的同时，让人感受到空间变化的魅力和设计的无限趣味。

常用的展示设计形式主要有以下几种：版面式、橱窗式、摊位式、洽谈式、通道式、中心式、多层复式、空中式、模拟式、景观式。

6.6.4 展品陈列设计

1. 展品陈列与人的心理

人在接触和感受外界事物的过程中，会经过"看到—注视—兴趣—了解—认识—接纳"整个心理发展过程。

2. 展品陈列手法

(1) 目标陈列法。将重点展品或需要突出的展览内容放置在展位或陈列空间的中心位置，其他展品则可按类别陈列于主要展品的周围展柜或展架上。同时在墙体上、廊柱上等配以相应的广告版面，并利用照明效果和声光电的配合，形成一个和谐统一又主次分明的展览环境，使观众一进场就看到被突出的主体展品，这对展览主题的表达具有突出、鲜明的效果。

(2) 特写陈列法。根据展览目的的要求，将重点展品和细小展品放大为数倍的模型或扩大数倍的广告摄影照片，形成一个富有冲击力的空间视觉效果，适用于这种方法的产品包括化妆品、电池、小手工艺品等。

(3) 场景陈列法。根据特定的展览环境，结合某种消费需求和相关的生活场景、生产活动、学习空间、劳动空间以及自然环境等，将展品恰当地组合在这一空间环境中，使其成为其中的角色。这种展览的特点是将商品通过适当的场景，充分展示其在使用中的情形，显示其功能和外观特点。同时，场景化的展示场面容易引起参观者的联想和亲切感，激发消费者的购买欲。像家电类展会经常用这种方法陈列展品。

(4) 开放性陈列法。在展览中，顾客、参观者与展品直接接触，参观者参与演示、操作等切身体验的展览活动，其观摩、交流、推销和购买等活动均在活泼、融洽、亲切自由的气氛中进行。这是一种具有较高时效和展示功能的行动的陈列设计。

6.6.5 展示空间设计常用的符号系统

1. 建筑物结构的符号

表示展览建筑物的具体形状和结构。例如平面、立面、剖面及各种门、窗、楼梯、植物、园林绿化、喷水池等。

2．展览建筑物的室内装修和室内设备符号系统

表示展览建筑物的室内装修和室内设备符号系统，将这些材料、设备等运用专业的符号表现，如照明、通风、采光、消防等。

3．室内陈列和室内道具符号系统

指表示展览建筑物的室内陈列和室内道具符号系统，例如室内陈列和室内道具的平面、立面、剖面造型及材料、施工工艺要求等。

6.7 专题七：旅游建筑、宾馆大堂设计

6.7.1 旅游建筑室内设计

旅游建筑包括、酒店、饭店、宾馆、度假村等。旅游建筑常以环境优美，交通方便，服务周到，风格独特而吸引四方游客，对室内装修也因条件不同而各异。特别在反映民族特色，地方风格，乡土情调，结合现代化设施等方面予以精心考虑，使游人在旅游期间，在满足舒适生活要求外，了解异国他乡的民情风格，扩大视野，增加新鲜知识，从而达到丰富、调剂生活的作用，赋予旅游活动游憩性、知识性、健康性等内涵。

6.7.2 旅馆设计特点

旅馆的服务对象——旅客——虽来自四面八方，有不同的要求和目的，但作为外出旅游的共同心态，常常是一致的，一般体现在以下几个方面。

(1) 向往新事物的心态。

(2) 向往自然，调节紧张的心态。

(3) 向往增进知识，开阔眼界的心态

图 6.67　旅馆空间 (a)

(4) 怀旧感和乡情观念。

旅馆空间如图6.67和图6.68所示。

图 6.68　旅馆空间 (b)

6.7.3　旅馆建筑室内设计

根据旅客的特殊心态，旅馆建筑室内设计应特别强调下列几点。

(1) 充分反映当地自然和人文特色。

(2) 重视民族风格，乡土文化的表现。

(3) 创造返璞归真，回归自然的环境。

(4) 建立充满人情味以及思古之幽情的情调。

(5) 创建能留下深刻记忆的难忘的建筑品格。

旅馆空间如图6.69所示。

图 6.69　旅馆空间 (c)

6.7.4 大堂的室内设计

旅店大堂是旅店前厅部的主要厅室，它常和门厅直接联系，一般设在底层，也有设在二层的，或和门厅合二为一。大堂内部主要有以下几部分。

(1) 总服务台，一般设在入口附近，且大堂较明显的地方，使旅客入厅就能看到，总台的主要设备有房间状况控制者、留言及锁钥存放架、保险箱资料架等。

(2) 大堂副经理办公桌布置在大堂一角，以处理前厅业务。

(3) 休息区应作为旅客进店、结账、接待、休息之用，常选择方便登记，不受干扰，有良好的环境之处。

(4) 有关旅店的业务内容、位置等标牌，宣传资料的设施。

(5) 供应酒水、小卖部，有时和休息应区结合布置。

(6) 钢琴或其他的娱乐设施。

大堂是旅客获得第一印象和最后印象的主要场所，是旅店的窗口，为外旅客集中和必经之地，因此大多旅店均把它视为室内装饰的重点，集空间、家具、陈设、绿化、照明、材料等之精华于一厅。很多旅店把大堂和中庭相结合成为整个建筑的核心和重要景观之地。因此，大堂设计除上述功能安排外，在空间上，宜比一般厅堂高大开敞，以显示其建筑的核心作用，并留有一定的墙面作为重点装饰之用(如绘画、浮雕等)，在材料选择上，显然应以高档天然材料、石材等起到庄重、华贵的作用，高级木装修显得亲切、温馨，至于不锈钢、镜面玻璃等也有所用，但应避免商业气息过重，因为这些材料在商店中已有广泛应用。大堂地面常用花岗石，局部休息处可考虑地毯，墙柱面可以与地面统一，如花岗石有时也涂涂料，顶棚一般用石膏板和大理石或高级木装修。旅馆各部分的空间设计如图6.70～图6.87所示。

(a)

(b)

(c)

图 6.70 旅馆大堂空间 (1)

图 6.71　旅馆走廊空间 (1)

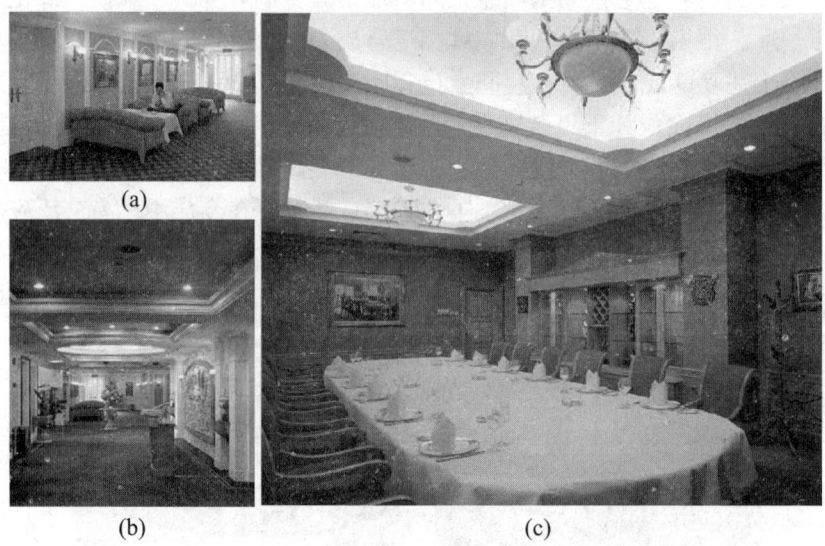

图 6.72　旅馆空间（1）

图 6.73　旅馆大堂空间 (2)

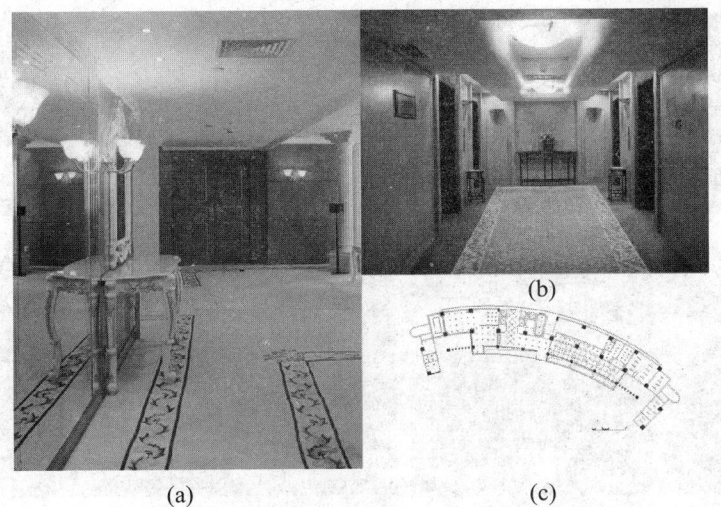

图 6.74　旅馆走廊空间 (2)

图 6.75　旅馆走廊空间 (3)

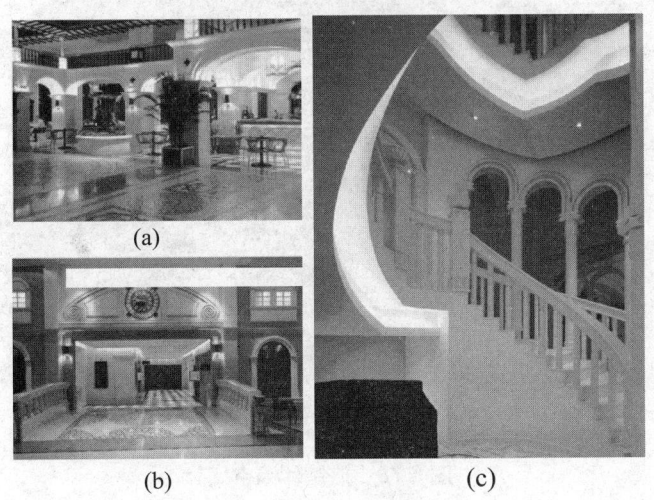

图 6.76　旅馆走廊空间 (4)

图 6.77　旅馆空间 (2)

(a)

(b)

图 6.78　旅馆休闲空间

图 6.79　旅馆餐饮空间 (1)

图 6.80　旅馆卫生间

图 6.81　旅馆餐饮空间 (2)

图 6.82 旅馆餐饮空间 (3)

(a)

(b)

图 6.83 旅馆空间 (3)

第 6 章 公装空间装饰设计

(c)

图 6.83 旅馆空间 (3)(续)

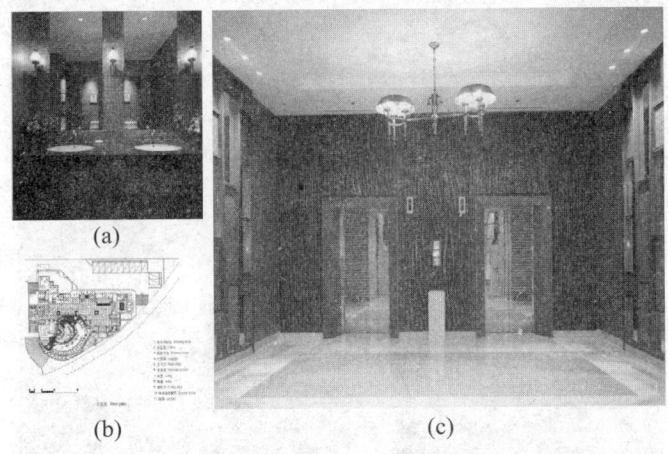

(a)   (b)   (c)

图 6.84 旅馆空间 (4)

(a)

(b)   (c)

图 6.85 旅馆空间 (5)

223

图 6.86 旅馆空间 (6)

图 6.87 旅馆空间 (7)

6.8 专题八：文化场馆、博览建筑设计

文化博览空间如图 6.88 所示。

(a)

(b)

(c)

(d)

图 6.88 文化博览空间

6.8.1 概述

1. 博览建筑的性质与任务

博览建筑是供搜集、保管、研究，陈列有关自然、历史、文化、艺术、科学技术的实物与标本的公共建筑。

博览建筑是人类物质文化、精神文化和自然标本的重要储存库，也是人们从事各种科学研究，用现代的陈列方法对科学技术进行展览，以提高人民文化素质的重要文化基地。

博览建筑的三大中心任务是收集保管、科学研究、文化教育(通过藏品的陈列展出)三者紧密联系。由于博览建筑的类型和藏品的性质不同，因此也各有侧重。

2. 博览建筑发展概况

西方早期的博览建筑是供奉女神的殿堂，公元285年，古埃及非拉德非亚大帝建亚历山大宫，设讲演室、植物园作为研究所，这是最早的博览建筑，早期博览建筑的藏品只限于教皇、君王、贵族、富豪的艺术品和珍宝。

中世纪，由于教民对教皇遗物的崇拜，对大量的美术品建立了专门的房间，组织陈列展出；文艺复兴时期，对古代藏品进行了保存展览，比较研究，从普及文化到科学研究，各国开始建立陈列馆、美术馆、博物馆。19世纪工业革命后，由于自然科学的普及与发展，对于科学资料的搜集、保管、整理、陈列展出等形成了科学体系，使美术馆、博物馆得到了很好的发展，各国先后建立了各类公共博物馆，加之君王的退位、宫殿、城堡内部保存的艺术珍品对公众开放，1875年，法国卢浮宫(图6.89)将所藏的美术品公开展出，就是突出的例子。

卢浮宫位于巴黎市中心的塞纳河北岸，是欧洲最宏大宫殿建筑群之一。中世纪时，卢浮宫只是一座存放王宫档案和珍宝的城堡，从16世纪起修建，因耗时长，耗资巨，到拿破仑三世才竣工，分为古代埃及艺术馆、古代东方艺术、古希腊罗马艺术、中世纪文艺复兴和现代雕塑艺术、绘画艺术和装饰艺术6个部分。

(a)

图6.89 卢浮宫

(b)

(c)

图 6.89 卢浮宫（续）

1920年，博览建筑在科学技术的推动下，应用新设备、新的采光方法，对旧的博物馆进行了改造。近代由于新技术的发展，展出方式有了很大的改进，博览建筑在平面布局、功能组织、空间组合上也有极大的变化；西方举办的国际博览会创造了新的陈列方式，引进新的技术设备，对于博览建筑的发展具有深远的影响。

3．中国博览建筑的发展

中国早期殷商时代就有保存典册的府库。公元前1047年，周武王迁"鼎"到洛阳，公元前296年，楚兴师以求九"鼎"，"鼎"作为当时的国宝，就有专门保存的地方……。宋代在西安建立了碑林(即陕西省博物馆的前身)，是我国最早较为完整的博览建筑。

1883年在上海徐家汇，法国人建立了震旦博物馆，1924年北京成立了故宫博物院(图6.90)。

(a) (b)

图 6.90 故宫博物院

1958年，北京、上海等大中城市为适应工农业的迅猛发展，建立了大型的展馆，建国10周年，北京的十大建筑中，就有5个是博览建筑，即北京农业展览馆、中国革命和历史博物馆、军事博物馆、中国美术馆、北京民族文化宫。这些建筑无论是从规模、平面布局、流线组织、新技术的应用及立面造型等方面都有了较大的变化。

经济的发展也促进了建筑遗迹的发掘与整理，在原建筑遗址的基础上，修建了大型的博物馆。例如西安半坡村博物馆、昌平地下宫殿、自贡市恐龙博物馆、西安兵马俑博物馆……。这些博物馆在国内都享有盛誉。

20世纪70年代以来，全国大多数城市都建立了不同规模的展览馆。

4．我国当前博览建筑的发展与建设

博览建筑作为提高国民文化素质的重要基地，其重要性是不言而喻的。正如全国科技大会所指出的：为了实现四个现代化，要办好科技馆、博物馆、展览馆，有条件的大中城市要新建或扩建科技馆、自然博物馆。在这一精神指导下，博览建筑拓宽了它已有的领域，产生了新的类型，作为文化建筑的重要课题，得到了广泛的重视和关注。

全国各省、市、自治区都有了自己的博物馆。

随着古遗址的发展与革命文物的保存，各类纪念馆得到了发展。为便于对外交流，各城市建立了展览中心和展览馆，如北京展览中心、天津展览中心、上海展览中心等，是其中规模较大者。

中小城市文化馆的发展充实了博览建筑的内容。文化馆的性质是一种综合性的文化中心，其中包括陈列部分，起到了博览建筑的作用，这对于全国形成博览建筑的网络具有积极的意义。

6.8.2 博览建筑组成及功能分析

1. 博览建筑的组成内容

博览建筑的规模性质不同，组成内容各异。就当前国内外博览建筑的组成看，大多包括六大部分，即藏品储存、科学研究、陈列展出、修复加工、群众服务、行政管理。随着博览建筑任务及性质的不同，各部分有不同的侧重和强化，使之其有不同的特点和个性。博览建筑组成及功能如图6.91～图6.93所示。

(1) 藏品储存部分。包括接纳、登记、编目、暂存库房、永久库房、特殊库房、消毒间。

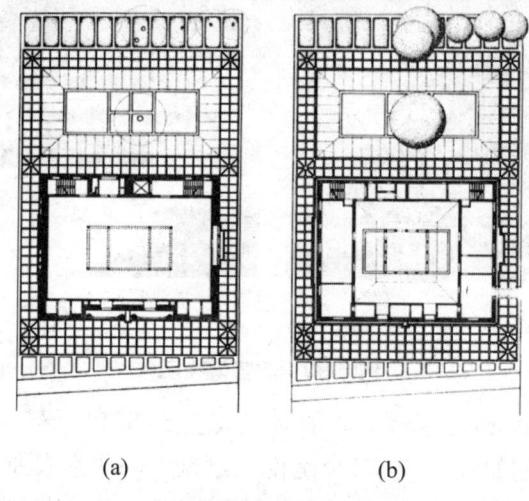

图 6.91　博览建筑组成及功能 (1)

(2) 科学研究部分。包括各种专业的分析室、鉴定室、试验室、研究室、摄影室、编目室、资料室、阅览室等，作为美术馆、艺术博物馆，还有一定数量的工作室。

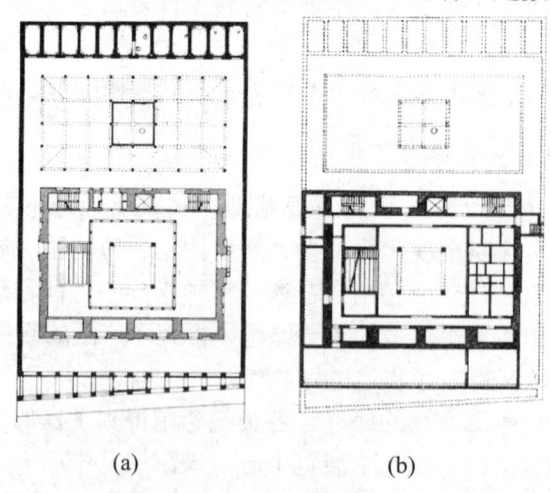

图 6.92　博览建筑组成及功能 (2)

(3) 陈列展出部分。包括基本陈列室、专题陈列室、临时陈列室，以适应社会的不同要求。大型博览建筑设有室外展场，以展出大型机械和陈列古代兵器。雕塑博物馆设有室外雕塑陈列场,农业展览馆有时需设立室外培植场。

(4) 修复加工部分。包括各种技术用房、植型室、标本室、加工房、修复工场、文物复制、展品加工等。作为展览馆,其修复加工一般置地面积较小,多利用陈列室临时制作加工。

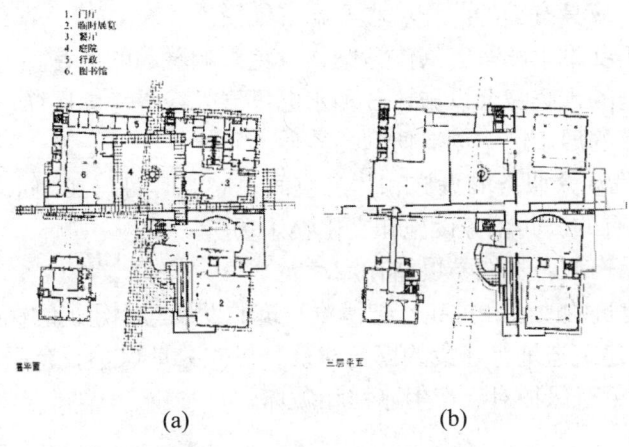

图 6.93 博览建筑组成及功能 (3)

(5) 群众服务部分。包括集会厅、报告厅、放映厅(有并为一个)、教室、咨询室、资料室、培训部以及纪念品销售部、小卖部、茶室、小吃部、文化服务设施、休息室、车场,为了扩大业务范围,还应设有文娱、游乐和商业部分。

(6) 行政管理部分。行政管理包括行政办公、会议、接待、信息中心、对外交流及库房等。

2. 博览建筑功能关系分析

(1) 主要组成部分关系。根据博览建筑六大组成部分,其相互间的关系可利用图式进行原则性的排列,对于把握主要空间的关系十分清晰。主要组成部分关系如图6.94所示。

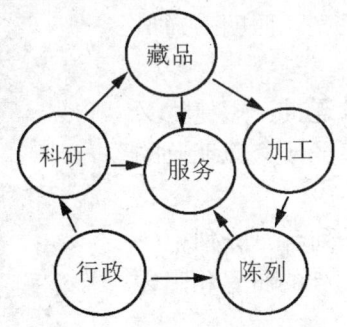

图 6.94 主要组成部分关系

(2) 博览建筑功能关系。博览建筑六大组成部分按建筑的不同性质和规模有不同的侧重,陈列室、陈列馆、美术馆、纪念馆、展览馆、博物馆的功能关系分别如图6.94所示。

6.8.3 博览建筑设计基本要求

1. 博览建筑基地的选择

(1) 博览建筑是城市的重要文化教育建筑基地之一,在城市总体规划中应选择较为恰当的位置。一般多位于城市社会活动中心地区、城市近部或城市公园附近。

(2) 博览建筑的观众流量较大，应有较方便的交通条件和足够的停车面积，以利于人流的集散。

(3) 博览建筑选址应具有幽静的环境和开阔的地段。

(4) 基地应尽量不受烟尘和有害气体污染，以免影响藏品的保存。

(5) 基地应有齐全的市政配套设施，各种水电煤气管线需考虑周详。

(6) 基地应为藏品的展示运送创造便利的条件。

(7) 基地应有满足观众服务的设施和休息空间，必要时可与江湖水泊、公园绿地相结合，充分利用城市已有的公共服务设施和文化娱乐场所。

(8) 基地应远离噪声源、易燃易爆储存库。

(9) 充分利用旧建筑的改建和扩建，把博览建筑的发展与古建筑的保护二者结合起来。

(10) 利用石窟、建筑遗址等建设的博览建筑，应充分地保护石窟原样，历史古迹要留足够的保护空间，以免对保护对象产生遮挡和破坏。

2．陈列展出的要求

(1) 博览建筑的陈列展出是其中心任务，是博览建筑的主体，一般占建筑总面积的30%～50%，有的高达80%。

(2) 陈列展出要有适度的空间，以便于有效地布置展品。陈列室穿间如图6.95和图6.96所示。

① 要求足够的墙面，以便布置橱柜与版面陈列。

② 陈列室应有足够的活动面积，以利于观众的逗留，有周旋的余地。

③ 应为观众提供观看展品的良好视觉条件。

(3) 陈列空间应有良好的采光、照明、通风和隔间条件。

(4) 陈列室内参观路线要求连贯、短捷，又具有灵活性，但须简洁、明晰，给观众以明确的导向。

(5) 陈列室内应考虑各种陈列台、陈列柜、陈列橱、陈列架以及各种灵活阁架的布置和固定问题。

(6) 陈列室除有必要的陈列库(可供专业人员参观)外，室外应考虑必要的陈列场地，如表演水池、培植场(农业展览、花卉展览)及陈列园(雕塑陈列)，有的室外展场须设置各种特殊的台、架、构筑等以便于室外陈列。

(7) 陈列空间应考虑展品的各种悬挂、固定、运输设备，配备足够的电力插座。

图6.95　陈列室空间(1)

(a)

(b)

图 6.96　陈列室空间 (2)

(8)陈列室内应为观众安排良好的休息环境和必要的服务设施。

(9)陈列室内的尺度、色调、墙面、顶棚、地板等，应满足陈列展出的要求。

(10)陈列室应充分利用现代科技成果，以提高陈列展出的效果，如电声设备、自动控制、光线调节等。

3．博览建筑造型要求

(1) 博览建筑反映一个地区或国家的文化艺术特色和科学技术水平，具有强烈的表现性。

①整体气势是博览建筑共同反映的一个特点，它有助于加强建筑体形力度的展现。

②建筑群体的完整统一，取得建筑与环境的协调是十分重要的因素。

③博览建筑(图6.97)作为一个国家、民族、地区的重点建筑，在建筑上常利用必要的建筑符号和信码加以强化。

图 6.97 博览建筑造型

(2) 博览建筑内部运转的特点(图6.98)一般以水平运转为陈列,展出层数多为3～4层,随着垂直升降运输工具的发展,也出现了多层与高层的博览建筑,还要设置建筑层外的电梯、自动扶梯、自动步道等设施。

(a)　　　　　　　　　(b)　　　　　　　　　(c)

图 6.98 博览建筑内部造型

(3) 博览建筑的体型、色彩、装修,应力求简洁、明快、大方,以烘托千姿百态的陈列展出,体现博览建筑的格调(图6.99)。

(a)　　　　　　　　　　　　　(b)

图 6.99 博览建筑造型及色彩

(4) 博览建筑(图6.100)充分利用科学技术发展的成就，以加强建筑的表现，这在科技博物馆、大型博览会中十分重要。

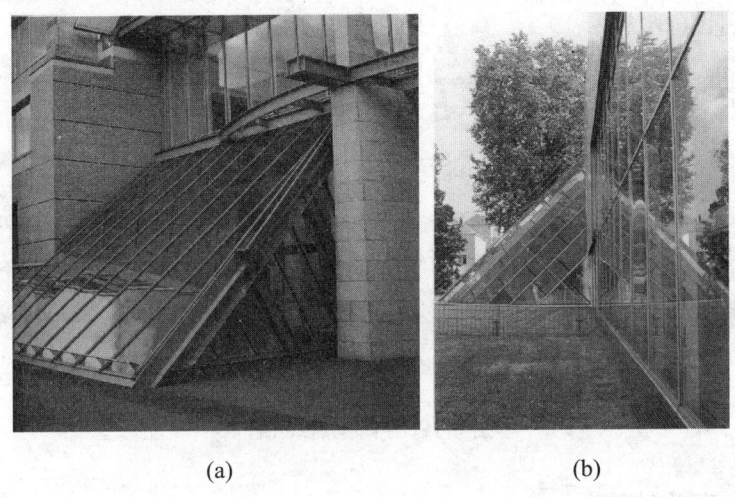

图 6.100　博览建筑 (1)

(5) 博览建筑模式一般认为应具有传统造型是一种误解，其产生的原因是我国过去多利用庙宇、古宅等加以扩充改建而成，必然残留有古典建筑的痕迹，西方博览建筑早期亦多利用教堂、皇宫加以扩充、扩大整修而成，亦含有古典色彩(图6.101)。

图 6.101　博览建筑 (2)

(6) 大型博览建筑在建筑造型上还包含一定的深层哲理，深化了博览建筑自身的价值，如上海博物馆(新馆)，如图6.102所示。

图 6.102　博览建筑 (3)

(7) 陈列室因规模小，多位于公园或风景区，应充分发挥环境中的山、水、绿化条件，小巧玲珑变化多姿，并利用必要的建筑小品加以充实、补充，使求知寓于游憩之中，给人以美的享受(图6.103)。

图 6.103　博览建筑 (4)

6.8.4　博览建筑总体布局

1. 博览建筑总体布置原则
2. 博览建筑总体布局
3. 博览建筑的广场，入口、门厅
4. 博览建筑的庭院绿化

博览建筑及其细部装饰如图6.104～图6.106所示。

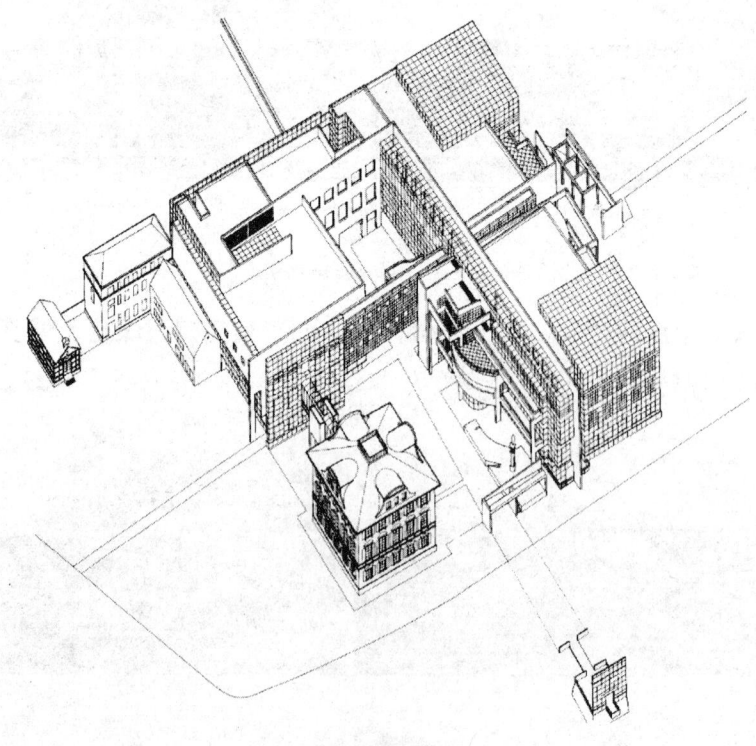

图 6.104　博览建筑 (5)

公装空间装饰设计

图 6.105　博览建筑 (6)

(a)

(b)

图 6.106　博览建筑细部装饰

(c)

(d)

图 6.106　博览建筑细部装饰（续）

6.8.5　博览建筑平面组织

1．平面组合基本原则
2．平面组合流线分析
3．平面组合形式
4．博览建筑平面组合设计要求

6.8.6　博览建筑陈列室设计

1．陈列室设计

由于展品特点、陈列方式、展品陈列与参观人流的关系、室内环境条件等的不同，对于陈列室的要求也各有不同，同时由于博览建筑性质与任务不同，陈列室的人流路线、陈列特点与室内环境气氛上都有很大的差异，设计时应予以区别对待(图6.107)。

图 6.107　博览建筑陈列室 (1)

美术馆的陈列室主要的陈列品是图片、绘画、美术作品等,因而要求陈列的墙面要大,室内环境与采光照明等要求较高(图6.108)。

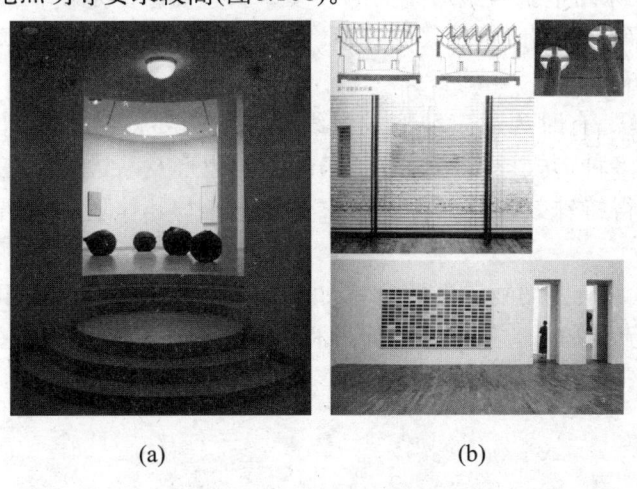

图 6.108　博览建筑陈列室 (2)

博物馆的陈列室由于陈列品的不同，需要的家具和设备不同，家具和设备的变化以及不同的陈列方式和人流，流线的组织，各陈列室之间的相应关系等不同(图6.109)。

图 6.109　博览建筑陈列室 (3)

(1) 陈列室面积。根据展品的特点，其大小有很大差别。通常陈列密度(展品的件数/陈列面积m^2)，大件为0.5件，小件为1.5件，一般陈列密度为1。

(2) 陈列室平面与立面形式。陈列室平面与立面形式，取决于展品的性质与特点，并能满足自然采光与照明。

① 方形平面。方形平面各边距等长，靠角的部位采用自然采光，则光线较弱，且角部两侧墙面陈列展品，参观时易造成阻滞现象，由于参观者在陈列室中间可以浏览陈列室的全貌，如果人流由一方进入，容易损失另一方的陈列面积，故有的陈列室采取由角端进入陈列室的设计手法，以扩大陈列墙面。

② 矩形平面。陈列室采用矩形平面的较多，其主要原因是便于平面组织，参观人流线的安排，陈列墙面的利用以自然采光处理，对于结构的布置也较为灵活。故大多数的博览建筑的陈列室为矩形平面。

③ 角形陈列室。有时为适应地形或组织变化的需要，会将陈列室的平面作各种变形。角形的平面有多种形式，常见的有三角形、六边形及八边形。三角形系利用角部布置一些景箱，以取得特殊效果，如美国国家美术馆，与其伴随的会出现梯形、棱形不同的平面(图6.110)。

④ 圆形陈列室。有些博物馆的陈列室如天象馆、气象馆等多采用圆形平面，这种平面形式有利于参观流线和创造独特的建筑艺术效果(图6.111)。

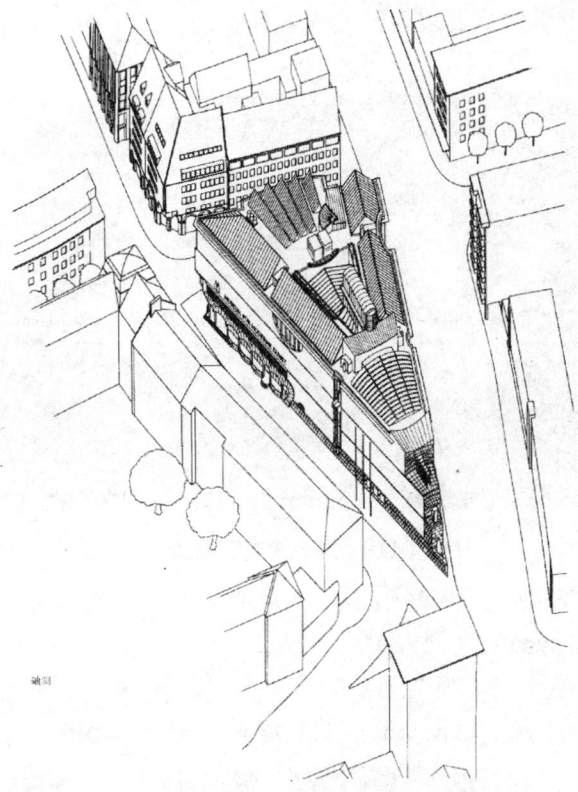

图 6.110　博览建筑 (7)

图 6.111　博览建筑陈列室 (4)

⑤自由式平面。由于建筑的表现，出现各种自由式的平面，如小型的陈列室和美术馆（图6.112）。

图 6.112　博览建筑陈列室 (5)

(3) 陈列室展品陈列方式与人流组织。为了求得不同的陈列展出效果，结合展品不同的性质与特点，应采取恰当的陈列方式。

① 大型雕刻、立雕陈列。观众观察的范围一般是既能远观，也能近看，其要求的空间大，可以较为自由地布置，以便从不同的角度来欣赏展品(图6.113)。

图 6.113　博览建筑陈列室 (6)

② 生态环境陈列(图6.114)。为反映物象当时的环境条件、事件的性质及动植物或古民族的生长条件与习性时，需要采用生态环境陈列，这时就需要有特定的空间加以组织，参观的人流一般大一些，有时还会出现聚集现象，需要在生态陈列前有一定的活动空间。

图 6.114　博览建筑陈列室 (7)

③ 历史性的陈列布置。为了使观众有一目了然的印象，其前后的陈列布置具有连贯性，无论是采用橱柜、陈列版面或陈列台，都应按线形陈列，其中人流组织也具有连贯性，二者应很好地结合，统一研究，不能彼此割裂。

④ 陈列室内的人流。陈列室内的人流是整个平面布置的一个组成部分，前后衔接要自然通畅，便于观众秩序性地参观，个别陈列展出要留有一定的周转和活动面积，在人流转弯处或陈列室的角部边缘，最好少布置或不布置展品(图6.115)。

图 6.115　博览建筑陈列室 (8)

(4) 陈列室内视条件(图6.116)。

① 陈列室内视条件关系到陈列空间尺度和观众观赏展品的效果。

② 陈列室内要进行必要的视觉分析，以确定陈列室的恰当空间长度与宽度，同时也相应地照顾到空间的比例关系。

③ 展品尺度与性质不同，其要求的视觉条件也各异，大幅的壁画要满足远观效果，精细的展品要创造近观细看的条件。

图 6.116　博览建筑陈列室 (9)

(5) 陈列室的空间环境。

① 陈列室室内环境应以适当的背景烘托展品，以加强陈列效果，应力求达到简洁明快，使展品目标醒目。

② 陈列橱柜等都应做到规律性与次序感，以与整个展览内容相协调，便于集中观众的注意力。

(6) 陈列室展品的防护。陈列室内的展品应考虑防火、防潮、防尘、防晒、防盗及其他必要的防护措施(图6.117)。

(7) 陈列室内为观众提供必要的参观条件。观众在参观过程中有时要进行研究、抄录、休息、问询、洽谈等活动，因而有些陈列室应提供相应的条件。如历史室要设小桌供抄写使用(图6.118)。

(a)

(b)

图 6.117　博览建筑陈列室 (10)

(a)　　　　　　　　　　　(b)

图 6.118　博览建筑陈列室 (11)

2．陈列方式与陈列室设计

(1) 展品特点与陈列室设计。各类展品的不同陈列对陈列室都有不同的具体要求，从我国博览建筑来看，主要展品可分为绘画、工艺品、雕塑、革命事迹及历史文物、生产技术资料、自然标本、机械、车辆、模型、遗址保存及生态陈列架。各种陈列展出的空间都有不同的要求。

① 大体积展品的陈列。电器机械、运输机械等因为尺度大，陈列室除满足展品陈列展出的空间尺度外，还要考虑展品的运输条件等，可使室内陈列与室外展出的场地相配合，以满足大型展品的要求。

② 小型、精细的展品陈列。小型精细的展品，为便于展品保管和集中观众的注意力，陈列空间都偏小，有时为加强展品的展出效果，将若干小型展品布置在垂直的陈列橱柜中或平面的陈列台上，并用深色的背景予以衬托，以求突出。

③ 文化遗址。文化遗址是在遗址的保护基础上对人们进行开放，陈列室根据遗址保护的范围，结合参观路线进行合理的组织。陈列室的形式与尺度，则按文化遗址的特点而定。如西安坡村博物馆等(图6.119)。

图 6.119　博览建筑陈列室 (12)

④ 特种展品的陈列。有些特种展品根据展品的大小和尺度及参观的要求，应单独修建陈列室(图6.120)。

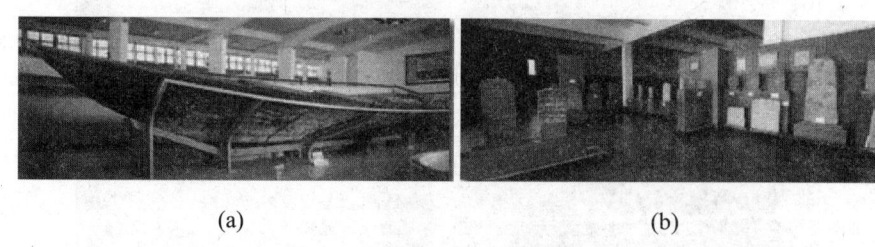

(a)　　　　　　　　　　　　　　　　(b)

图 6.120　博览建筑陈列室 (13)

(2) 展品陈列方式。按展品特点，选择恰当的陈列方式，是陈列室的核心。陈列方式不同，对人流组织、空间尺度起着决定性的作用。

目前博览建筑采用的陈列方式主要有版面陈列、立体陈列、橱柜陈列、景象陈列、生态陈列等。书法、绘画、摄影等除采用单线版面陈列外，其他多采用综合性的陈列方式，在一个馆或一个陈列室内可采用不同的陈列方式。

陈列方式主要应按观众对展品的观察的方式而定。

① 版面陈列。版面陈列在美术馆、历史博物馆内用的较多，陈列室内有足够的陈列墙面，以便布置展品，为增加陈列室内的陈列墙面，一是在室内增加隔墙、临时性的隔板来扩大陈列墙面；二是采用高窗或顶窗采光(图6.121)。

图 6.121　博览建筑陈列室 (14)

② 立体陈列。凡是展品需整体展出时，不但要有大的空间，而且要求充足的光照条件(图6.122)。

图 6.122　博览建筑陈列室 (15)

③ 橱柜陈列。对于书籍文物、工艺美术、标本等多采用一定尺度的橱柜进行陈列展出，一方面便于展品的组织与保护，另一方面也可以利用橱柜内的局部照明，以加强展品的表现效果(图6.123)。

图 6.123　博览建筑陈列室 (16)

④ 景象陈列。景象陈列是自然博物馆、历史博物馆、水族馆以及其他需要的展出对象，利用主体空间环境表现其栩栩如生的生动面貌，使观众能生动地观察展出的对象，是当前最为常用的方式，同时是将展出对象位于一个立体的景象之中，通过环境的衬托与灯光的照射，以强化展出对象，故又称为景箱陈列。

⑤ 生态陈列。生态陈列在博览建筑中是较为复杂的一种陈列方式。它不但要解决陈列展出的效果和人流路线的组织，更重要的是应满足展出对象的生态环境或展出对象生活条件的再现。一般在陈列室中占有特殊的地段，需加以特殊处理，是陈列中较为醒目的对象。

生态陈列根据对象不同有3种方式。

ａ．反映动植物的生态环境。如水族馆、鱼类、两栖类、淡水生物或水的供应方式不同就有很大差别。

ｂ．历史上人类社会生活的生态陈列要布置原有的生活环境，方能正确地表达历史的真实性。

ｃ．为适应鱼类的生活条件，陈列室可与鱼池结合。

3．展品陈列与观众组织

陈列布置采用的方法与陈列室的进深有关，陈列室的进深不同要采用不同的陈列方式，一般分为单线、双线和复线3种。

(1) 单线陈列。陈列室深度在6m左右时，由于人们观察展品需要一定的视距和交通面积，只能单线顺序地进行参观。如在陈列室内设置隔板，则陈列室的深度应相应地加大。这种方式适合于贯通式的平面组合。

(2) 双线陈列。当陈列室进深在9m以上时，应采用双线陈列，视陈列展品的不同，布置时各有侧重；进深在9m左右时，陈列布置宜集中在一侧，另一侧作版面陈列或人流回流道路；陈列室在12m左右时，陈列室两侧都可进行陈列布置；如陈列室进深在15m左右时，陈列室两侧都可设置隔板。

(3) 复线陈列。陈列室进深为18m左右时，陈列布置可采用3线或4线的陈列布置，有时也可采用观众自由选择参观对象的陈列布置方式，根据展品具体情况进行合理的组织，由于大厅进深大，一般都采用复线陈列组织。

4. 陈列室入口与人流线路

陈列室入口的多少和所在方位直接影响陈列室人流的流向,根据其特点,人流线路有以下几种。

(1) 回流线路。陈列室的出入口在同一位置,人流线路成回流线路,这种情况下,出入口最好设在陈列室一端或中部,如设在一侧时,出入口应设在两个角部,以免产生人流聚集现象。

(2) 顺层线路。陈列室出入口分别在陈列室两翼,人流路线呈单向顺序组织,具有清晰的连续性。展出设施采用版面陈列与橱柜陈列,历史博物馆常采用这种方法。

(3) 自由路线。如陈列室进深较大或大厅中采用立体陈列或采单元陈列方式,则人流线路不是单一的明晰线路,人流流向会产生多向的"渗流"现象,也可称为渗流线路,整个陈列室只有总的进口和出口,反映总的前进趋向,在前进过程中,观众可以自由地选择参观对象。

(4) 随意线路。在博览会中室内外陈列相结合的陈列以及商品陈列等,是以陈列内容的特点来吸引观众的,如出入口设置较多人流线路会产生不定向的"紊流"现象。陈列室在这种情况下大多设置开敞式陈列室,室内外空间结合,出入口不加限定,可以随意通过,有回旋的余地。

本 章 小 结

了解公共空间装饰设计的要点,熟悉并掌握商业、办公、餐饮及展示等空间的装饰设计。

【案例分析6-1:保险公司办公空间实例分析】

一、办公场所一般概念

人性空间。

生态空间。

作为人文载体的空间。

作为机构形象表现者的空间。

二、室内环境分析

空间形态。

中庭设计概念:中庭是整个建筑的亮点,是龙之睛。

建筑中的中庭由于引入了阳光,将周边环绕的空间聚合在一起,形成一个内部庭园,以供大家休闲交流、集会展示等使用。

原建筑设计中,对于中庭是这样设计的:中央200 m^2的部分是中庭,提供咖啡休息的功能,周边是大小不等的会议室。对整个大楼来说没有吸引人来到中庭的功能,楼内的办公人员不会有特别的需要非要到这个会议层来,外来的访客更不知道这个会议层对外开放,前来开会的人也几乎无暇在这个咖啡休闲区中一览中庭的高大壮观(图6.124)。

(a)   (b)

图 6.124　原建筑中厅设计

　　会议功能不能为中庭带来生命？要想让中庭真正活起来，必须围绕中庭设置适当的功能，既然是办公大楼中的一个舒缓放松空间，休闲功能自是首选，单单是一个咖啡区还不能充分控制全局，需要配合以辅助休闲功能，给人提供多种不同的选择，从忙碌的上班族到匆匆访客的驻足停留，乃至为办公需要提供商业的服务，提供杂志书刊的阅览，为会客洽谈提供非正式的场所，这些功能正是为这个中庭设计的一种生活的模式。

　　中庭(图6.125)是建筑中的亮点，功能上调整之后，怎样进一步让它亮起来是成败的关键。

　　我们希望在有限的空间中弥补建筑的不足，充分展现我们所希望的生活状态。原建筑空间是个狭小而高耸的共享空间，阳光不能直射空间底部，中央空间虽处于建筑的核心部分，却缺乏成为核心的空间效果。

　　缺乏阳光，我们就强行制造阳光，在适当楼层设置舞台灯光，模拟太阳高度角，以平行直射光照射中庭底部，把中庭内的咖啡区抬离地面大约750cm，形成一个小舞台，四周以黑色铁艺搭构屋形结构，其意象来自中式木构建筑，屋架的顶部以白色布幔悬垂作为软屋顶，屋架四周以同样的白色布幔垂帘抽象墙体的概念。

三、总裁办公室的设计概念

　　全部办公空间划分了4个部分，通过一个小小的门厅的转折，首先进入日常办公区，用较大的空间，少量而精致的家具，体现使用者的地位，必需的各种办公设施和家具完全符合现代办公的需要(图6.126)。主人座椅背后通常的大面积书橱经过仔细分析被小巧的书柜和大面积的背景墙所取代，并且以两个摆放个性装饰品的地台突显主人的高尚品位。

图 6.125　中厅   图 6.126　办公区走廊

大量的书籍资料被放置在背景墙后面的书房里,书房与办公区没有门的界限,空间流动而不显露,办公区那宽大夸张的办公台与书房里文雅宁静的中式写字台清楚地表明了两个空间的性格差异。办公区所显示的庄重豪华转化为书房里的儒雅内敛。

与办公区(图6.127)相连的另一端是半开敞的会谈区,一道中式隔断连接起两个空间。卧室位于尽端,安静私密,不会被外人打扰。至此,作为家的概念的私人办公室就为4种生活模式提供了最好的诠释。设计与生活的关系再一次得到正确的实践。

图6.127　办公区

【案例分析6-2：某商务大厦实例分析】

工程名称：××××大厦

工程地点：××××××

设计时间\竣工时间：2009.9/2010.5

总装修面积：约1 500m^2

一、工程概述

该商务大厦位于××市繁华商业地段,大厦总高130m,共34层,建筑面积5.2万m^2。建筑外墙采用铝塑板及玻璃幕墙；裙楼采用白色铝塑板及干挂石材装修。

该商务大厦系全兴大厦二期工程,一期主楼已建成三星级全兴大厦酒店。一、二期裙楼贯穿,1~7楼全部为太平洋百货商场。商务大厦大堂位于裙楼北端,南接太平洋百货,北连正府街假日大厦,东面为城市主干道人民中路(单行道由北向南),西面为西府南街。商务大厦大堂共两层,建筑面积约为1500m^2,旨在为34层商务大厦塔楼服务。

该商务大厦塔楼主要功能定位为高档写字楼,其中30~34层为全兴集团办公楼层,8楼为写字楼会所,其他楼层为各种类型高档写字间租售。商务大厦大堂作为全兴集团的窗口及功能枢纽。

二、设计说明

该商务大厦大堂(图6.128)设计中首先从平面功能出发,调整入口的位置,沿45°方向,这样避免进入后迎面柱子的感受。在入口处的3根方柱采用黑金砂石材,形成一定的区域感,并起到视觉提示作用。对于大堂内部的柱子处理则选用方柱包圆外接抓点式钢化玻璃的作法,尽量地弱化柱子本身的体量感,同时玻璃柱的作法新颖而现代。二层栏板及楼梯扶手选用抓点式玻璃做法和柱子呼应且显得轻盈通透。地面、墙面用芝麻白主材,局部用线状毛面处理，将整个大堂控制在一个干净明亮的格调当中。在堂吧及休息区的位置出现木作墙面，跳跃的色彩活跃了空间氛围。形式优美的椭圆形雨棚强化了入口的轴线，同时和二层顶面的椭圆形环形灯带形成了奇妙的视觉中心，是空间设计的点睛之笔。

图6.128　大堂

【实践性教学：公装空间设计】

题目：中国银行某市分行行长办公室设计。

具体要求：

绘制平面布置图(图6.129)。

绘制透视表现草图。

工程概况：层高4 500mm，墙厚240mm。

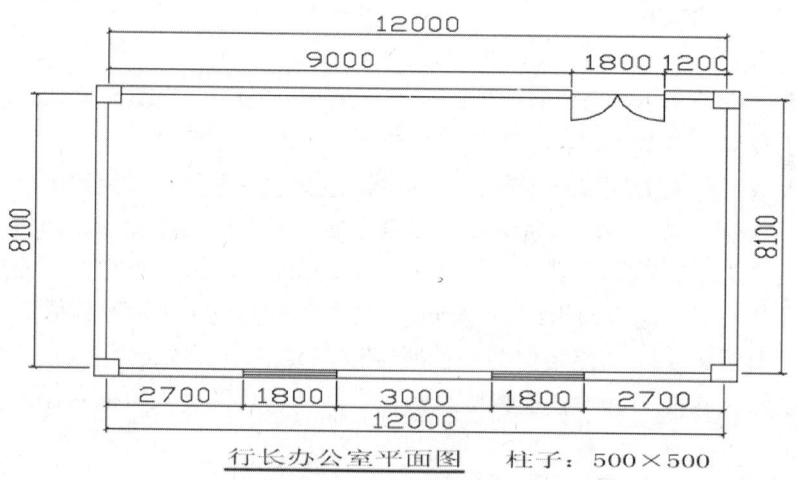

图6.129　办公室平面图

第7章
室内装饰设计的创造性思维

学习目标

　　了解室内装饰设计的创造性思维方式；熟悉环境心理学与装饰设计的关系，熟知照明设计要点及设计色彩的运用。

学习要求

能力目标	知识要点	相关知识	权重
理解能力	室内装饰设计的创造性思维方式		40%
掌握能力	环境心理学与装饰设计的关系		30%
应用能力	照明设计要点及设计色彩的运用		30%

【引例】

高文安是香港第一位由建筑师转行做室内设计师的。在近30年的室内设计生涯里，高文安设计了超过1 000个室内设计项目，被誉为"香港室内设计之父"高文安设计精华如图7.1所示。

高文安的设计，首先强调的是服务意识，他说作为一名出色的室内设计师，先决条件并不是对审美要有独到的眼光，而是对客人的起居饮食和个性先要有浓厚的兴趣，并在极短的时间内了解客人的喜好、品位和生活习惯，体会他们真实的需求。

他认为，设计师应顺应业主的需要，客人住的那个空间是他的世界，设计一定程度上是满足客人的要求，这个项目不一定很艺术，很有特点，但项目一定是从服务中诠释出来的，让客人花钱买回自己想要的东西，而不是设计师想要的东西，勉强别人接受设计一定是不行的，设计要符合使用者的情绪。

设计过程是通过设计师的人生经验了解客人的要求，他们对人生的希望，以设计帮他们达到理想。外面流行什么设计并不重要，重要的是了解你服务的这个人的要求，了解他的追求，在所设计的空间里弥补客户考虑的不周之处，在实际中帮他们找到某种平衡。

图7.1 "香港室内设计之父"高文安设计精华

所谓美的标准，并非设计师本人对审美的看法，而是客人眼中对美的看法。高文安认为任何的设计，如果客人有不满的地方，都只能归咎于设计师没有彻底了解客人的需要。顾客永远是对的，尤其是要完成的室内装修工程并非是设计师享用的，顾客才是真正的主人，并且要长时间生活在该环境中，设计师自然要做到让主人认为实用、美观、舒适为止。

7.1 创造性思维的形式

室内设计是一门综合性学科，它涉及建筑学、城市规划、结构工程、美学、环境物理、心理学等众多学科，设计师的工作就是设计环境空间。

设计过程是理性思考的过程，是对立统一规律的现实运用过程，同中国道家阴阳相生、均衡，强调感觉的满意程度，美学中美的原理——对比、统一、协调、夸张、虚实、对称、渐变等是所有的设计艺术创作和创新的准则，如图7.2所示。

创造性思维在室内设计方面来说虽然涉及面广，从灯光的使用到室内家具和饰品的选择；从功能到美感的思考，内容繁多。设计思维创新最根本的是观念的更新。

设计的灵魂就是创新，而不是重复，设计人员最基本的素质也是创新。设计行业如同IT行业，是朝阳产业，只有不断学习，在"对立统一"的哲学理念中接受最新观念和时尚元素，才可能有好的创意，如图7.3所示。

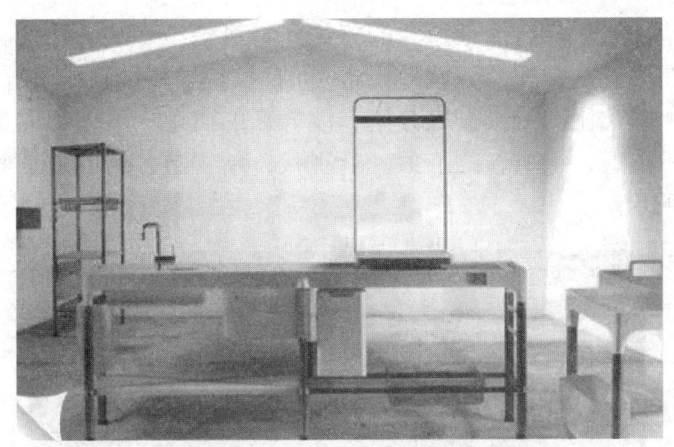

图 7.2　设计艺术创作和创新的标准

图 7.3　创新意识下的设计

同样,做一个设计方案,年轻的设计师因为没有经验的框架,没有固有的风格,往往出奇制胜(这也体现了哲学中的道理,意识的反作用有积极的,但也有消极的,关键看如何把握)。而比较成熟的设计师,却往往因为观念的更新缓慢或为经验所累,不少想法先被自己否定而导致失败的案例很多。

设计创新的过程应该是这样的程序:设计核心+理性感性化和感性理性化过程。在主题、风格定位后是一个放的过程——理性感性化过程,展开想法、思路、具体特点、运用平时的积累,厚基础,宽路径。感性化的思考产生灵感和创意(但灵感和创意来自丰富的实践经验的积累),是一个优秀设计师的必备阶段。感性理性化是一个收的过程,集中整理,提纯,应用专业造型手段归纳成正果。

7.1.1　逆向思维设计创新

这是设计思维中最重要的常用方法,也可称为"异想天开",最能体现创意的鲜活程度。要求必须彻底改变对事物固有模式的看法,对设计创意和材料的使用,本着"不择手段,一切皆为我用,效果第一"的原则。根据设计的主题,在满足使用功能的前提下,最大限度地满足精神需求，选择最适宜的方法和材料，没有装饰材料和非装饰材料，对与不对之分，存在的就是合理的。此外，也可借用图案打散构成的设计原理，确定一个主题后，将固有和模式化的元素彻底分解，注入新的概念、认识和理念，引入新的价值观、观审美观进行重组，组成新的形象。后现代、新古典，新中式是其中比较有代表性的设计，如图7.4所示。

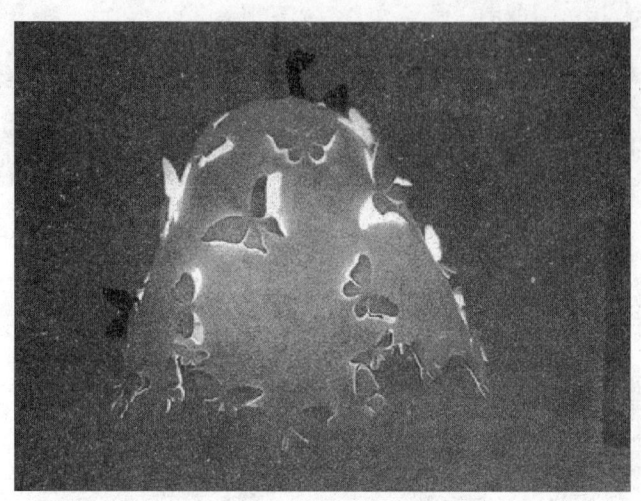

图7.4　新中式

7.1.2　结构性设计创新

科学性和艺术性的结合，新材料、新技术的应用带来设计革命的创新。从建筑和室内发展史看，具有创新精神新风格的兴起，总是与生产力发展相适应。社会发展，价值观、审美观变化，室内设计也必须运用当代科技成果，使物质因素与精神因素与之相适应。现在广泛流行的透明玻璃地面、玻璃楼梯、点式玻璃幕墙、各种金属装饰面材，都极大地丰富了设计语言表现力。

7.1.3　联想性设计创新

确定一个主题后并对其展开放射性思维扩张，延伸与主题相关的一切思想和形态的图形，不加任何的否定，前提依然是厚基础、宽路径——知识修养积累。这样做出的设计才会有内涵、有说服力。

联想性设计其实就是事物是普遍联系观点的运用，联想性设计的细化分支也可称为主题性高度统一的设计，使最具代表性的设计符号——主题在一项设计中反复出现，并作为贯穿设计始终的脉络，体现出一种高度理性的秩序美，强调一种全方位的视觉扩张。联想性设计如图7.5所示。

图7.5　联想性设计

7.1.4 挑战性的设计创新

　　设计师应该是全面的，应该做一个"杂家"而不要给自己画圈。设计创新的根本是观念的更新与认识的飞跃(实践是认识的基础)，过硬的专业基础和广泛的艺术修养都是观念更新的基础。室内设计师不是只会画效果图，在社会分工越来越细的室内设计行业，效果图只是整个室内设计作业程序中的一部分，不能用电脑代替人脑的创意。没有文化的企业不会长久，没有个性的人容易被人忘却，没有个性和风格的设计也只是平庸的设计。创新(要用发展的观点看问题)是每个设计人员永远的主题和研究对象。创新设计如图7.6所示。

图 7.6　创新设计

7.2　环境心理学与室内装饰设计

　　在阐述环境心理学之前，先简要了解"环境"和"心理学"的概念。环境即为"周围的境况"，相对于人而言，环境可以说是围绕着人们，并对人们的行为产生一定影响的外界事物。环境本身具有一定的秩序、模式和结构，可以认为环境是一系列有关的多种元素和人的关系的综合。人们既可以使外界事物产生变化，而这些变化了的事物，又会反过来对行为主体的人产生影响。例如人们设计创造了简洁、明亮、高雅、有序的办公室内环境，相应地环境也能使在这一氛围中工作的人们有良好的心理感受，能诱导人们更为文明、更为有效地进行工作。心理学则是"研究认识、情感、意志等心理过程和能力、性格等心理特征"的学科。

　　关于环境心理学与室内设计的关系，《环境心理学》一书中译文前言中的话很能说明一些问题，"不少建筑师很自信，以为建筑将决定人的行为"，但他们"往往忽视人工环境会给人们带来什么样的损害，也很少考虑到什么样的环境适合于人类的生存与活动"。以往的心理学"其注意力仅仅放在解释人类的行为上，对于环境与人类的关系未加重视。环境心理学则是以心理学的方法对环境进行探讨"，即是在人与环境之间是"以人为本",从人的心理特征来考虑研究问题,从而使我们对人与环境的关系、对怎样创造室内人工环境,都应具有新的、更为深刻的认识。

7.2.1 环境心理学的含义

环境心理学是研究环境与人的行为之间相互关系的学科,它着重从心理学和行为的角度探讨人与环境的最优化,即怎样的环境是最符合人们心愿的。

环境心理学是一门新兴的综合性学科,环境心理学与多门学科,如医学、心理学、环境保护学、社会学、人体工程学、人类学、生态学以及城市规划学、建筑学、室内环境学等学科关系密切。

环境心理学非常重视生活于人工环境中人们的心理倾向,把选择环境与创建环境相结合,着重研究下列问题:环境和行为的关系;怎样进行环境的认知;环境和空间的利用;怎样感知和评价环境;在已有环境中人的行为和感觉。

对室内设计来说,上述各项问题的基本点即是如何组织空间,设计好界面、色彩和光照,处理好室内环境,使之符合人们的心愿。

7.2.2 室内环境中人的心理与行为

人在室内环境中,其心理与行为尽管有个体之间的差异,但从总体上分析仍然具有共性,仍然具有以相同或类似的方式作出反应的特点,这也正是我们进行设计的基础。

下面列举几项室内环境中人们的心理与行为方面的情况。

1. 领域性与人际距离

领域性原是动物在环境中为取得食物、繁衍生息等的一种适应生存的行为方式。人与动物毕竟在语言表达、理性思考、意志决策与社会性等方面有本质的区别,但人在室内环境中的生活、生产活动,也总是力求其活动不被外界干扰或妨碍。不同的活动有其必需的生理和心理范围与领域,人们不希望轻易地被外来的人与物所打破。

室内环境中个人空间常需与人际交流、接触时所需的距离通盘考虑。人际接触实际上根据不同的接触对象和在不同的场合,在距离上各有差异。赫尔以动物的环境和行为的研究经验为基础,提出了人际距离的概念,根据人际关系的密切程度、行为特征确定人际距离,即分为密切距离、人体距离、社会距离、公众距离。

每类距离中根据不同的行为性质再分为接近相与远方相。例如在密切距离中,亲密、对对方有可嗅觉和辐射热感觉为接近相;可与对方接触、握手为远方相。当然对于不同民族、宗教信仰、性别、职业和文化程度等因素,人际距离也会有所不同。

2. 私密性与尽端趋向

如果说领域性主要在于空间范围,则私密性更涉及在相应空间范围内包括视线、声音等方面的隔绝要求。私密性在居住类室内空间中要求更为突出。

日常生活中人们还会非常明显地观察到,集体宿舍里先进入宿舍的人,如果允许自己挑选床位,他们总愿意挑选在房间尽端的床铺,可能是由于生活、就寝时相对地较少受干扰。同样情况也见于就餐人对餐厅中餐桌座位的挑选,相对地人们最不愿意选择近门处及人流频繁通过处的座位，餐厅中靠墙卡座的设置，由于在室内空间中形成更多的"尽端"，也就更符合散客就餐时"尽端趋向"的心理要求。

3．依托的安全感

生活活动在室内空间的人们，从心理感受来说并不是越开阔、越宽广越好，人们通常在大型室内空间中更愿意有可"依托"的物体。

在火车站和地铁车站的候车厅或站台上，人们并不较多地停留在最容易上车的地方，而是愿意待在柱子边，人群相对散落地汇集在厅内、站台上的柱子附近，适当地与人流通道保持距离。在柱边的人们感到有了"依托"，更具安全感。

4．从众与趋光心理

从一些公共场所内发生的非常事故中观察到，紧急情况时人们往往会盲目跟从人群中领头几个急速跑动的人的去向，不管其去向是否是安全疏散口。当火警或烟雾开始弥漫时，人们无心注视标志及文字的内容，甚至对此缺乏信赖，往往是更为直觉地跟着领头的几个人跑动，以致成为整个人群的流向。上述情况即属于从众心理。同时，人们在室内空间中流动时，具有从暗处往较明亮处流动的趋向，紧急情况时语言引导会优于文字的引导。

上述心理和行为现象提示设计者在创造公共场所室内环境时，首先应注意空间与照明等的导向，标志与文字的引导固然也很重要，但从紧急情况时的心理与行为来看，对空间、照明、音响等需予以高度重视。

5．空间形状的心理感受

由各个界面围合而成的室内空间，其形状特征常会使活动于其中的人们产生不同的心理感受。著名建筑师贝聿铭先生曾对他的作品——具有三角形斜向空间的华盛顿艺术馆新馆有很好的论述，他认为三角形、多灭点的斜向空间常给人以动态和富有变化的心理感受。

7.2.3 环境心理学在室内设计中的应用

运用环境心理学的原理，在室内设计中的应用面极广，暂且列举下述几点。

1．室内环境设计应符合人们的行为模式和心理特征

例如现代大型商场的室内设计，顾客的购物行为已从单一的购物，发展为购物——游览——休闲——信息——服务等行为。购物要求尽可能接近商品，亲手挑选比较，由此自选及开架布局的商场结合茶座、游乐、托儿等应运而生。

2．认知环境和心理行为模式对组织室内空间的提示

从环境中接受初始刺激的是感觉器官，评价环境或做出相应行为反应的判断是大脑，因此，"可以说对环境的认知是由感觉器官和大脑一起进行工作的"。认知环境结合上述心理行为模式的种种表现，设计者能够比通常单纯从使用功能、人体尺度等起始的设计依据，有了组织空间、确定其尺度范围和形状、选择其光照和色调等更为深刻的提示。

3. 室内环境设计应考虑使用者的个性与环境的相互关系

环境心理学从总体上既肯定人们对外界环境的认知有相同或类似的反应，同时也十分重视作为使用者的人的个性对环境设计提出的要求，充分理解使用者的行为、个性，在塑造环境时予以充分尊重，但也可以适当地动用环境对人的行为的"引导"，对个性的影响，甚至一定程度意义上的"制约"，在设计中辩证地掌握合理的分寸。

7.3 室内采光与照明

7.3.1 室内采光照明的基本概念与要求

就人的视觉来说，没有光也就没有一切。在室内设计中，光不仅是为满足人们视觉功能的需要，而且是一个重要的美学因素。光可以形成空间、改变空间或者破坏空间，它直接影响到人对物体大小、形状、质地和色彩的感知。近几年来的研究证明，光还影响细胞的再生长、激素的产生、腺体的分泌以及如体温、身体的活动和食物的消耗等生理节奏。因此，室内照明是室内设计的重要组成部分之一，在设计之初就应该加以考虑。

1. 光的特征与视觉效应

光像人们已知的电磁能一样，是一种能的特殊形式，是具有波状运动的电磁辐射的巨大的连续统一体中很狭小的一部分。这种射线按其波长是可以度量的，它规定的度量单位是纳米。人们谈到光，经常以波长做参考，辐射波在它们所含的总的能量上，也是各不相同，辐射波的能量与其振幅有关。波的振幅是它的峰或谷，以其平均点来度量，像海里的波升到最高峰，并有最深谷，深波比浅波具有更大的能量。

2. 照度、光色、亮度

1) 照度

人眼对不同波长的电磁波在不同的辐射量时有不同的明暗感觉，人眼的这个视觉特性称为视觉度，并以光通量作为基准单位来衡量。

光通量的单位为流明，光源的发光效率的单位为流明/瓦特。

光源在某一方向单位立体角内所发出的光通量叫做光源在该方向的发光强度，单位为坎德拉。被光照的某一面上其单位面积内所接收的光通量称为照度，其单位为勒克斯。

2) 光色

光色主要取决于光源的色温，并影响室内的气氛。色温低，感觉温暖；色温高，感觉凉爽。一般色温<3 300K为暖色，3 300K<色温<5 300K为中间色，色温>5 300K为冷色。光源的色温应与照度相适应，即随着照度增加，色温也应相应提高。否则，在低温、高照度下，会使人感到酷热；而在高色温，低照度下，会使人感到阴森的气氛。

设计师应联系光、目的物和空间彼此的关系去判断其相互影响。光的强度能影响人对色彩的感觉，如红色的帘幕在强光下更鲜明，而弱光将使蓝色和绿色更突出。设计师应有意识地去利用不同色光的灯具创造出所希望的照明效果。如点光源的白炽灯与中间色的高亮度荧光灯相配合。

人工光源的光色一般以显色指数表示，Ra最大值为100，80以上显色性优良；79～50显色性一般；50以下显色性差。

白炽灯 Ra=97；卤钨灯 Ra=95～99；白色荧光灯 Ra=55～85；日光色灯Ra=75～94；高压汞灯Ra=20～30；高压钠灯 Ra=20～25；氙灯 Ra=90～94。

3) 亮度

亮度作为一种主观的评价和感觉，和照度的概念不同，它是表示由被照面的单位面积所反射出来的光通量，也称为发光亮，因此与被照面的反射率有关。例如在同样的照度下，白纸看起来比黑纸要亮。有许多因素影响亮度的评价，诸如照度、表面特性、视觉、背景、注视的持续时间，甚至包括人眼的特性。

4) 材料的光学性质

光遇到物体后，某些光线被反射，称为反射光。光也能被物体吸收，转化为热能，使物体温度上升，并把热量辐射至室内外，被吸收的光就看不见。还有一些光可以透过物体，称为透射光。这3部分光的光通量总和等于入射光通量。

设入射光通量为F，反射光通量为F_1，透射光通量为F_2。

反射率$\rho=\dfrac{F_1}{F}$

透射率$r=\dfrac{F_2}{F}$

吸收率$\alpha=\dfrac{(F-F_1-F_2)}{F}$

即$\rho+r+\alpha=1$

当光射到光滑表面的不透明材料上，如镜面和金属镜面，则产生定向反射，其入射角等于反射角，并处于同一平面；如果射到不透明的粗糙表面时，则产生漫射光。材料的透明度导致透射光离开物质以不同的方式透射，当材料两表面平行，透射光线方向和入射光线方向不变；两表面不平行，则因折射角不同，透过的光线就不平行；非定向光被称为漫射光，是由一个相对粗糙的表面产生非定向的反射，或由内部的反射和折射，以及由内部相对大的粒子引起的。

7.3.2 照明的控制

1. 眩光的控制

眩光与光源的亮度、人的视觉有关。由强光直射人眼而引起的直射眩光应采取遮阳的办法；对人工光源，避免的办法是降低光源的亮度、移动光源位置和隐蔽光源。当光源处于眩光区之外，即在视平线45°之外，眩光就不严重，遮光灯罩可以隐蔽光源，避免眩光。遮挡角与保护角之和为90°，遮挡角的标准各国规定不一，一般为60°～70°，这样保护角为30°～20°。因反射光引起的反射眩光，决定于光源位置和工作面或注视面的相互位置，避免的办法是将其相互位置调整到反射光在人的视觉工作区域之外。

2. 亮度比的控制

控制整个室内合理亮度比例和照度分配，与灯具布置方式有关。

1) 一般灯具布置方式

(1) 整体照明：其特点是常采用匀称的镶嵌于天棚上的固定照明，这种形式为照明提供了一个良好的水平面和在工作面上照度均匀一致，在光线经过的空间没有障碍，任何地方光线充足，便于任意布置家具，并适合于空调和照明相结合。但是耗电量大，在能源紧张的条件下是不经济的，否则就要将整个照度降低。

(2) 局部照明：为了节约能源，在工作需要的地方才设置光源，并且还可以提供开关和灯光减弱装备，使照明水平能适应不同变化的需要。但在暗的房间仅有单独的光源进行工作，容易引起紧张和损害眼睛。

(3) 整体与局部混合照明，为了改善上述照明的缺点，将90%～95%的光用于工作照明，将5%～10%的光用于环境照明。

(4) 成角照明：是采用特别设计的反射罩，使光线射向主要方向的一种办法。这种照明是由于墙表面的照明和对表现装饰材料质感的需要而发展起来的。

2) 照明地带分区

(1) 天棚地带：常用做一般照明或工作照明，由于天棚所处位置的特殊性，对照明的艺术作用有重要的地位。

(2) 周围地带：处于经常性的视野范围内，照明应特别需要避免眩光，并希望简化。周围地带的亮度应大于天棚地带，否则将造成视觉的混乱，而妨碍对空间的理解和对方向的识别，并妨碍对有吸引力的趣味中心的识别。

(3) 使用地带：使用地带的工作照明是需要的，通常各国颁布有不同工作场所要求的最低照度标准。

上述3种地带的照明应保持微妙的平衡，一般认为使用地带的照明与天棚和周围地带照明之比为2∶1、3∶1或更少一些，视觉的变化才趋向于最小。

7.4 室内采光部位与照明方式

7.4.1 采光部位与光源类型

1. 采光部位

利用自然采光，不仅可以节约能源，并且在视觉上更为习惯和舒适，在心理上也能和自然接近、协调，可以看到室外景色，更能满足精神上的要求，如果按照精确的采光标准，日光完全可以在全年提供足够的室内照明。室内采光效果主要取决于采光部位和采光口的面积大小和布置形式，一般分为侧光、高侧光和顶光3种形式。侧光可以选择良好的朝向、室外景观，使用维护比较方便，但当房间的进深增加时，采光效率很快降低。因此，常加高窗的高度或采用双向采光或转角采光来弥补这一缺点。

第7章 室内装饰设计的创造性思维

顶光的照度分布均匀，影响室内照度的因素较少，但当上部有障碍物时，照度就急剧下降。此外，在管理、维修方面较为困难。

室内采光还受到室外周围环境和室内界面装饰处理的影响，如室外临近的建筑物，既可阻挡日光的射入，又可从墙面反射一部分日光进入室内。此外，窗面对室内来说，可视为一个面光源，它通过室内界面的反射，增加了室内的照度。由此可见，进入室内的日光因素由直接天光、外部反射光、室内反射光3部分组成。

此外，窗子的方位也影响室内的采光，当面向太阳时，室内所接收的光线要比其他方向的要多。窗子采用的玻璃材料的透射系数不同，则室内的采光效果也不同。

自然采光一般采取遮阳措施，以避免阳光直射室内所产生的眩光和过热的不适感觉。温州湖滨饭店休息采用垂直百叶。昆明金龙饭店中庭天窗采用白色和浅黄色帷幔，使室内产生漫射光，光线柔和平静。但阳光对活跃室内气氛、创造空间立体感以及光影的对比效果，起着重要的作用。

2．光源类型

光源类型可以分为自然光源和人工光源。我们在白天才能感到的自然光，即昼光。昼光由直射地面的阳光和天空光组成。自然光源主要是日光，日光的光源是太阳，太阳连续发出的辐射能量相当于约6 000K色温的黑色辐射体，但太阳的能量到达地球表面，经过了化学元素、水分、尘埃微粒的吸收和扩散。被大气层扩散后的太阳能能产生蓝天，或称为天光，这个蓝天才是作为有效的日光光源，它和大气层外的直接的阳光是不同的。当太阳高度角较低时，由于太阳光在大气中通过的路程长，太阳光谱分布中的短波成分相对减少更为显著，放在朝、暮时，天空呈红色。

当大气中的水蒸气和尘雾多，混浊度大时，天空亮度高而呈白色。

人工光源主要有白炽灯、荧光灯、高压放电灯。

家庭和一般公共建筑所用的主要人工光源是白炽灯和荧光灯，放电灯由于其管理费用较少，近年也有所增加。每一光源都有其优点和缺点，但和早先的火光和烛光相比，显然是一个很大的进步。

(1) 白炽灯。自从爱迪生时代起，白炽灯基本上保留同样的构造，即由两金属支架间的一根灯丝在气体或真空中发热而发光。在白炽灯光源中发生的变化是增加玻璃罩、漫射罩以及反射板、透镜和滤光镜等去进一步控制光。

白炽灯可用不同的装潢和外罩制成，一些采用晶亮光滑的玻璃，另一些采用喷砂或酸蚀消光，或用硅石粉末涂在灯泡内壁，使光更柔和。色彩涂层也运用于卤钨灯，体积小、寿命长。卤钨灯的光线中都含有紫外线和红外线，因此受到它长期照射的物体都会褪色或变质。最近日本开发了一种可把红外线阻隔、将紫外线吸收的单端定向卤钨灯，这种灯有一个分光镜，在可见光的前方将红外线反射阻隔，使物品不受热伤害而变质。

白炽灯的优点如下。

① 光源小、便宜。

② 具有种类极多的灯罩形式，并配有轻便灯架、顶棚和墙上的安装用具和隐蔽装置。

③ 通用性大，彩色品种多。

④ 具有定向、散射、漫射等多种形式。

⑤ 能用于加强物体立体感。
⑥ 白炽灯的色光最接近于太阳光色。

白炽灯的缺点如下。

① 其暖色和带黄色光，有时不一定受欢迎。
② 对所需电的总量说来，发出的较低的光通量产生的热为80%，光仅为20%。
③ 寿命相对地较短。

最近，美国推出一种新型节电冷光灯，在灯泡玻璃壳面镀有一层银膜，银膜上面又是镀一两层氧化钛膜，这两层膜结合在一起，可把红外线反射回去加热钨丝，而只让可见光透过，因而大大节能。使用这种100W的节电冷光灯，只耗用相当于40W普通灯的电能。

(2) 荧光灯。这是一种低压放电灯，灯管内是荧光粉涂层，它能把紫外线转变为可见光，并有冷白色、暖白色、Deluxe冷白色、Delux暖白色和增强光等。颜色变化是由管内荧光粉涂层方式控制的。Deluxe暖白色最接近于白炽灯，Deluxe管放射更多的红色，荧光灯产生均匀的散射光，发光效率为白炽灯的1 000倍，其寿命为白炽灯的10～15倍，因此荧光灯不仅节约电，而且可节省更换费用。

日本最近推出贴有告知更换时间膜的环形荧光灯。荧光灯寿命和使用起动频率有直接的关系，从长远的观点看，立刻起动管花费最多，快速起动管在电能使用上似乎最经济。在Deluxe灯和常规灯中，日光灯都是最通用的，Deluxe灯在色彩感觉上有优越性，但约损失1/3的光。因此，从长远观点看是不经济的。

(3) 氖管灯(霓虹灯)。霓虹灯多用于商业标志和艺术照明，近年来也用于其他一些建筑。形成霓虹灯的色彩变化是由管内的荧粉层和充满管内的各种混合气体，并非所有的管都是氖蒸汽，氩和汞都可用。霓虹灯和所有放电灯一样，必须有镇流器才能控制电压。霓虹灯是相当费电的，但很耐用。

(4) 高压放电灯。高压放电灯至今一直用于工业和街道照明。小型的在形状上和白炽灯相似，有时稍大一点，内部充满汞蒸汽、高压钠或各种蒸汽的混合气体，它们能用化学混合物或在管内涂荧光粉涂层，校正色彩到一定程度。高压水银灯冷时趋于蓝色，高压钠灯带黄色，多蒸汽混合灯冷时带绿色。高压灯都要求有一个镇流器，这样最经济，因为它们产生很大的光量和发生很小的热，并且比日光灯寿命长50%，有些可达2 400h。

不同类型的光源，具有不同色光和显色性能，对室内的气氛和物体的色彩产生不同的效果和影响，应按不同需要选择。

7.4.2 照明方式

对裸的光源不加处理，既不能充分发挥光源的效能，也不能满足室内照明环境的需要，有时还能引起眩光的危害。直射光、反射光、漫射光和透射光在室内照明中具有不同的用处。在一个房间内如果有过多的明亮点，不但互相干扰，而且造成能源的浪费；如果漫射光过多，也会由于缺乏对比而造成室内气氛平淡，甚至因其不能加强物体的空间体量而影响人对空间的错误判断。

因此，利用不同材料的光学特性，利用材料的透明、不透明、半透明以及不同表面质地制成各种各样的照明设备和照明装置，重新分配照度和亮度，根据不同的需要来改变光的发射方向和性能，是室内照明应该研究的主要问题。例如利用光亮的镀银的反射罩作为定向照明，或用于雕塑、绘画等的聚光灯；利用经过酸蚀刻或喷砂处理成的毛玻璃或塑料灯罩，使形成漫射光来增加室内柔和的光线；等等。

照明方式按灯具的散光方式分为间接照明和半间接照明

1. 间接照明

由于将光源遮蔽而产生间接照明，把90%~100%的光射向顶棚、穹窿或其他表面，从这些表面再反射至室内。当间接照明紧靠顶棚时，几乎可以造成无阴影，是最理想的整体照明。从顶棚和墙上端反射下来的间接光，会造成天棚升高的错觉，但单独使用间接光，则会使室内平淡无趣。

上射照明是间接照明的另一种形式，筒形的上射灯可以用于多种场合，如在房角地上、沙发的两端、沙发底部和植物背后等处。上射照明还能对准一个雕塑或植物，在墙上或天棚上形成有趣的影子。

2. 半间接照明

半间接照明将60%~90%的光向天棚或墙上部照射，把天棚作为主要的反射光源，而将10%~40%的光直接照于工作面。从天棚来的反射光，趋向于软化阴影和改善亮度比，由于光线直接向下，照明装置的亮度和天棚亮度接近相等。具有漫射的半间接照明灯具，对阅读和学习更可取。

3. 直接间接照明

直接间接照明装置对地面和天棚提供近于相同的照度，即均为40%~60%，而周围光线只有很少一点，这样就必然在直接眩光区的亮度是低的。这是一种同时具有内部和外部反射灯泡的装置，如某些台灯和落地灯能产生直接间接光和漫射光。

4. 漫射照明

这样照明装置，对所有方向的照明几乎都一样，为了控制眩光，漫射装置圈要大，灯的瓦数要低。

上述4种照明为了避免天棚过亮，下吊的照明装置的上沿至少低于天棚30.5~46cm。

5. 半直接照明

在半直接照明灯具装置中，有60%~90%光向下直射到工作面上，而其余10%~40%光则向上照射，由下射照明软化阴影的光的百分比很少。

6. 宽光束的直接照明

具有强烈的明暗对比，并可造成有趣生动的阴影，由于其光线直射于目的物，如不用反射灯，要产生强的眩光。鹅颈灯和导轨式照明属于这一类。

7. 高集光束的下射直接照明

因高度集中的光束而形成光焦点，可用于突出光的效果和强调重点的作用，它可提供在墙上或其他垂直面上充足的照度，但应防止过高的亮度比。

7.5 室内照明作用与艺术效果

当夜幕徐徐降临的时候，就是万家灯火的世界，也是多数人繁忙工作之后希望得到休息娱乐以消除疲劳的时刻，无论何处都离不开人工照明，也都需要用人工照明的艺术魅力来充实和丰富生活的内容。无论是公共场所或是家庭，光的作用影响到每一个人，室内照明设计就是利用光的一切特性，去创造所需要的光的环境，通过照明充分发挥其艺术作用，并表现在以下4个方面。

7.5.1 不同的光色影响室内气氛而变化

室内的气氛也由于不同的光色而变化。许多餐厅、咖啡馆和娱乐场所，常常用加重暖如粉红色、浅紫色，使整个空间具有温暖、欢乐、活跃的气氛，暖色光使人的皮肤、面容显得更健康、美丽动人。由于光色的加强，光的相对亮度相应减弱，使空间感觉亲切。家庭的卧室也常常因采用暖色光而显得更加温暖和睦。但是冷色光也有许多用处，特别在夏季，青、绿色的光就使人感觉凉爽。应根据不同气候、环境和建筑的性格要求来确定。强烈的多彩照明，如霓虹灯、各色聚光灯，可以把室内的气氛活跃生动起来，增加繁华热闹的节日气氛，现代家庭也常用一些红绿的装饰灯来点缀起居室、餐厅，以增加欢乐的气氛。不同色彩的透明或半透明材料，在增加室内光色上可以发挥很大的作用，在国外某些餐厅，既无整体照明，也无桌上吊灯，只用柔弱的星星点点的烛光照明来渲染气氛。

由于色彩随着光源的变化而不同，许多色调在白天阳光照耀下显得光彩夺目，但日暮以后，如果没有适当的照明，就可能变得暗淡无光。因此，德国巴斯鲁大学心理学教授马克思·露西雅谈到利用照明时说："与其利用色彩来创造气氛，不如利用不同程度的照明，效果会更理想。"

7.5.2 加强空间感和立体感

空间的不同效果可以通过光的作用充分表现出来。实验证明，室内空间的开敞性与光的亮度成正比，亮的房间感觉要大一点，暗的房间感觉要小一点，充满房间的无形的漫射光，也使空间有无限的感觉，而直接光能加强物体的阴影，光影相对比，能加强空间的立体感。

可以利用光的作用来加强希望注意的地方，如趣味中心，也可以用光来削弱不希望被注意的次要地方，从而进一步使空间得到完善和净化。许多商店为了突出新产品，在那里用亮度较高的重点照明，而相应地削弱次要的部位，获得良好的照明艺术效果。照明也可以使空间变得实和虚，许多台阶照明及家具的底部照明，使物体和地面"脱离"，形成悬浮的效果，而使空间显得空透、轻盈。

7.5.3 光影艺术与装饰照明

光和影本身就是一种特殊性质的艺术，当阳光透过树梢、地面洒下一片光斑，疏疏密密随风变幻，这种艺术魅力是难以用语言表达的。又如月光下的粉墙竹影和风雨中摇曳着的吊灯的影子，却又是一番滋味。自然界的光影由太阳、月光来安排，而室内的光影艺术就要靠设计师来创造。光的形式可以从尖利的小针点到漫无边际的无定形式，我们应该利用各种照明装置，在恰当的部位，以生动的光影效果来丰富室内的空间，既可以表现光为主，也可以表现影为主，也可以光影同时表现。

7.5.4 照明的布置艺术和灯具造型艺术

光既可以是无形的，也可以是有形的，光源可隐藏，灯具却可暴露，有形、无形都是艺术。某餐厅把光源隐蔽在靠墙座位背后，并利用螺旋形灯饰，造成特殊的光影效果和气氛。

大范围的照明，如天棚、支架照明，常常以其独特的组织形式来吸引观众，如某商场以连续的带形照明使空间更显舒展。某酒吧利用环形玻璃晶体吊饰，其造型与家具布置相对应，并结合绿化，使空间富丽堂皇。某练习室照明、通风与屋面支架相结合，富有现代风格。采取"团体操"表演方式来布置灯具，是十分雄伟和惹人注意的。它的关键不在个别灯管、灯泡本身，而在于组织和布置。最简单的荧光灯管和白炽小灯泡，一经精心组织，就能显现出千军万马的气氛和壮丽的景色。天棚是表现布置照明艺术的最重要场所，因为它无所遮挡，稍一抬头就历历在目。因此，室内照明的重点常常选择在天棚上，它像一张白纸可以做出丰富多彩的艺术形式来，而且常常结合建筑式样，或结合柱子的部位来达到照明和建筑的统一和谐。

灯具造型一般以小巧、精美、雅致为主要创作方向，因为它离人较近，常用于室内的立灯、台灯。某旅馆休息室利用台灯布置，形成视觉中心。灯具造型一般可分为支架和灯罩两大部分进行统一设计。有些灯具设计重点放在支架上，也有些把重点放在灯罩上，不管哪种方式，整体造型必须协调统一。现代灯具都强调几何形体构成，在基本的球体、立方体、圆柱体、角锥体的基础上加以改造，演变成千姿百态的形式，同样运用对比、韵律等构图原则，达到新韵、独特的效果。但是在选用灯具的时候一定要和整个室内一致、统一，决不能孤立地评定优劣。

由于灯具是一种可以经常更换的消耗品和装饰品，因此它的美学观近似日常用品和服饰，具有流行性和变换性。由于它的构成简单，显得更利于创新和突破，但是市面上现有类型不多，这就要求照明设计者每年做出新的产品，不断变化和更新，才能满足群众的要求，这也是小型灯具创作的基本规律。

不同类型的建筑，其室内照明也各异。

1. 窗帘照明

将荧光灯管安置在窗帘盒背后，内漆白色以利反光，光源的一部分朝向天棚，一部分向下照在窗帘或墙上，在窗帘顶和天棚之间至少应有25.4cm空间，窗帘盒把设备和窗帘顶部隐藏起来。

2. 花檐反光

用做整体照明，檐板设在墙和天棚的交接处，至少应有15.24cm深度，荧光灯板布置在檐板之后，常采用较冷的荧光灯管，这样可以避免任何墙的变色。为使其有最好的反射光，面板应涂以无光白色，花檐反光对引人注目的壁画、图画、墙面的质地是最有效的，在低天棚的房间中，特别希望采用。因为它可以给人天棚高度较高的印象。

3. 凹槽口照明

这种槽形装置，通常靠近天棚，使光向上照射，提供全部漫射光线，有时也称为环境照明。由于亮的漫射光引起天棚表面似乎有退远的感觉，使其能创造开敞的效果和平静的气氛，光线柔和。此外，从天棚射来的反射光，可以缓和在房间内直接光源的热的集中辐射。

4. 发光墙架

由墙上伸出之悬架，它布置的位置要比窗帘照明低，并和窗无必然的联系。

5. 底面照明

任何建筑构件下部底面均可作为底面照明，某些构件下部空间为光源提供了一个遮蔽空间，这种照明方法常用于浴室、厨房、书架、镜子、壁龛和搁板。

6. 龛孔照明

将光源隐蔽在凹处，这种照明方式包括提供集中照明的嵌板固定装置，可为圆的、方的或矩形的金属盒，安装在顶棚或墙内。

7. 泛光照明

加强垂直墙面上照明的过程称为泛光照明，起到柔和质地和阴影的作用。泛光照明可以有其他的许多方式。

8. 发光面板

发光面板可以用在墙上、地面、天棚或某一个独立装饰单元上，它将光源隐蔽在半透明的板后。发光天棚是常用的一种，广泛用于厨房、浴室或其他工作地区，为人们提供一个舒适的无眩光的照明。但是发光天棚有时会使人感觉好像处于有云层的阴暗天空之下。自然界的云是令人愉快的，因为它们经常流动变化，提供视觉的兴趣。而发光天棚则是静态的，因此易造成阴暗和抑郁。在教室、会议室或类似这些地方，采用时更应小心，因为发光天棚迫使眼睛引向下方，这样就易使人处于睡眠状态。另外，均匀的照度所提供的是较差的立体感视觉条件。

9. 导轨照明

现代室内，也常用导轨照明，它包括一个凹槽或装在面上的电缆槽，灯支架就附在上面，布置在轨道内的圆辊可以很自由地转动，轨道可以连接或分段处理，做成不同的形状。这种灯能用于强调或平化质地和色彩，主要决定于灯的所在位置和角度。离墙远时，使光有较大的伸展，如欲加强墙面的光辉，应布置离墙15.24~20.32cm处，这样能创造视觉焦点和加强质感，常用于艺术照明。

10. 环境照明

照明与家具陈设相结合，最近在办公系统中应用最广泛，其光源布置与完整的家具和活动隔断结合在一起。家具的无光洁度面层具有良好的反射光质量，在满足工作照明的同

时适当增加环境照明的需要。家具照明也常用于卧室、图书馆的家具上。

7.6 色彩搭配技巧

1. 现代风格

以简洁明快为其主要特色。重视室内空间的使用效能强调室内布置应按功能区分的原则进行，家具布置与空间密切配合；主张废弃多余的、烦琐的附加装饰，使室内景观显得简洁、明快，完美地反映出"少就是多"这一设计概念。如一间现代风格的居室，利用不规则墙面形成壁面家具，同时这一墙面也起到美化居室的作用。地面、天花板均朴素、淡雅，无一多余饰物，显得简洁、舒适、大方，令人赏心悦目。

2. 复古风格

当人们对现代生活求新求变的要求在不断得到满足时，又萌生出一种向往传统、怀旧复古的情绪。在复古思潮影响下，18、19世纪盛行于欧洲的装饰风格又出现于现代建筑之中。例如曲线优美、线条流动的洛可可风格的家具被人用来作为居室陈设，再配以相同格调的壁纸、帘幔、地毯、家具等，显得恬静典雅、古色古香，宛如回到上个世纪中去。又如在室内摆置古典风格的饰品柜，陈列各种颇有欣赏价值的古代餐具、茶具等器皿，给室内增添了端庄凝重的气氛。

3. 乡土风格和自然风格

主要表现为尊重民间的传统习惯、风土人情，保持民间特色，注意运用地方建筑材料或利用当地的传说故事等作为装饰的主题。这样可使室内景观丰富多彩，妙趣横生。例如"渔家"的布置采用较暗的灯光，墙上挂着鱼叉、鱼网和船浆，天花板用的是一艘底儿朝天的小木船，置身其中，仿佛来到渔村，享受到特有的幽静和温情。

大城市生活的紧张、拥挤和环境污染，使人们产生厌倦，并向往能享受更多阳光、空气、鸟语花香的环境。这种思绪使人们崇尚自然的室内布置，例如采用不加粉刷的砖墙面，将粗犷的木纹刻意外露于室内。木、藤家具造型朴拙，甚至带着原有的树皮，形成一种自然轻松的田园韵味。有的将绿色植物、花卉、鸟雀引进室内，使人犹如置身于大自然的怀抱。

4. 东方风格

中国、印度、日本等东方国家的家具、陈设及日用品，在艺术上都具有自己独特的风格和民族气息。西方国家普遍认为东方文化的艺术魅力具有持久性，它的美不受时代潮流限制，因此不少人常常凭借东方风格的器物所特有的恬静、含蓄、稳重的气质来增添现代居室的神采韵律。东方风格的室内布置是灵活多样的，有时将室内一角布置成东方韵味的环境，有时整个房间或整幢房子都用东方风格的家具、屏风、古董、刺绣等装点。

5. 后现代风格

主张兼容并蓄，凡能满足当今居住生活所需的都加以采用。这种风格的室内设计，空间组合十分复杂，突破完整的立方体、长方体的组合，且多呈界限不清的状态。利用设置隔墙、屏风或壁炉的手法来制造空间层次感，使居室在不规则、界限含混的空间利用细柱、隔墙，形成空间层次的不尽感和深远感。后现代派的设计者们还常将墙壁处理成各种角度的波浪状，形成隐喻象征意义的居室装饰格调。

居室色彩选择搭配应以符合主人的心理感受为原则。通常有这样几个色调的搭配方法。

(1) 轻快玲珑色调。中心色为黄、橙色。地毯橙色，窗帘、床罩用黄白印花布，沙发、天花板用灰色调，加一些绿色植物衬托，气氛别致。

(2) 轻柔浪漫色调。中心色为柔和的粉红色。地毯、灯罩、窗帘用红加白色调，家具白色，房间局部点缀淡蓝、有浪漫气氛。

(3) 典雅靓丽色调。中心色为粉红色。沙发、灯罩粉红色，窗帘、靠垫用粉红印花布，地板淡茶色，墙壁奶白色，此色调适合少妇和女孩。

(4) 典雅优美色调。中心色为玫瑰色和淡紫色，地毯用浅玫瑰色，沙发用比地毯浓一些的玫瑰色，窗帘可选淡紫印花的，灯罩和灯杆用玫瑰色或紫色，放一些绿色的靠垫和盆栽植物点缀，墙和家具用灰白色，可取得雅致优美的效果。

(5) 华丽清新色调。中心色为酒红色、蓝色和金色，沙发用酒红色，地毯为暗土红色，墙面用明亮的米色，局部点缀金色，如镀金的壁灯，再加一些蓝色作为辅助，即成华丽清新格调。

本章小结

通过本章的学习，学生应了解室内装饰设计的创造性思维方式，熟悉环境心理学与装饰设计的关系，熟知照明设计要点及设计色彩的运用。

第8章 室内装饰的绿化和生态设计

> **学习目标**
>
> 通过本章的学习,学生应对建筑装饰绿化设计的含义有所认识;应熟悉室内绿化和生态设计的关系;掌握室内生态设计发展的动态。
>
> **学习要求**
>
> | 能力目标 | 知识要点 | 相关知识 | 权重 |
> | --- | --- | --- | --- |
> | 理解能力 | 建筑装饰绿化设计 | | 40% |
> | 掌握能力 | 室内绿化和生态设计的关系 | | 30% |
> | 应用能力 | 室内生态设计 | | 30% |

【引例】

对现代人活动行为的调查表明,绝大多数人一生中有三分之二以上的时间是在各种各样的室内环境中度过的,室内环境对人的重要性是不言而喻的。室内生态设计的基本思想是以人为本,在为人类创造舒适优美的生活和工作环境的同时,最大限度地减少污染,保持地球生态环境的平衡。

把生态思想引入室内设计,扩展室内设计内涵,将把室内设计推向更高的层次和境界,生态环保技术和工艺的发展,为实现室内生态设计的基本思想提供了越来越多的技术手段。

日本日建设计事务所设计的东京煤气公司港北NT大楼,在节约能源、创造舒适优美的室内环境方面也取得了很大的成功。这个大楼从界面装修到内部设施,大量使用了自然材料及再生材料。如内墙采用了再生材料制成的壁纸,入口门厅铺装利用了现场废弃的混凝土再生品,在展厅内设置了室内绿化。

将生态引入室内设计,向建筑师和室内设计师提供了一个新的发展思考点,开辟了一个新的创造领域。显然,室内生态设计包含了建筑、结构、设备、自控、工艺美术、园林绿化等许多专业的内容。它需要建筑师、室内设计师不断更新知识,熟悉和驾驭新技术。建筑装饰生态设计如图8.1所示。

图8.1 建筑装饰生态设计

8.1 室内绿化

根据维持自然生态环境的要求和专家测算,城市居民每人至少应有$10m^2$的森林或$30\sim50m^2$的绿地才能使城市达到二氧化碳和氧气的平衡,才有益于人类生存。

我国人民十分崇尚自然,热爱自然,喜欢接近自然,欣赏自然风光(图8.2),和大自然共呼吸,这是生活中不可缺少的重要组成部分。对植物、花卉的热爱,也常洋溢于诗画之中。自古以来就有踏青、修禊、登高、春游、野营、赏花等习俗,并一直延续至今。

苏东坡曾云:"宁可食无肉,不可居无竹。"杜甫诗云:"卜居必林泉,结庐锦水边",并常以花木寄托思乡之情。宋洪迈《问故居》云:"古今诗人,怀想故居,形之篇咏必以松竹梅菊为比、兴。"王摩诘诗曰:"君自故乡来,应知故乡事,来日绮窗前,寒梅着花未?"杜公《寄题草堂》云:"四松初移时,大抵三尺强。别来忽三载,离立如人长。"等。旧时把农历2月15日定为百花生日,或称为"花朝节"。

图 8.2　自然生态

8.1.1　室内绿化的作用

1．净化空气、调节气候

植物经光合作用吸收二氧化碳，释放氧气，而人是吸入氧气，呼出二氧化碳，使大气中氧和二氧化碳达到平衡。

2．组织空间、引导空间

(1) 分隔空间的作用。分隔方式大都采用地面分隔方式，有条件的可采用悬垂植物由上而下进行空间分隔，绿化作用如图8.3所示。

图 8.3　绿化作用 (1)

(2) 联系引导空间的作用。联系室内外的方法是很多的，如通过铺地由室内延伸到室外，或利用墙面、天棚或踏步的延伸，但是相比之下，利用绿化则更亲切、自然。绿化在室内的连续布置是从一个空间延伸到另一个空间，特别是在空间的转折、过渡处，更能发挥空间的整体效果。通过视线的吸引，起到了暗示和引导的作用。

(3) 突出空间的重点作用。在大门入口处、楼梯出入口处、交通中心或转折处、走道尽端等地方，也就是空间的起始点、转折点、中心点、终结点等的重要视觉中心位置，以引起人们特别注意的位置，常布置绿化设施。

除此之外，室内绿化还可以柔化空间、增添生气、美化环境、陶冶情操、抒发情怀、创造氛围(图8.4)。

图8.4 绿化作用(2)

8.1.2 室内绿化的布置方式

1. 植物的摆放应与居室环境相和谐

尺寸不同的植物,摆放位置的不同会使空间展现不同的表情,制造各异的效果(图8.5)。

图8.5 绿化布置方式(1)

大型植物不但可以营造强烈的视觉感,成为室内焦点,在家具较少的空间中创造温暖的重要角色。枝叶茂密的大株盆栽,同时也具有引导及遮蔽视线的功能(图8.6)。

第8章 室内装饰的绿化和生态设计

(a)

(b)

图 8.6　绿化布置方式 (2)

中型植物因为高度问题，不适合直接摆在地上，通常以外物增加其高度再置放为佳。例如放在家具、支架、窗架上，也可以填补畸零的空间，随处创造绿荫意境(图8.7)。

(a)

(b)

图 8.7　绿化布置方式 (3)

别致的小型植物，则宛如小型饰品惹人疼爱，可以随各人的心意摆放，亲近人们的心(图8.8)。

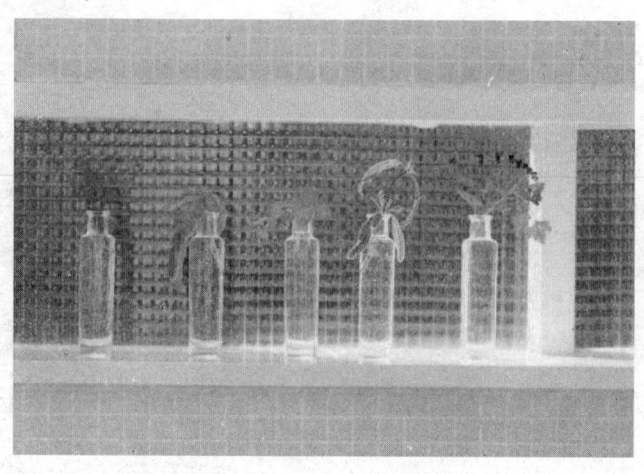

图 8.8　绿化布置方式 (4)

2. 绿化应考虑视线的位置

摆置植物装饰无非是起到视觉上的享受，为了更有效地体现绿化的价值，在布置中就应该更多地考虑无论在任何角度来看都顺眼的最佳视点上。例如餐厅的餐桌和客厅沙发是人们休息逗留时间比较长的地方，盆花摆放的位置就应该考虑到这些位置的角度(图8.9)。

而盆吊植物的高度，尤其是以视线仰望的，其位置和悬挂方向一定要讲究，以直接靠墙壁的吊架、盆架置放小型植物效果最佳。因为悬吊的植物是随风飘动的，如视线角度能恰到好处，就能别有一番情趣(图8.10)。

图 8.9　绿化布置方式 (5)

图 8.10　绿化布置方式 (6)

3. 谨慎选择植物类型就可弥补室内空间缺陷

现代居室风格趋向于简洁明快、直线构成，而绿色植物的轮廓自然，形态多变，大小、高低、疏密、曲直各不相同，与建筑居室直线方正形成了鲜明的对比，消除了壁面的生硬感和单调感，增强了空间的表现力度(图8.11)。

第8章 室内装饰的绿化和生态设计

4．挑选植物要考虑植物的气质是否与家里的风格相符

室内植物主要以盆栽和插水植物为主，在选择时，除了考虑体量的大小、植株的颜色、主人基本的喜好外，还要考虑植物的气质是否与家里的风格相符，以免格格不入，适得其反。如果能根据植物本身具有的特性搭配不同的家具，所起到的效果会更加完美(图8.12)。

图8.11　绿化布置方式(7)　　　图8.12　绿化布置方式(8)

因为每一种植物都会呈现出不同的姿态与风情，有的可爱俏皮，有的原始粗犷，有的则简单淡雅。举例来讲，棕榈可以搭配装饰艺术风格、烙铁及玻璃材质的家具；叶片细致的垂叶植物让人犹如置身于庭院之中，可与柔软的印花棉布搭配；而线条瘦长清秀的植物，如丝兰、铃兰等，则适合富含极简风味的现代空间。

5．植物应让家居感到温馨，有充满生气勃勃的祥和气氛

应该结合自己及家人的职业、情趣、爱好选择适合自己养植的植物。如平时公务繁忙的人，可以选择一些不怎么需要照顾或后期管理养护要求比较低的绿色植物，如吊兰等(图8.13)。

而平时对绿色植物的养护兴趣比较大，且有较多精力料理与拨弄绿色植物的人，可以选择一些后期管理要求比较高的绿色植物，如西洋杜鹃等。另外，性格较为文雅一点的可以选择兰花、文竹及一些盆景等摆放在室内(图8.14)。

图8.13　绿化布置方式(9)　　　图8.14　绿化布置方式(10)

随着空间位置的不同，绿化的作用和地位也随之变化，可分为以下几种。
(1) 处于重要地位的中心位置，如大厅中央。
(2) 处于较为主要的关键部位，如出入口处。
(3) 处于一般的边角地带，如墙边角。

室内绿化的布置，应从平面和垂直两方面进行考虑，使它形成立体的绿色环境（图8.15）。

图 8.15 绿化布置方式 (11)

重点装饰与边角点缀。把室内绿化作为主要陈设并成为视觉中心，以其形、色的特有魅力来吸引人们，是许多厅室常采用的一种布置方式，它可以布置在厅室的中央。

结合家具、陈设等布置绿化。

组成背景、形成对比。绿化的另一作用就是通过其独特的形、色、质，不论是绿叶或鲜花，不论是铺地或是屏障，集中布置成片的背景。

垂直绿化。垂直绿化通常采用天棚上悬吊方式。

沿窗布置绿化。靠窗布置绿化能使植物接受更多的日照，并形成室内绿色景观。可以作成花槽或低台上置小型盆栽等方式。

8.1.3 室内植物的选择

1. 了解不同植物的功能，选择居室内适宜摆放的植物

有的植物能吸收有害物质、净化空气，有的植物能杀菌，有的植物能驱虫，还有的植物具有保健功能，应根据不同居室的不同需要选择绿色植物。

(1) 能吸收有害物质，有效减轻居室中的环境污染，使室内空气清新洁净的植物有芦荟、吊兰、虎尾兰、龟背竹等。它们是天然的清道夫，可以清除空气中的有害物质，特别是在对付甲醛上颇有功效。绿萝、海芋(又名滴水观音)也是吸收甲醛的好手。

(2) 家里摆放植物应考虑"互补"功能，大部分植物是晚上释放二氧化碳、吸收氧气，而仙人掌、仙人指等植物的肉质茎上的气孔白天关闭、夜间打开，在吸收二氧化碳的同时制造出氧气，使室内空气中的负离子浓度增加。把这些具有"互补"功能的植物放于

一室，则可平衡室内氧气和二氧化碳的含量，保持室内空气清新。

虎皮兰、虎尾兰、龙舌兰等这些植物也能在夜间净化空气，而且容易养植。不需花过多时间和精力来打理它，就能生长茂盛。

(3) 具有杀菌功能的绿色植物。如玫瑰、桂花、紫罗兰、茉莉、柠檬、蔷薇、紫薇等，这些芳香花卉产生的挥发性油类具有显著的杀菌作用；柑桔、吊兰等可使室内空气中的细菌和微生物大为减少；常春藤、普通芦荟能对付从室外带回来的细菌。可见，居室摆放花草植物，可大大减少空气中的含菌量。

(4) 具有驱蚊功能的绿色植物。如茉莉花的香气可驱蚊；薰衣草本身具有杀虫效果；猪笼草是典型的食虫植物，是捕蚊高手；天竺葵具有一种特有的气味，这种气味使蚊蝇闻味而逃，驱蚊效果很好；家里摆放食虫草既捉蚊又吸尘；驱蚊香草散发的柠檬香味能达到驱蚊目的。

(5) 对人体具有保健的功能的植物。如茉莉、玫瑰、紫罗兰、薄荷，这些植物可使人放松、精神愉快、提高工作效率；水仙香能让人感到宁静、温馨；菊花、百合等花香具有解除身心疲劳等功效。紫罗兰和玫瑰花香味使人心情愉快。暖色花可给人以热烈、兴奋、温暖的感觉，能增加人食欲；冷色花则给人以舒适、清爽、恬静的感受，有镇静作用。

(6) 虽然植物可以美化房间，但有一些花草是不宜进屋的。如夜来香，晚间会散发大量强烈刺激嗅觉的微粒，对高血压和心脏病患者危害太大。松柏类花卉散发油香，容易令人感到恶心。夹竹桃花朵有毒性，花香容易使人昏睡。郁金香花朵有毒碱，过多接触毛发容易脱落。

2. 根据各个房间的功能选择布置合适的植物

由于居室内房间的功能各不相同，因此，人们必须巧用心思选择布置适合的植物。如玄关适合摆放水养植物或高茎植物，比如水养富贵竹等。

客厅是家人团聚、会客、娱乐等的地方，一般来说，客厅是家庭中最大的一个空间。要选择体量高大、扩张型生长的、最有视觉效果的绿色植物，如巴西铁、发财树、棕竹、龟背竹等。这些植物还有"耐阴"的美德，不必过多地为它们的光照问题操心，按照家居摆设的需要安放就行了。

它们宜放在沙发边、墙角、电视柜旁等处，必定会使客厅显得清凉高雅。茶几上可摆放小型的竹芋、袖珍蕨类。在客厅摆放植物时，应避免杂乱、零散的摆放，切忌整个厅内绿化布置过多，要有重点，否则会显得杂乱无章，俗不可耐。

餐厅是进餐的专用场所，也是全家人汇聚的空间，而且位置靠近厨房，浇水容易。配置一些开放着艳丽花朵的盆栽，如秋海棠和圣诞花之类，可以增添欢快的气氛，或将富于色彩变化的吊盆植物置于分隔柜上，把餐厅与其他功能区域分开。现代人很注重用餐区的清洁，因此，餐厅植物最好用无菌的培养土来种植。适宜摆设的植物有番红花、仙客来、常春藤等。餐厅里要避免摆设气味过于浓烈的植物，例如风信子。

书房是主人看书、学习的地方，要突出宁静、清新、幽雅的气氛，植物不宜多摆放。虞美人和水仙外形调皮，可盛在圆形花瓶摆在书桌旁，使人在伏案时也能精神奕奕。书架顶端可放一盆悬垂的常春藤或绿萝等。

书房还可以选择文竹、兰花、小型盆栽观赏竹等，这些植物形态优美、叶姿态飘逸舒展,格调高雅,而且都有一定的寓意。也可选用康乃馨、茉莉,既可提神健脑,更能增添书房内的幽雅气氛。

卧室是人们放松休息的场所,需烘托恬静、温馨的卧室氛围。在宽敞的卧室里,可选用站立式的大型盆栽;小一点的卧室则可选择吊挂式的盆栽,或将植物套上精美的套盆后摆放在窗台或化妆台上。卧室可以选择的植物:如茉莉花能散发香甜气味的植物,可令人在自然的芳香气息中酣然入睡。而摆放君子兰、文竹等植物能松弛神经。也适合放置一些能吸收二氧化碳等废气的花草,如盆栽柑桔、迷迭香、吊兰等,绿萝这类叶大且喜水的植物也可以养在卧室内,使空气湿度保持在最佳状态。卧室的植物、植株的培养可用水苔取代土壤,以保持室内清洁。香味过浓的植物则不宜在卧室内放置,以免引起不适,影响睡眠与休息,如夜来香等。

厨房在住宅的家庭生活中非常重要,是一日三餐的洗切、烹饪、备餐以及用餐后的洗涤餐具与整理等地方。一般居室中厨房空间相对较小,而且多采用白色或浅色装潢以及不锈钢水槽,色彩丰富的植物可以柔化硬朗的线条,为厨房注入一股生气。厨房有煤气、油烟味、温度高等不利因素,吊兰和绿萝具有较强的净化空气的功效。

卫生间是洗浴、盥洗、洗涤的场所,要注意选择喜阴、耐潮、能杀菌的植物。例如虎尾兰、常春藤、蕨类植物等。虎尾兰的叶子可以自己吸收空气中的水蒸气,是卫生间的理想选择。蕨类植物喜欢潮湿,不妨摆放在浴缸边。常春藤可以净化空气又能杀灭细菌,也是卫生间不错的选择(图8.16)。

图8.16　绿化布置方式(12)

儿童房可以摆放一些颜色艳丽一点的植物,但注意不要摆放仙人掌、仙人球等有刺、容易伤害儿童的植物。

3. 了解绿色植物的象征特性,使选择布置的植物与居住的人产生关联

在我国的传统文化中,还特别强调了绿色植物的精神象征意义,并且用它们来陶冶情操,满足人们的精神需要。

室内绿色的精神功能往往在于人对植物的联想,与这种需求心理联系在一起,植物也就有了不同的寓意。

例如竹虚心有节，象征谦虚礼让，而且竹树青葱脱俗，枝挺叶茂，更因为它是平安的象征，故世俗有"竹抱平安"之语，且竹造型还体现坚忍不拔的性格；梅花迎春怒放，象征不畏严寒，纯洁坚贞；兰花居静而芳，象征高风脱俗、友爱情深；菊花傲霜而立，象征离尘居隐、临危不屈；玫瑰花活泼纯洁，象征青春、爱情；石榴果实籽多，喻多子多福；桂花芳香高贵，象征胜利夺魁；紫罗兰象征忠实、永恒；百合花象征纯洁；等等。

富贵竹、仙人掌、棕竹、发财树、君子兰、兰花、仙客来、柑桔等植物在风水学中称为"吉利之物"，可寓意吉祥如意，聚财发福。另外，蕨类植物的羽状叶给人亲切感；铁海棠展现出刚硬多刺的茎干，使人敬而远之。人们之所以喜欢花草植物，是因为花草植物本身的美让人移情，再就是它的雅，它的不俗。

综上所述，选择室内植物时要考虑以下问题。

(1) 给室内创造怎样的气氛和印象。
(2) 在空间作用。
(3) 根据空间的大小，选择植物的尺度。
(4) 要考虑植物的养护问题。
(5) 要考虑植物的物理功能与心理效能。

8.1.4 室内庭院的设计

1. 室内庭园的意义和作用

室内庭园是室内空间的重要组成部分，是室内绿化的集中表现，是室内空间室外化的具体实现，使生活在楼宇中的人们方便地获得接近自然、接触自然的机会，可享受自然的沐浴而又不受外界气候变化的影响，这是现代文明的重要标志之一(图8.17)。

图 8.17　庭院绿化布置方式 (1)

2. 室内庭园的类型和组织

从室内绿化发展到室内庭园，使室内环境的改善达到了一个新的高度。

室内庭园类型可以从采光条件、服务范围、空间位置以及跟地面关系进行分类。

1) 采光条件分类

(1) 自然采光。

① 顶部(通过玻璃屋顶采光)。

② 侧面采光(通过玻璃或开敞面)。

③ 顶、侧双面采光。

(2) 人工照明——一般通过盆栽方式定期更换。

2) 按位置和服务分类

(1) 中心式庭园——位于建筑中心地位。

(2) 专门为某厅室服务的庭园——这种庭园的规模一般不大，常是专供某一厅室服务的，它类似我国传统民居中各种类型的小天井、小庭园，常利用建筑中的角落、死角组景(图8.18)。

图 8.18　庭院绿化布置方式 (2)

3) 根据庭园与地面的关系分类

(1) 落地式庭园——位于低层。

(2) 屋顶式庭园——位于屋顶(空中花园)。

"室雅何须大,花香不在多"。太多的植物会破坏室内环境的整体感,不仅难以起到调节心情的作用,甚至会造成视觉疲劳。绿色植物的摆放要讲科学,全面考虑,精心设计,充满美感。

8.2　室内装饰的生态设计

8.2.1　概述

生态、环境和可持续发展是21世纪面临的最迫切的课题。生态建筑已成为当前建筑学研究的热点。室内设计中的生态问题是生态建筑研究中极为重要的内容,但至今尚未引起我国建筑界和室内设计业界的足够重视。20世纪90年代以来,随着国家经济生活的发展,

第8章 室内装饰的绿化和生态设计

室内装饰设计已深入到各种类型的建筑中，室内设计所使用的材制也已涉及钢铁、有色金属、化工、纺织、木材、陶瓷、塑料、玻璃等多种行业。事实上，室内设计施工和使用中引发出的种种环境和社会问题如不及时解决、引导，将有可能发展成破坏生态和环境的"病疾"，增大环境治理的难度。从目前国内的总体状况看，所反映出的问题可以归纳为4个方面。

第一，普遍存在追求"豪华"、"新颖"、"时髦"、"气派"的倾向，在某些室内设计中过分使用不锈钢、铝板、铜条、塑料、玻璃、锦段、木材、磨光石材、大理石板等材料。不仅在大型公共建筑室内装饰中大量使用，甚至在某些所谓的豪宅中也用大理石板装修墙壁，用不锈钢包装柱子。大量耗用不可再生的珍贵装修材料，对建筑业的可持续发展是极为不利的。尽管这在室内装饰设计中是少量的事例，但这确定是值得室内业界关注的倾向。

第二，现代室内装饰中大量使用了人工合成的化学材料，其中相当一部分化学材料含有对人体有害的物质。这些物质在使用中还会长时间散发出来，不仅有刺激性气味污染室内空气，而且影响人的健康，引起一部分人的身体过敏，患上所谓的"住房症"。

第三，由于室内装饰的"时效性"，室内装饰处在不断地更新过程中，被拆除的建筑装饰材料由于不能再生循环利用而被丢弃成为建筑垃圾，成了环境的污染源。

第四，把室内设计仅仅看成是装饰材料的运用，看成是室内空间中被装饰部位的形式、比例、色彩、符号的重组、构成，忽视室内设计的技术内涵。如室内设计中自然光的运用，设计与自然通风的结合，绿色景观在室内设计中的创造，生态建筑材料在室内设计中使用，等等。现代室内设计中大量的人工照明和人工空调隔离了人和自然的联系，不只是耗费大量的能源，而且由此产生了危害人类健康的"空调病"。

现代室内设计是现代主义建筑的重要组成内容。现代室内设计广泛运用各种建筑材料、各种设计手法，在创造悦目、舒适的室内人工环境方面做出了很大贡献，在人类建筑史上是一次巨大的进步。但是这一进步是以地球资源与能源的高消耗为代价的，它反映出工业时代"战胜自然"、"人天对立"的思想。在21世纪现代室内设计充分发展的同时，它对地球生态环境的破坏也与日俱增。

据有关资料统计，在环境总体污染中，与建筑业有关的环境污染占总比例的34%。建筑能耗(包括建造与使用过程的能耗)占全球总能耗的50%，而且建筑能耗绝大部分是不可再生的能源消耗。在建筑业对环境造成的污染中，有相当的比例是因为室内装饰材料的生产、施工与更新造成的。

最近几年，我国室内装饰投资在工程总投资中所占比例越来越高，现代室内设计所带来的资源和能源的高消耗及对环境的严重破坏所引发的生态问题已不是一个简单的技术问题，它昭示了现代室内设计的不可持续性，正是在这种背景下，体现可持续发展思想的室内生态设计被提到日程上，并且将会逐渐发展成室内设计的主流，在实践中不断充实并完善。

8.2.2　生态设计与室内环境

对现代人活动行为的调查表明，绝大多数人一生中有三分之二以上的时间是在各种各样的室内环境中度过的，室内环境对人的重要性是不言而喻的。室内生态设计的基本思想是以人为本，在为人类创造舒适优美的生活和工作环境的同时，最大限度地减少污染，保持地球生态环境的平衡。室内生态设计有别于以往形形色色的各种设计思潮，这主要体现在以下3点。

（1）在商品经济中提倡适度消费，通过室内装饰而创造的人工环境是一种消费，而且是人类居住消费中的重要内容。尽管室内生态设计把"创造舒适优美的人居环境"作为目标，但与以往不同的是，室内生态设计倡导适度消费思想，倡导节约型的生活方式，不赞成室内装饰中的豪华和奢侈铺张。把生产和消费维持在资源和环境的承受能大范围之内，保证发展的持续性，这体现了一种崭新的生态文化观、价值观。

（2）注重生态美学是美学的一个新发展，在传统审美内容中增加了生态因素。生态美学是一种和谐有机的美。在室内环境创造中，它强调自然生态美，欣赏质朴、简洁而不刻意雕凿；它同时强调人类在遵循生态规律和美的法则前提下，运用科技手段加工改造自然，创造人工生态美，它欣赏人工创造出的室内绿色景观和与自然的融合，它所带给人们的不是一时的视觉震惊，而是持久的精神愉悦。因此，生态美也是一种更高层次的美。

（3）强调在室内环境的建造中倡导节约和循环利用室内生态设计。使用和更新过程中，对常规能源与不可再生资源的节约和回收利用，对可再生资源也要尽量低消耗使用。在室内生态设计中实行资源的循环利用，是现代建筑能得以持续发展的基本手段，也是室内生态设计的基本特征。

8.2.3 生态设计的目的

把室内生态设计作为一个专门的课题提出来，其目的是为了引起我国建筑界和室内设计业界的重视，促使其更好、更快地发展。室内生态设计作为生态建筑的重要内容，在国外已经得到一部分建筑师的重视。如被誉为高技派的国际建筑大师诺曼福斯特，他在设计中充分发挥了高科技提供的潜力，在实现节能、低耗、低造价的同时，创造了舒适的室内环境条件。其中最有代表性的是他设计的德国林依斯伯格商务促进中心和远程技术中心。这座建筑中的微电子中心由一组包括12幢单栋建筑的两个人工气候大棚组成。大棚采用透光的绝热材料，具有特殊的导光系统和日光反射和热量收集系统，设在室外树林中空气收集系统通过地下管道吸入新鲜空气，根据季节变化将新鲜空气冷却或加热，然后送入大棚。建筑以煤气作为主要能源，安装在屋面上的两种太阳能电池板作为辅助能源供应系统。太阳能板将水加热，然后送至吸收制冷器，冷却水通过的营网设在悬挂干顶棚上的金属传导网板中，由此将室内空气冷却。新鲜空气经由地板层上一个通道送入室内，并在沿地面不高的区域形成一个新鲜的空气湖。这幢建筑设有先进的控制系统，在保证室内环境舒适的同时又能最大限度地节约能源。尽管这幢建筑有十分舒适的室内环境，但由于它充分利用了太阳能、自然光、自然通风，所以它的能量消耗很低。特别要提出的是这幢建筑虽然采用了许多环境技术设备，而建筑造价仍保持在德国一般空调建筑工程的水平。这幢建筑用高技术、新材料实现了室内生态设计的许多基本内容。也可以说向人们展现了未来建筑的许多重要观念。意大利著名建筑师皮阿诺在设计曼尼尔博物馆时研究了阳光照射、采光调节、光线控制之后，用细致的构造技术设计了一个由300块遮阳板组成的屋面，充分利用自然光为博物馆展品照明，而且制造出一个轻巧、具有高技术特征的采光顶棚。通过光棚进入博物馆的光质量极为奇妙,这种自然光随着天空的阳光和云影的变化而产生富有韵律的效果。这个优美的室内采光天棚,既解决了自然采光,节约了能源,又十分新颖别致。日本日建设计事务所设计的东京煤气公司港北NT大楼,在节约能源、创造舒适优美的室内环境方面也取得了很大的成功。这个大楼从界面装修到内部设施大量使用了自然材料及再生材料。如内墙采用了再生材料制成的壁纸,入口门厅铺装利用了现场废弃的混凝土再生品,在展厅内设置了室内绿化。

生态引入室内设计,向建筑师和室内设计师提供了一个新的发展思考点,开辟了一个新的创造领域。室内生态设计毕竟是一个新课题,它的领域、技术体系和美学思想等都需要研究探讨。

8.2.4 未来的室内装饰设计

通过以上的分析,现在再让我们反思一下到底什么是未来的室内设计?对人们而言,设计难道仅仅是一种形式的设计,图形和色彩上的推敲?对设计的传统理解往往会导致设计朝形式化、表面化的方向发展,设计师在设计实践中,也限于方方面面的原因,往往会在室内设计的表面形式上的推敲,探讨装饰的形式、色彩、使用的材料和效果,而几乎没有时间和机会去研究隐藏在形式背后、更深层的内涵(文化上的和技术上的),以及设计与生活的关系。

然而,设计应该是艺术、科学与生活的整体性结合,是功能、形式与技术的总体性协调,通过物质条件的塑造与精神品质的追求,以创造人性化的生活环境为最高理想与最终目标。室内设计的实质目标不只是以服务于个别对象或发挥设计的功能为满足,其积极的意义在于掌握时代的特征、地域的特点和技术的可行性,在深入了解历史财富、地方资源和环境特征后,塑造出一个合乎潮流又具有高层文化品质的生态科技含量的生活环境。

这就是未来的室内设计。未来的室内设计应该是绿色设计、生态设计和可持续设计。从概念上讲,这3个词的概念是基本相同的,只是从不同的角度来描述侧重点不同而已。对于未来的室内设计来讲,似乎生态设计更为贴切。未来的室内设计就是利用科学技术,将艺术、人文、自然进行适性整合,创造出具有较高文化内涵、合乎人性的生活空间。

一般来讲,生态是指人与自然的关系,那么生态设计就应该处理好大环境(自然环境)。具体讲,小环境的创造包括提供给生活和工作在其中的人们以健康宜人的温度、湿度、清洁的空气、好的光环境和声环境以及长效多适和灵活开敞的室内空间等。对大环境的保护表现在两个方面:一是对自然界的有节制的索取,二是把对环境的负面影响减到最小。对自然资源少废多用,在能源和材料的使用上贯彻节约能源、减少使用、重复使用、循环使用、用可再生资源代替不可再生资源等原则;减少各种废弃物的排放、妥善处理有害废弃物(包括固体垃圾、污水、有害气体等)、减少光污染和声污染等。

生态设计包含两方面的内容,一是设计师必须要有环境保护意识,尽可能多地节约自然资源,少制造垃圾(广义上的垃圾);二是设计师要尽可能地创造生态环境,让人类最大限度地接近自然,满足人们回归自然的要求。

8.2.5 生态室内装饰设计的原则

通过对生态设计的分析，生态设计的设计原则可以归纳总结为这么几点：协调共生原则、能源利用最优化原则、废物生产最小化原则、循环再生原则、持续自生原则。具体体现在设计中可以归纳成以下几个方面。

1．利用外部环境中的因素

改变原来无视建筑周围环境的做法，把建筑的外部环境所起的效用放在重点考虑的地位，尽可能多地利用自然环境中的资源和要素，以及周围其他建筑和设施所能提供的技术性可能。由土壤、绿化、水及空气组成的外部环境，其他建筑组合成的现实环境为室内设计提供了多种可能性，这样可以减少建筑中设备的数量和功率，节省能源和运行的费用。作为整个生态设计的组成部分，外部环境中要素的利用将在未来的室内设计中发挥越来越大的作用，如外界气流、地热资源等的应用。

2．挖掘新材料和新技术的潜力

随着科技的发展，建筑技术不断进步，新型建筑材料层出不穷，设计师们的设计有了更广阔的天地，除了为艺术形象上的突破和创新提供了更为坚实的物质基础外，也为充分利用自然环境、节约能源、保护生态环境提供了可能。

然而，当一种新的建筑技术和建筑材料面世的时候，人们往往对它还不很熟悉，总要用它去借鉴甚至模仿常见的形式。随着人们对新技术和新材料性能的掌握，就会逐渐抛弃旧有的形式和风格，创造出与之相适应的新的形式和风格，充分挖掘出新材料和新技术的潜力。即使是同一种技术和材料，到了不同设计师的手中，也会有不同的性格和表情，以及不同的使用方式。譬如粗野主义的暴露钢筋混凝土在施工中留下痕迹，在勒·柯布西埃的手中粗犷、豪放，而到了日本建筑师安藤忠雄(Tadao Ando)的手中，则变得精巧、细腻；同样工业化风格的形象在SOM和KPF的手中分别有了不同的诠释；同样的生态建筑在诺曼·福斯特(NormanFoster)和尼古拉斯·格雷姆肖(Nicholas Grimshaw)的手中也有不同的建筑形式和不同的生态设计方式。21世纪科技的迅速发展，使室内设计的创作处于前所未有的新局面。新技术和新材料极大地丰富了室内环境的表现力和感染力，创造出新的艺术形式和生态环境，新型建筑材料和建筑技术的采用丰富了室内设计的创作，为室内设计的创造提供了多种可能性。譬如用材料吸热降温，利用构造通风和降温等是目前设计师正在尝试的技术。这样不仅可以降低建筑中设备的投资和运行费用，同时建筑空间的质量在主观和客观上都得到很大的改善。随着科技的发展，建筑技术不断进步，新型建筑材料层出不穷，设计师们的设计有了更广阔的天地，艺术形象上的突破和创新，生态化的设计就有了更为坚实的物质基础。

3．应用自然光

在建筑使用自然光有着漫长的历史。勒·柯布西埃(Le Corbusier)的郎香教学、路易斯·康(Louis Kahn)的金贝尔美术馆、埃罗·沙里宁(Ero Saarinen)的美国麻省理工学院的克瑞斯小教堂、菲利普·约翰逊(Philip Johnson)的水晶教堂、安藤忠雄(Tadao Ando)的光的教堂、诺曼·福斯特(Norman Foster)的柏林国会大厦等，均充分利用了自然阳光的特性，塑造出

室内装饰的绿化和生态设计

一种神圣、脱俗的室内空间氛围，在建筑用光方面取得了卓越的成就。理查德·罗杰斯(Richard Rogers)说："建筑是捕捉光的容器，就如同乐器如何捕捉音乐一样，光需要可以使其展示的建筑。"计算机技术的发展和新技术的进步，对建筑照明和太阳能的开发利用提供了多种可能。自然光线的引入除了可以创造空间氛围外，还可以满足室内的照明，这样就可以减少人工照明。依靠自然光可以节约能源，而且能够增强室内空间的自然感。"有机建筑"的思想就是强调建筑内部的自然观，强高接近自然，发挥自然因素的作用。

4．充分利用太阳能等可再生资源

太阳能、风能等都是取之不尽、用之不竭的能源，有着其他能源无法媲美的优点——可再生，无污染。因此太阳和风对未来的室内设计必然会产生很大的影响，尤其是建筑的外观和通风系统的设计。这使人们对建筑外立面和建筑的自然通风有了新的理解：视觉的联系、引进日光照明、自然通风、保温隔热、遮阳、充分预防眩光、合理运用太阳能、合理运用风能。

5．注重自然通风

空调制冷技术的诞生是建筑技术史上的一项重大进步，它标志着人类从被动地适应自然气候发展到主动地控制建筑微气候。但空调技术也有其负面的影响，对空调的过分依赖和不加限制地滥用，是造成当今环境和能源问题的重要原因。建筑大师弗兰克·劳埃德·赖特(Frank Lloyd Wright)就不提倡使用空调，指出空调技术的弊端。空调所产生的恒温环境使得人体的抵抗力下降，引发各种"空调病"。而且空调技术在解决了建筑恒温问题的同时，又带来了诸如污染等其他的问题。因此，自然通风是当今生态设计普遍采用的一项比较成熟和廉价的技术措施。采用自然通风的根本目的就是取代(或部分取代)传统空调制冷系统。自然通风可以在不消耗能源的情况下达到对室内温度的调节。这有利于减少能源消耗、降低污染。

6．用自然要素改善环境的小气候

人是自然生态系统的有机组成部分，自然的要素与人有一种内在的和谐感。人不仅仅具有进行个人、家庭、社会活动的社会属性，更具有亲近阳光、空气、水、绿化等自然要素的自然属性。自然环境是人类自下而上环境中必不可少的组成部分，因此，室内设计中自然要素的引用成为顺理成章的事情。

在办公空间的设计中，"景观办公室"成为时下流行的办公室的设计风格。它一改过去办公室的枯燥、毫无生气的氛围，逐渐被充满人情味和人文关怀的环境所代替，根据交通流线、工作流程、工作关系等自由地布置办公家具，室内空间充满绿化。办公室改变了传统的拘谨、家具布置僵硬、音调僵化的状态，营造出更加融洽轻松、友好互助的氛围，更像在家中一样轻松自如。"景观办公室"不但改善了局部的小气候，而且不再有旧时的压抑感和紧张气氛，而令人愉悦舒心，这无疑减少了工作中的疲劳，大大地提高了工作效率，促进了人际沟通和信息交流，激发了积极乐观的工作态度，使办公室洋溢着一股活力，减轻了现代人的工作压力。

7. 主动技术干预

在被动方法无法满足需要的时候，便需要主动技术干预起辅助作用。如利用能量转化的原理，使用太阳能收集器和光电转化器来利用地热资源；提高原生能源的利用率；减少废物的产生量等。再如采用自然通风系统的生态建筑，当利用自然风压无法实现自然通风的时候，可以采用热压、热压与风压相结合、机械辅助等手段实现建筑的自然通风。

8.2.6 生态设计技术措施

室内生态设计是一个正在研究探索中的新课题。把生态思想引入室内设计，扩展室内设计内涵，将把室内设计推向更高的层次和境界，这也必然会推动建筑业对地球资源的使用从消费型向可循环使用型的转化。生态环保技术和工艺的发展，为实现室内生态设计的基本思想提供了越来越多的技术手段。从目前的实践看，在室内生态设计中可选用的基本技术措施有以下几方面。

1. 采用生态环保型装修材料

生态环保型装修材料正在逐步实现清洁生产和产品生态化，在生产和使用过程中对人体及周围环境都不产生危害，从室内更新出的旧材料又比较容易自然降解及转换，并且可以作为再生资源加以利用，生产新产品。这是所有建筑材料的发展方向。目前已研制出的无毒涂料、再生壁纸等都程度不同地实现了上述目标。由于现在大多数产品都还达不到这种要求，因此装修材料首先要考虑选择无毒气散发、无刺激性、无放射性、低二氧化碳排放的材料。

2. 室内设计与诱导式建筑构造技术结合

通过诱导式建筑构造技术设计可以有效地利用自然通风、自然采光，提高室内的舒适度，满足室内的采光通风要求。把诱导式建筑构造技术的外在形式作为"部件"、"元素"融入室内装修设计。通过科技手段，遵循美的法则，进行人工生态美的创造。这不仅为室内设计增加了新内容，而且也获得了良好的生态效果。

3. 采用全面的现代绿化技术

由于植物能够吸收二氧化碳，清除甲醛、苯和空气中的细菌，形成健康的室内环境，具有生态美学方面的作用。因此扩大绿化，把绿化、庭园引进室内环境是室内生态设计的重要内容。目前发展起来的腐植土生成技术、防水处理技术、无土栽培技术等都为室内绿化提供了技术上的支持。室内绿化是多层次的。室内绿化庭园从技术上讲可以设在建筑的任何层数，也可以设在阳台、层顶上。室内多层次的绿化一方面补充了地面绿化的不足，另一方面，室内绿化往往与建筑自然通风。自然采光的处理结合，成为室内设计的重要环节，大大改善了室内空间与自然的隔离状况。

4. 节约常规能源技术

节约常规能源是室内生态设计中不容忽视的重要方向。现代科技研制出的吸热玻璃、热反射玻璃、调光玻璃、保温墙体等新材料具有许多优越的性能，如能与室内设计结合，可以达到保温和采光的双重效果而大大节省了能源。此外，节能型灯具、节水型部件在室内装修中的充分运用，都能起到节约常规能源的效果。

5. 与洁净能源技术结合

使用洁净能源既满足使用能源的可持续性，又不会对环境产生危害，最符合生态型的室内环境要求。目前，最有广泛使用前景的是太阳能利用技术。它主要是通过特定的构造和材料来利用太阳能，应用范围相当广泛。经过精心的设计处理后的太阳能设施，可以自然融入建筑物中。目前最有发展前景的阳光温室技术、太阳能热水技术，都会使室内空间呈现出一定的特点，对室内装修设计也都提出了一些新的要求。这需要在室内生态设计中认真研究解决。

6. 与现代高技术的结合

以计算机技术、自动控制技术、电子技术、材料技术等为代表的现代高科技在室内设计中的应用，将对采光、通风、温度、湿度等室内环境产生巨大的影响，有可能使室内环境设计出现一次新飞跃。

本章小结

通过本章的学习，学生应对建筑装饰绿化设计的含义有所认识，应熟悉室内绿化和生态设计的关系，掌握室内生态设计发展动态。

第9章

室外装饰设计

学习目标

了解室外装饰设计的发展;学会处理室外装饰与环境的关系;掌握室外立面、局部及店面装饰设计。

学习要求

能力目标	知识要点	相关知识	权重
理解能力	室外装饰设计的发展	1.中国古建筑装饰 2.西方古建筑装饰	30%
掌握能力	室外装饰与环境的关系		30%
应用能力	室外立面、局部及店面装饰设计		40%

【引例】

帕特农神庙(图9.1)特别讲究视觉矫正的加工，使本来是直线的部分略呈曲线或内倾，因而看起来更有弹力，更觉生动。这种视觉矫正以前在多利亚柱式中就已经注意到了，比如柱身的卷杀就是如此。在帕特农神庙中，这种矫正发挥到了无微不至的地步。据研究，这类矫正多达10处之多。比如此庙四边基石的直线就略做矫正，中央比两端略高，看起来反而更接近直线，避免了纯粹直线所带来的生硬和呆板。相应地，檐部也做了细微调整。在柱子的排列上，也并非全都垂直并列，东西两面各8根柱子中，只有中央两根真正垂直于地面，其余都向中央略微倾斜；边角的柱子与邻近的柱子之间的距离比中央两柱子之间的距离要小，柱身也更加粗壮(底径为1.944米，而不是其他柱子的1.905米)。

图 9.1　帕特农神庙

在装饰方面，本来前厅外围的柱子都是多利亚式的，但檐壁却不用三陇板与间板，而是用一条爱奥尼亚式的装饰带，以浮雕表现雅典人民庆祝大雅典娜节的盛况。这条浮雕带从门廊延伸到南北两面墙上，绕行一周，连为一体。总长160米，人物超过500个。它第一次在神庙主要浮雕上直接表现雅典公民群众和现实社会活动，其构思之大胆也是空前的，反映了雅典民主政治在希波战争后的进一步发展。

帕特农神庙在古典建筑艺术中之所以成为典范，不仅仅在于它的建筑，更重要的是其雕刻。雅典娜巨像现已丝毫不存，据古人的描述，它实为木胎，黄金象牙只起镶嵌作用，大概肌肤用象牙，衣冠武器则贴以黄金。此类贵重的雕像通常是小型的，雅典把它做成12米高的庞然大物，无非是为了显示雅典财富的充盈。

9.1　概述

室外装饰设计的主要目的是创造一个优美的室外空间环境。室外空间环境包括建筑本身及建筑的外部空间。

室外装饰设计就是针对这些构成室外空间环境的因素进行工作的，大到建筑物所处的环境，小到建筑物的材质肌理变化。

室外装饰设计主要是进行建筑的外部空间和建筑体量的总体构图设计，包括墙面、门窗、室外入口、台阶、雨篷、檐口和其他装饰构件以及室外园林、廊道、绿化、小品的布置与设计。

9.1.1　环境性

环境是指独立于人们以外的客观条件。它包括自然环境(如阳光、空气、山水、土石、花草等)和人为环境(如城市、村庄、建筑等)。

设计则是处理人的生理、心理与环境之间关系问题，室外装饰设计实质上就是对室外环境的美化处理,是运用艺术和技术的手段,依据人们的生活特质,创造出符合人们生活、生产需求,符合人们生理特别是心理要求的室外环境。

9.1.2 艺术性

"建筑"是技术与艺术完美结合的产物。

在我国传统建筑中,除了建筑雕刻的局部应用外,更多地通过匾额、楹联强调建筑的主题,用题名的方式点出整个建筑环境的诗情画意,表现了建筑与文学艺术之间的关系。罗马提图斯凯旋门如图9.2所示。

图 9.2　罗马提图斯凯旋门

室外装饰设计主要的目的在于装饰,在于创造一种理想的、具有审美价值的、与视觉特性有关的建筑空间形象。

与其他造型艺术一样,室外装饰设计涉及文化传统、民族风格、社会思想意识等诸多方面的因素。

室外装饰设计通过与城市规划、建筑设计及室内设计协调配合,共同为人创造舒适、优美的生活和工作环境。室外装饰设计的审美价值如图9.3所示。

图 9.3　室外装饰设计的审美价值

9.1.3 从属性

一般来说，室外装饰设计要在满足城市规划基本要求的前提下，从属于建筑设计，即建筑装饰相对于建筑是从属关系，它服务于建筑造型和建筑室外空间意境及气氛的表现，对建筑起到渲染和烘托作用。

建筑装饰应根据不同的建筑类型，不同的地域环境给予不同的装饰处理。

所谓建筑的性格，就是指建筑物的外部形象和内部功能之间的密切关系所决定的特性，建筑的性格是由建筑物中那些显而易见的特点综合而形成的。

因此，建筑装饰设计必须依据建筑设计的基本要求，根据建筑的不同性格给予不同的处理，如图9.4所示。

(a) 住宅建筑　　　　　　　　　　(b) 商业建筑

图9.4　不同的建筑性格

室外装饰设计需要考虑的因素多种多样，但应遵循以下几条基本原则。

(1) 符合城市规划及基地环境的要求，如图9.5所示。
(2) 反映建筑的性格特征。
(3) 反映物质技术特征，如图9.6所示。
(4) 反映时代特征，如图9.7所示。
(5) 适应社会经济条件。

图9.5　落水别墅　　　　　图9.6　香港汇丰银行

(a) 清末商铺　　　　　(b) 现代化商贸中心

图9.7　室外设计的时代特征

9.2　室外装饰设计的历史概况

中国古代建筑一般采用木构架结构，墙体仅起围护作用，如图9.8所示。

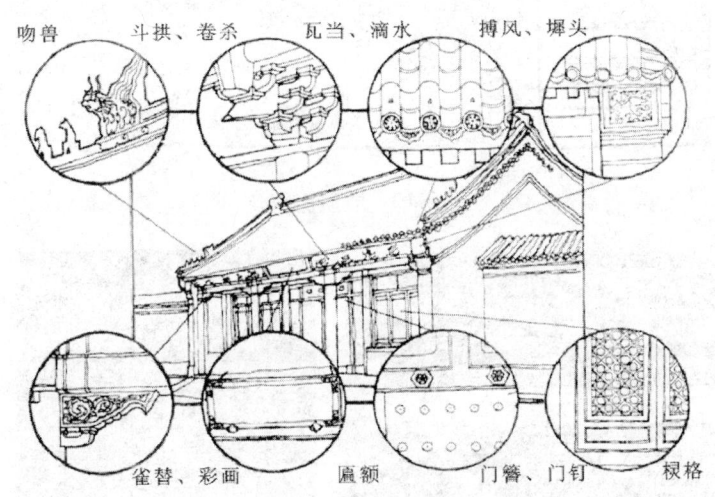

图9.8　中国古代建筑

色彩处理是中国古代建筑的一大特色。

中国古代建筑上的装饰大多表现在细部上，经过对台基、墙壁、门窗、梁枋、斗拱、檩椽、屋顶等结构构件经过艺术加工而发挥其装饰作用。具体表现在台基，如图9.9所示；墙壁、山墙墀头的装饰处理；屋顶瓦作，如图9.10所示；斗拱，门窗，彩画，如图9.11所示。

另外，古代建筑还综合运用了我国工艺美术以及绘画、雕刻、书法等方面的卓越成就。

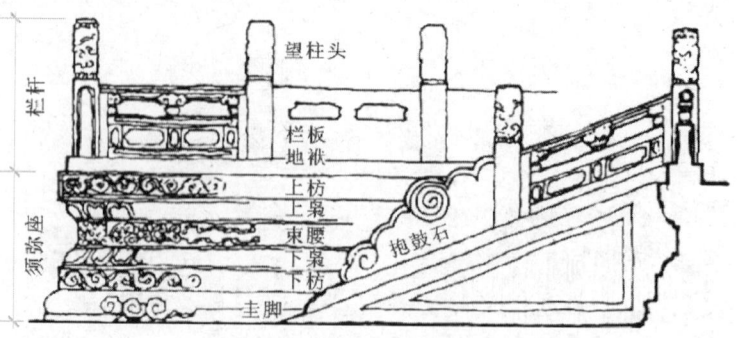

图 9.9　须弥座台基

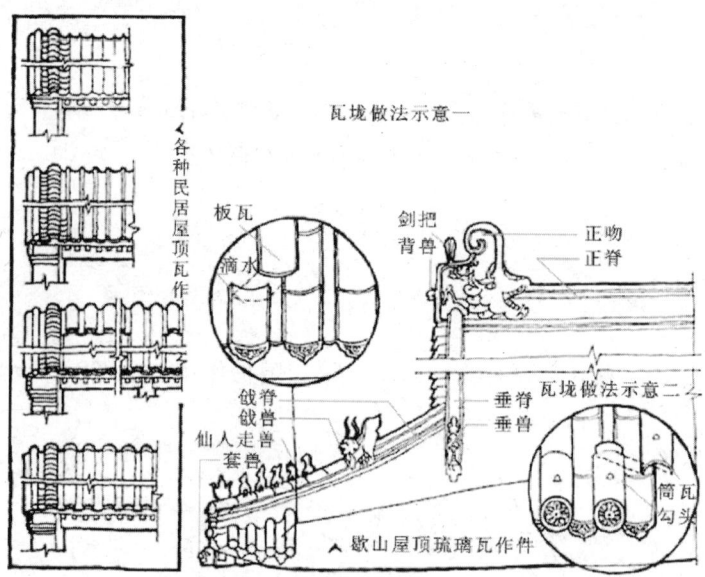

图 9.10　屋顶瓦作

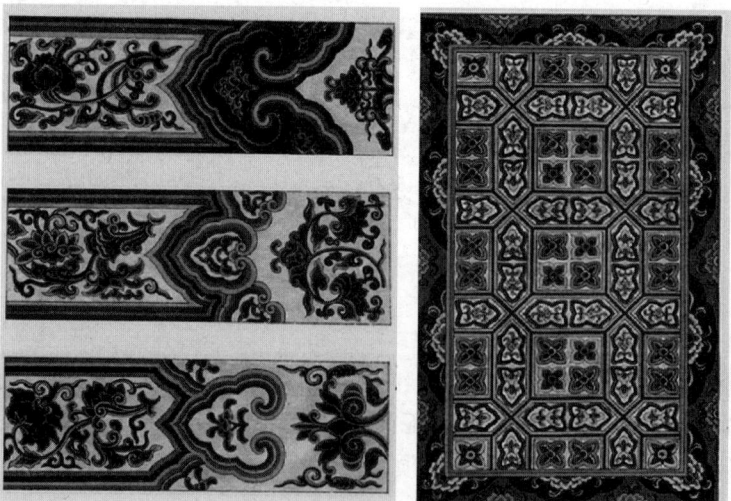

图 9.11　彩画

古希腊、罗马时期创造了一种以石制的梁柱作为基本构件的建筑形式，这种建筑形式经过文艺复兴及古典主义时期的进一步发展，一直延续到20世纪初，在世界上成为具有一种历史传统的建筑体系，这就是通常所说的西方古典建筑。

本部分主要以西方古典建筑中的柱式为重点，对西方古典建筑的装饰处理做简要的介绍。

9.2.1 柱式的组成与比例

古希腊柱式与罗马柱式经过文艺复兴时期的总结，共分为5种。柱式一般由檐部、柱子、基座3部分组成，柱子是主要的承重构件，也是艺术造型的重要部分。

柱式各部分之间从大到小都有一定的比例关系，经过文艺复兴时期，这种比例关系趋于定型，如图9.12所示。

图9.12 古希腊柱式

9.2.2 柱式与雕刻

雕刻艺术是古希腊文化艺术中一个灿烂夺目的组成部分，雕刻题材丰富。西方古典建筑中的装饰如图9.13所示。西方古典建筑与雕刻的完全结合，首先体现在建筑的整体造型中，其次是建筑的细部装饰。这些雕刻多为立雕或浮雕，内容可分为以下几个方面。

(1) 植物纹样常以毛茛叶、棕榈叶、忍冬叶及卷草等为主题。
(2) 几何纹样如回纹、涡卷、连珠等。
(3) 人物多以神话或战争故事为题裁。
(4) 动物如狮、牛、海豚以及拟想的怪兽等。
(5) 器物如兵器、甲胄等。
(6) 文字常见于女儿墙或额枋上，和其他雕刻不同，一般多为阴刻。

图 9.13　西方古典建筑中的装饰

9.2.3　柱式与线脚

它或者作为柱式某一部分的结束，使之在造型上更为完整，或者处于两个部分的交接处，既分隔又联系，起着过渡衔接的作用。古典柱式中的线脚一般是由几个基本的元素组合起来的，一般可分为直线和曲线两种。经过千百年的锤炼，柱式中的线脚组合达到了相当完美的境地。

9.2.4　柱式的组合

柱式的组合构成了变化多样的外部立面构图，而这些组合几乎影响了西欧的大多数重要建筑的造型及装饰。

(1) 列柱，如图9.14所示。

(2) 壁柱和倚柱。

(3) 石拱柱式和帕拉提奥母题。

(4) 巨柱、双柱和叠柱。

图 9.14　圣彼得教堂广场列柱

9.3 室外装饰设计与环境

建筑环境是指以建筑为主所形成的室外场所。

研究室外装饰设计，一般从环境的两个方面去进行。一是有形的角度，即室外装饰是依附于由建筑物等构成的物质环境；二是室外装饰必须考虑到建筑物所处的人文环境。

装饰设计必须从"人—建筑—环境"的联想出发，全面考虑环境因素及建筑功能要求，使建筑的个体装饰与环境之间组成一个有机的整体。

9.3.1 室外装饰设计处理手法

新建建筑或重新装修的建筑与其他周边环境如何协调，是建筑设计师或装饰设计师必须研究的问题，不同的设计者有不同的看法，其中常用3种处理手法，分别是对比手法、协调手法和过渡手法。

1．对比手法

事物总是通过比较而存在的，艺术上的对比手法可以达到强调和夸张的作用。

装饰设计中成功地运用对比可以取得环境的丰富多彩和重点突出。

对比手法的做法有两种，一种是粗野的直接的强烈对比；另外一种手法则是采用巧妙的构思手法。图9.15所示的是美国的波士顿汉考克大楼与查理得逊大教堂。

图9.15 对比手法

2．协调手法

协调手法是指在两幢不同时期的建筑物之间创造一种连贯的、和谐的视觉关系。

通常的做法是采用符号学的方法以保持视觉上的和谐为原则，加强建筑细部的联系，这些细部一般包括檐口、门窗、天花、栏杆、墙面材料，相似的比例、尺度等方面，这些都能协调新老建筑之间的关系。图9.16所示的是三幢比利时布鲁斯的住宅。

图9.16 协调手法

3．过渡手法

过渡的目的就是如何尽可能地避免新老建筑之间的对比过于强烈，过于生硬和格格不入。

过渡的形式一般有以下几种：第一种是后退的方法；第二种是采用轻巧的钢和玻璃的连接体；第三种可对新老建筑同时做一些装饰性的改变，把它们从感觉上形成一种"手拉手"的形式。

9.3.2 室外装饰与绿化环境

室外装饰设计的最终目的就是将有限的室外空间按照使用者的要求，通过对构成室外环境的因素的合理配置，创造宜人的室外环境。

1．绿化的作用

绿色象征青春、活力和希望。绿色环境能调节人的神经系统，缓解疲劳，平静人的心情。

2．绿化配置

一般的配置从景观的角度讲有以下几种形式，即高大建筑与低矮植物的对比配置、低矮建筑与高大树木的对比配置、高大建筑与高大树木协调配置、低矮建筑与低矮植物配置等4种形式，如图9.17所示。

图 9.17　绿化配置

3．绿化配置的效果

选择怎样的绿化布置方式，达到何种艺术效果，应根据室外环境的总体要求和室外空间及建筑的不同氛围性格所决定。

9.3.3　室外装饰设计与建筑小品

所谓建筑小品是指建筑群中构成外部空间的辅助要素，是一种功能简明、体量小巧、造型别致并带有意境、富有特色的小型建筑部件。

1．建筑小品的种类

(1) 城市家具。主要是指室外空间中的公共桌椅、座凳等。图9.18所示为一组城市家具。

图 9.18　一组城市家具

(2) 种植容器。种植容器是盛放各种观赏植物的箱体。

(3) 绿地灯具。又称为庄园灯，一般用于庭院、绿地、花园、湖岸、广场、建筑入口等处。

(4) 污物贮筒。包括垃圾箱、果皮箱，是外部空间环境不可缺少的卫生设施。

(5) 环境标志。常见的主要以导向、告示及景观简介居多。

(6) 围栏、护柱。围栏一般用于空间的划分或特征物品的围护。

(7) 亭廊、花架。用于较大的外部空间，具有划分空间的功能，同时具有较强的通透性。除上述几种外，还有景门、景窗、铺地、喷泉、雕塑等类型。

2．建筑小品的设计原则

建筑小品除具有一定的实用功能外，通过对它们的艺术处理，可以起到装饰环境、烘托室外空间气氛、强调主体建筑物的效果和作用。

建筑小品的设计应以总体环境为依托，以创造良好的室外空间氛围为目的，一般应遵循以下原则。

(1) 建筑小品的设置应满足公共使用的心理行为特点，并便于管理、清洁和维护。

(2) 建筑小品的造型要以外部空间环境的特点及总体设计意图为依据，切忌生搬硬套。一般可由设计师选用，也可以根据需要自行设计。

(3) 建筑小品的材料运用及构造处理，应考虑室外气候的影响，防止腐蚀、变形、褪色等现象发生。

(4) 对批量采用的建筑小品，应考虑制作、安装的方便，并应进行经济效益的分析。

9.4 建筑立面装饰设计

不同的建筑类型一般需要表现出不同的性格；同一类型建筑由于所处环境不同，使用对象不同，便表现出不同的外观形象。

立面装饰设计中应通过合理的比例和尺度，适当的材料质感和色彩以及恰当的细部雕饰来准确地把握建筑性格。

"虚"是指立面上的虚空部分，主要由玻璃、门窗洞口、门廊、空廊、凹廊等形成，能给人们不同程度的空透、开敞、轻盈的感觉；"实"是指立面的实体部分，主要由墙面、柱面、阳台、雨篷、栏板等形成，能给人不同程度的封闭、厚重、坚实之感觉。某公园建筑如图9.19所示。

图 9.19 某公园建筑

立面凹凸是指建筑构件因其平面位置的前后变化而形成的立面关系。立面凹凸关系的处理可以加强光影变化、组织韵律、突出重点，从而丰富立面的艺术效果。

图9.20所示为美国某艺术中心扩建部分，由于巧妙的凹凸变化，给人以强烈的起伏感和体积感。

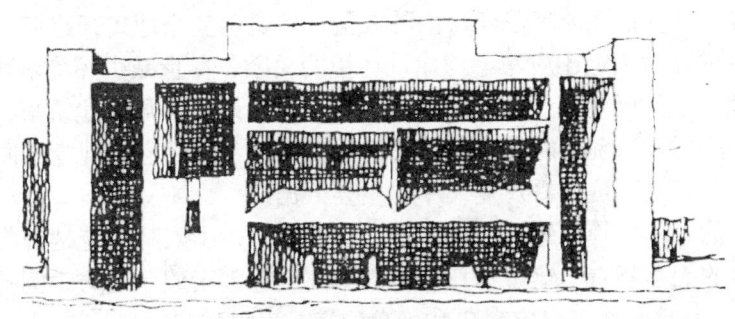

图 9.20 立面的凹凸

一般来说，以水平线条为主的立面给人以轻快、舒展、放松的感觉，带来一种"休闲的体会"，以垂直线条为主的立面给人以向上、挺拔、有力的感觉，带来一种"进取"的意向，而网格线条则表现出一种折中的理性的视觉感受。

色彩构图应有利于实现室外环境的总的调子和气氛，要全面计划，弥补基调的某些不足。色彩构图主要是处理色彩的对比和调和关系。

一栋建筑的立面所用颜色不宜过多，通常宜以一个颜色为主，其他处于从属地位。

外墙色彩大面积应用时，应避免选用过纯的颜色，以免使建筑外观显得过于呆板、生硬和轻飘。

特别提示

在确定颜色时，不仅要考虑当前色彩的效果，还要考虑日后的色彩效果，特别是表面粉刷材料色彩的应用，除注意特定饰面做法的耐污染与色彩的耐久性外，还要注意在不同地点观察时的颜色效果。

建筑立面装饰设计中，材料的运用、质感的处理也是极其重要的。饰面的质感主要取决于所用材料及装修方法。

需要指出的是，选择饰面质感不能只看所选材料本身装饰效果如何，而要结合具体建筑物的体型、体量、立面风格一并考虑。

装饰设计往往采取对立面不同部位选择不同饰面的做法，以求得质感上的对比与衬托，较好地体现立面风格或强调某些立面的处理意图。

如同选择外墙饰面的色彩一样，在选择材料质感时，除考虑材料的观感外，同时还要考虑材料的耐污染、耐日晒雨淋、冬融循环等问题。

在建筑立面中，对需要引人注意或对立面形象影响较大的部位一般需做重点处理，以吸引人们的视线，形成视觉焦点，丰富和增强建筑立面的艺术处理。

9.5 室外装饰的局部设计

考虑与道路的关系，以便人流、车流接近建筑，并能使进入建筑的人流迅速、便捷地到达建筑内的各个部位，还要考虑建筑内的人流如何迅速安全地离开建筑。

同时，入口位置的确定还应考虑与建筑环境的关系，尽量减少环境对建筑设计的不利因素，这些环境因素包括朝向、室外已有建筑、小品、地形、周围建筑形态等。另外，入口一般具有较强的建筑识别功能，在确定其位置时，应考虑到它的视觉导向性。

建筑的性质是确定建筑入口尺度大小的主要依据。

首先，入口的大小要考虑建筑内部容纳人数的多少，出入时人流是否集中。

其次，入口的大小还应与建筑本身的体量、高度等因素成一定的比例关系。

图9.21所示的北京天坛皇穹宇入口和拙政园海棠春坞书房入口。

(a) 北京天坛皇穹宇入口　　(b) 拙政园海棠春坞书房入口

图 9.21　入口的不同性格

还可以充分利用环境，增辟门前广场，配合绿化、水体、门灯、雕塑等室外建筑小品来进一步烘托建筑入口的气氛，如图9.22所示。

图 9.22　入口的独特性

阳台在设计上与主体建筑有3种不同的组合方式，一种为凹阳台，一种为凸阳台，一种为半凹半凸阳台。阳台的造型自由多变，可根据环境特点、居住者的心理要求进行选择，常见的造型有镂空的、实体的、纤细的、古典的等。在考虑阳台装饰时，应处理好与建筑主体的呼应关系，诸如比例关系、造型关系、质感关系等，一般采用与整体建筑弱对比的处理手法来体现居住建筑平和、典雅的性格特征。

在办公楼、宾馆、写字楼等公共建筑中，阳台的设置很大程度上被视作是一种建筑造型处理的手段。在阳台形式上可采用直线型、曲线型、转角型、折线型和实体式、透空式或者半透空式等，设计师可以根据整体建筑的需要灵活处理。

门墙历来被视作是划分空间、隔断人流的人为手段，在使用功能上起着防卫、分隔的安全作用。门墙的作用除了必须具备实际使用功能外，在美化环境、改善城市景观等方面也起着越来越重要的积极作用。大门、围墙与栏杆的设计是一个整体的设计，它们之间的关系是相辅相成的，什么样的门应配什么样的墙。同时，大门的设计还须与用户的性质、建筑的造型和周围的环境统一起来考虑，不能各自为政。要做到统一与和谐，就要把握好门墙的格调与建筑形式之关系，如尺度、风格、色彩等方面的相互呼应关系。

门墙的特点是形式多样、色彩鲜艳、材料丰富。门墙的形式虽然很多，但归纳起来，主要可分为开敞式、半开敞式和封闭式3种。所谓开敞式，即门墙的处理是以空间上隔而不断的透空形式为设计宗旨，采用的材料有预制混凝土、钢管、铸铁制品等，这种形式较适用于公园、学校、幼儿园、高级别墅等处。半开敞式门墙，顾名思义为既通透又围合的形式，一般在下部采用实体而上部采用透空体，这些形式较适用于机关、办公楼等公共活动场所。

封闭式门墙一般用在政府部门、权力机构、私密性要求较强的私家花园和一些不宜暴露的部分(如工厂锅炉房，煤、石堆场等地)。

门墙是建筑物的第一道屏障，是反映建筑特征的序言。

9.6 店面装饰设计

店面装饰设计是指商店外观的装饰设计，往往要求设计者只能在原有建筑的基础上，根据商店的自身的特殊要求来重新设计商店门面，塑造新的商店形象，如图9.23所示。

图 9.23 店面装饰设计

(1) 商店的立面造型应与周围环境，特别是周围建筑的形式和风格相统一、相协调，墙面划分的比例、尺度要适宜。

(2) 入口与橱窗是店面设计的重点部位，其位置、大小及布置方式要根据商店的平面形式、地段位置、店面宽度等具体条件来确定。

(3) 开拓并组织好边缘空间是店面设计的重要内容之一。

(4) 外装饰材料种类繁多，材质特性各异。

(5) 为适应店容店貌的更新换代和改变商店的经营内容，在店面设计中应考虑到局部店面今后更新翻修的简便和经济性，区别永久性和临时性装饰内容，使两者在装饰设计中有机结合，以便满足新的使用要求。

9.6.1 店面的识别性与诱导性

1．识别性

店面的识别性指店面具有使人感知其经营内容和性质的一种形象特征。它是通过店面的造型和醒目的匾牌、店徽、广告、橱窗、标志物等展示商店的内涵。增强识别性的方法和途径主要有以下3个方面。

(1) 通过店面的整体设计反映商店的识别性。
(2) 通过匾牌、店徽、橱窗展示商店的识别性。
(3) 通过灯箱、旗牌、幌子等标志物，突出商店的识别性。

2．诱导性

店面的诱导性指店面具有诱导购物行为、吸引招揽顾客的特性。

店面设计的诱导性主要通过诱导视线、路线和空间3方面来体现。

(1) 诱导视线。诱导视线一是凭借店面的完美造型，二是通过店面的识别标志物来体现。

(2) 诱导路线。诱导路线指商店具有吸引购物者在连续购物运动中的注意力并导向商店购物的流线。

(3) 诱导空间。诱导空间即商店临街部分空间，包括店面凹进后形成的临街外部空间和底层店面凹进形成的边缘空间。诱导空间的设计手法通常有以下几种形式。

① 店面沿红线适当后退，与临街连续店面形成凹进的外部空间环境，并对此加以绿化美化，创造供人流集散，顾客驻足、停留、观赏、休息等多功能的、亲切舒适的临街诱导空间。

② 基层店面凹进，以骑楼或柱廊形成前沿诱导空间。

③ 增强商店入口的诱导性，对入口重点装饰或将店面入口做局部凹进处理，与橱窗形成对比或以橱窗布置导向入口，增强其导向性。

④ 在入口与橱窗部位将底层与二层店贯通，以新颖的设计手法与强烈的对比突出特色，增强其识别性与诱导性。

9.6.2 店面设计的技巧和方法

(1) 直接利用商品陈列和广告的手法。
(2) 利用招牌、招幌的手法。
(3) 利用形象化表现方法。
(4) 利用隐喻和象征的手法。
(5) 利用图案化或雕塑化设计手法。
(6) 利用原有建筑风格和景致手法。
(7) 利用几何形体组合构图手法。

(8) 利用霓虹灯和灯箱广告的设计手法。
(9) 利用借景和漏景的设计手法。
(10) 利用仿古仿洋的设计手法。

9.6.3 商店招牌设计

招牌设计应追求鲜明清晰，或雄伟壮观，或亲切自然，或带激情想象，或赋予浪漫诗意。招牌一般由衬底和招牌字组成，设计时可根据需要分别从水泥、马赛克、大理石、有机玻璃、镁铝合金、不锈钢、茶色玻璃、镜面玻璃等材料中选择衬底。根据需要选择铜扣板字、大理石字、不锈钢片组字、塑料组字、有机玻璃贴面泡沫字等，亦有许多商店在招牌上加灯光照明或霓虹灯管。招牌设计包括店名(中文、拼音、外文店名)、店徽和其他内容。一般来说，招牌式样可以多种多样，有店门上方的横幅式招牌或匾额式招牌，也有各种直立式(又称竖式)招牌和店门口挂着的招牌以及小型匾额招牌等。

在进行商店招牌设计时应注意以下几方面的问题。
(1) 不影响商店的自然采光和通风。
(2) 应与建筑风格一致。
(3) 追求招牌的风格特色。
(4) 色彩新奇艳丽。
(5) 应安全牢固。
(6) 应容易加工制作。

9.6.4 商店店标设计

好的店标放在店面的恰当位置将对店面设计起着画龙点睛的作用。
商店店标通常有下列几种构成方式：①中文方式；②外文方式；③拼音字母方式；④图案方式；⑤象征方式。

9.6.5 商店灯箱与霓虹灯广告设计

1．灯箱广告

灯箱广告是利用荧光灯或白炽灯光，在箱体内向外照明，灯箱的正面可以是玻璃，前面可用放大的广告照片或大型彩色胶片贴布，亦可直接用有机玻璃等材料，使箱面上的广告画面具有强烈的光线色彩效果。

主要形式有灯箱招牌、橱窗灯箱、立柱灯箱、货架灯箱、指示灯箱和壁式灯箱等。

2．霓虹灯广告设计

霓虹灯广告渲染效果极好，视觉效应强，利用霓虹灯管艳丽鲜明的线条，构成漫画、图案、文字、拼音字母或外文字母，还可根据需要灵活交替变换发光，是极受商店欢迎的广告装饰手段。它具有设置灵活方便、效果理想等特点，可用于店面、店内、橱窗货架、天花板以及墙壁等各种场合。

本 章 小 结

通过本章的学习,学生应了解室外装饰设计的发展;学会处理室外装饰与环境的关系;掌握室外立面、局部及店面装饰设计。

【综合实训:商业空间展示设计】

一、现场教学:参观店面装饰设计

1．教学目的

通过现场参观学习,熟悉城镇街道商业建筑的店面装饰设计,掌握店面的装饰设计方法。

2．参观地点

学校所在地市区街道。

3．参观内容

1)店面的外部造型

外部造型应符合城市规划要求,与周围建筑、环境协调。

2)店面商业气氛的营造

店面设计通过造型、色彩、灯光、招牌等体现浓郁的商业气氛。

4．实训要求

对本次参观的店面装饰设计的认识与理解,写出不少于1500字的参观报告。

二、某专卖店商业空间及展示设计

1．设计目的

通过对专卖店的室内装饰设计,使学生理解、掌握商业建筑空间的室内装饰设计。

2．设计条件

某服装专卖店位于市区内繁华步行街上,该步行街均为中高档商店。在提供的两个附图中的任选一个进行室外装饰设计。工程概况:均为两层,层高3.6m。

3．设计要求

仅进行临街正立面的一层部分门头设计,要体现出专卖商品的特点及展示性。要注重设计概念的表达,强调创新意识,提高设计过程中的创造能力。

4．设计内容

(1) 室外立面图(1:50或1:30)。

(2) 方案设计效果表达。

选择室外某角度绘制一幅效果图。表达方法不限。

(3) 设计说明。

一层平面布置图如图9.24所示。

第9章 室外装饰设计

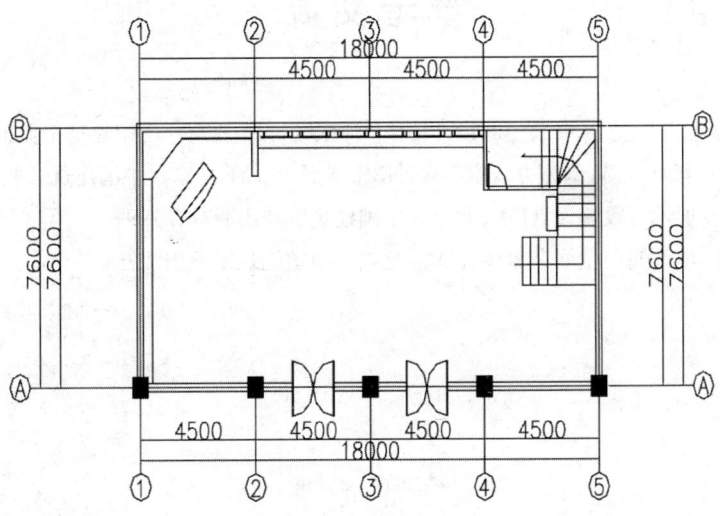

图 9.24　一层平面布置图

参 考 文 献

[1] [美] 伊兰娜·弗兰克尔.办公空间设计秘诀[M].张颐,译.北京:中国建筑工业出版社,2004.
[2] [美] 玛丽莲·泽林斯基.新型办公空间设计[M].黄慧文,译.北京:中国建筑工业出版社,2005.
[3] 汪建松.商业展示与设施设计[M].北京:中国建筑工业出版社,1999.
[4] 洪麦恩,等.现代商业空间艺术设计[M].北京:中国建筑工业出版社,2006.

北京大学出版社高职高专土建系列规划教材

序号	书名	书号	编著者	定价	出版时间	印次	配套情况	
基础课程								
1	工程建设法律与制度	978-7-301-14158-8	唐茂华	26.00	2011.7	5	ppt/pdf	
2	建设工程法规	978-7-301-16731-1	高玉兰	30.00	2012.1	8	ppt/pdf/答案	★
3	建筑工程法规实务	978-7-301-19321-1	杨陈慧等	43.00	2012.1	2	ppt/pdf	★
4	建筑法规	978-7-301-19371-6	董伟等	39.00	2011.8	1	ppt/pdf	★
5	AutoCAD 建筑制图教程	978-7-301-14468-8	郭 慧	32.00	2012.2	11	ppt/pdf/素材	★
6	AutoCAD 建筑绘图教程	978-7-301-19234-4	唐英敏等	41.00	2011.7	2	ppt/pdf	★
7	建筑工程专业英语	978-7-301-15376-5	吴承霞	20.00	2012.1	5	ppt/pdf	★
8	建筑工程制图与识图	978-7-301-15443-4	白丽红	25.00	2011.8	5	ppt/pdf/答案	★
9	建筑制图习题集	978-7-301-15404-5	白丽红	25.00	2011.8	5	pdf	
10	建筑制图	978-7-301-15405-2	高丽荣	21.00	2012.1	5	ppt/pdf	★
11	建筑制图习题集	978-7-301-15586-8	高丽荣	21.00	2011.8	3	pdf	
12	建筑工程制图	978-7-301-12337-9	肖明和	36.00	2011.7	3	ppt/pdf/答案	
13	建筑制图与识图	978-7-301-18806-4	曹雪梅等	24.00	2011.9	2	ppt/pdf	★
14	建筑制图与识图习题册	978-7-301-18652-7	曹雪梅等	30.00	2011.9	2	pdf	★
15	建筑构造与识图	978-7-301-14465-7	郑贵超等	45.00	2012.1	9	ppt/pdf	★
16	建筑构造与识图	978-7-301-20070-4	李元玲	28.00	2012.1	1	ppt/pdf	★
17	建筑工程应用文写作	978-7-301-18962-7	赵立等	40.00	2011.6	1	ppt/pdf	★
18	建筑工程专业英语	978-7-301-20003-2	韩薇等	24.00	2012.1	1	ppt/ pdf	★
施工类								
19	建筑工程测量	978-7-301-16727-4	赵景利	30.00	2012.1	5	ppt/pdf /答案	★
20	建筑工程测量	978-7-301-15542-4	张敬伟	30.00	2012.1	7	ppt/pdf /答案	★
21	建筑工程测量	978-7-301-19992-3	潘益民	38.00	2012.2	1	ppt/ pdf	★
22	建筑工程测量实验与实习指导	978-7-301-15548-6	张敬伟	20.00	2011.9	6	pdf/答案	
23	建筑工程测量	978-7-301-13578-5	王金玲等	26.00	2011.8	3	pdf	
24	建筑工程测量实训	978-7-301-19329-7	杨凤华	27.00	2011.8	1	pdf	★
25	建筑工程测量（含实验指导手册）	978-7-301-19364-8	石 东等	43.00	2011.10	1	ppt/pdf	★
26	建筑施工技术	978-7-301-12336-2	朱永祥等	38.00	2011.8	6	ppt/pdf	
27	建筑施工技术	978-7-301-16726-7	叶 雯等	44.00	2011.7	3	ppt/pdf/素材	★
28	建筑施工技术	978-7-301-19499-7	董伟等	42.00	2011.9	1	ppt/pdf	★
29	建筑施工技术	978-7-301-19997-8	苏小梅	38.00	2012.1	1	ppt/pdf	★
30	建筑工程施工技术	978-7-301-14464-0	钟汉华等	35.00	2012.1	6	ppt/pdf	★
31	建筑施工技术实训	978-7-301-14477-0	周晓龙	21.00	2011.8	4	pdf	★
32	房屋建筑构造	978-7-301-19883-4	李少红	26.00	2012.1	1	ppt/pdf	★
33	建筑力学	978-7-301-13584-6	石立安	35.00	2011.11	5	ppt/pdf	★
34	土木工程实用力学	978-7-301-15598-1	马景善	30.00	2012.1	3	pdf/ppt	★
35	土木工程力学	978-7-301-16864-6	吴明军	38.00	2011.11	2	ppt/pdf	★
36	PKPM 软件的应用	978-7-301-15215-7	王 娜	27.00	2011.11	**3**	pdf	★
37	建筑结构	978-7-301-17086-1	徐锡权	62.00	2011.8	2	ppt/pdf /答案	★
38	建筑结构	978-7-301-19171-2	唐春平等	41.00	2011.7	1	ppt/pdf	
39	建筑力学与结构	978-7-301-15658-2	吴承霞	40.00	2012.1	8	ppt/pdf	★
40	建筑材料	978-7-301-13576-1	林祖宏	35.00	2011.11	8	ppt/pdf	★
41	建筑材料与检测	978-7-301-16728-1	梅 杨等	26.00	2012.2	6	ppt/pdf	★
42	建筑材料检测试验指导	978-7-301-16729-8	王美芬等	18.00	2011.1	2	pdf	
43	建筑材料与检测	978-7-301-19261-0	王 辉	35.00	2011.8	1	ppt/pdf	★
44	生态建筑材料	978-7-301-19588-8	陈剑峰等	38.00	2011.10	1	ppt/pdf	
45	建设工程监理概论	978-7-301-14283-7	徐锡权等	32.00	2012.2	6	ppt/pdf/答案	★
46	建设工程监理	978-7-301-15017-7	斯 庆	26.00	2012.1	4	ppt/pdf /答案	★
47	建设工程监理概论	978-7-301-15518-9	曾庆军等	24.00	2012.1	1	ppt/pdf	
48	工程建设监理案例分析教程	978-7-301-18984-9	刘志麟等	38.00	2011.7	2	ppt/pdf	★
49	地基与基础	978-7-301-14471-8	肖明和	39.00	2011.8	6	ppt/pdf	
50	地基与基础	978-7-301-16130-2	孙平平等	26.00	2012.1	2	ppt/pdf	
51	建筑工程质量事故分析	978-7-301-16905-6	郑文新	25.00	2012.1	3	ppt/pdf	★
52	建筑工程施工组织设计	978-7-301-18512-4	李源清	26.00	2012.1	2	ppt/pdf	★
53	建筑工程施工组织实训	978-7-301-18961-0	李源清	40.00	2012.1	2	pdf	★
54	建筑施工组织项目式教程	978-7-301-19901-5	杨红玉	44.00	2012.1	1	ppt/pdf	

序号	书名	书号	编著者	定价	出版时间	印次	配套情况	
55	建筑材料与检测试验指导	978-7-301-20045-2	王 辉	20.00	2012.1	1	ppt/pdf	★
工 程 管 理 类								
56	建筑工程经济	978-7-301-15449-6	杨庆丰等	24.00	2012.1	8	ppt/pdf	★
57	施工企业会计	978-7-301-15614-8	辛艳红等	26.00	2011.7	3	ppt/pdf	★
58	建筑工程项目管理	978-7-301-12335-5	范红岩等	30.00	2012.1	8	ppt/pdf	★
59	建筑工程项目管理	978-7-301-16730-4	王 辉	32.00	2011.6	2	ppt/pdf	★
60	建筑工程项目管理	978-7-301-19335-8	冯松山等	38.00	2011.8	1	pdf	
61	建设工程招投标与合同管理	978-7-301-13581-5	宋春岩等	30.00	2012.1	10	ppt/pdf/答案/试题/教案	★
62	工程项目招投标与合同管理	978-7-301-15549-3	李洪军等	30.00	2012.2	5	ppt	★
63	工程项目招投标与合同管理	978-7-301-16732-8	杨庆丰	28.00	2012.1	4	ppt	★
64	工程招投标与合同管理实务	978-7-301-19035-7	杨甲奇等	48.00	2011.8	1	pdf	★
65	工程招投标与合同管理实务	978-7-301-19290-0	郑文新等	43.00	2011.8	1	pdf	
66	建筑施工组织与管理	978-7-301-15359-8	翟丽旻等	32.00	2012.2	7	ppt/pdf	
67	建筑工程安全管理	978-7-301-19455-3	宋 健等	36.00	2011.9	1	ppt/pdf	
68	建筑工程质量与安全管理	978-7-301-16070-1	周连起	35.00	2012.1	3	pdf	
69	工程造价控制	978-7-301-14466-4	斯 庆	26.00	2011.8	6	ppt/pdf	★
70	工程造价控制与管理	978-7-301-19366-2	胡新萍等	30.00	2012.1	1	ppt/pdf	
71	建筑工程造价管理	978-7-301-15517-2	李茂英等	24.00	2012.1	4	pdf	
72	建筑工程计量与计价	978-7-301-15406-9	肖明和等	39.00	2012.1	8	ppt/pdf	★
73	建筑工程计量与计价实训	978-7-301-15516-5	肖明和等	20.00	2011.7	4	pdf	
74	建筑工程计量与计价——透过案例学造价	978-7-301-16071-8	张 强	50.00	2012.1	3	ppt/pdf	★
75	安装工程计量与计价	978-7-301-15652-0	冯 钢等	38.00	2012.2	6	ppt/pdf	
76	安装工程计量与计价实训	978-7-301-19336-5	景巧玲等	36.00	2011.9	1	pdf/素材	
77	建筑与装饰装修工程工程量清单	978-7-301-17331-2	翟丽旻等	25.00	2011.5	2	pdf	
78	建筑工程清单编制	978-7-301-19387-7	叶晓容	24.00	2011.8	1	ppt/pdf	★
79	建设项目评估	978-7-301-20068-1	高志云等	32.00	2012.1	1	ppt/pdf	★
建 筑 装 饰 类								
80	中外建筑史	978-7-301-15606-3	袁新华	30.00	2012.2	6	ppt/pdf	
81	建筑室内空间历程	978-7-301-19338-9	张伟孝	53.00	2011.8	1	pdf	★
82	室内设计基础	978-7-301-15613-1	李书青	32.00	2011.1	2	pdf	
83	建筑装饰构造	978-7-301-15687-2	赵志文等	27.00	2011.9	3	pdf	★
84	建筑装饰材料	978-7-301-15136-5	高军林	25.00	2011.7	2	pdf	
85	建筑装饰施工技术	978-7-301-15439-7	王 军等	30.00	2012.1	4	ppt/pdf	★
86	装饰材料与施工	978-7-301-15677-3	宋志春等	30.00	2010.8	2	ppt/pdf	
87	设计构成	978-7-301-15504-2	戴碧锋	30.00	2009.7	1	pdf	
88	基础色彩	978-7-301-16072-5	张 军	42.00	2011.9	2	pdf	★
89	建筑素描表现与创意	978-7-301-15541-7	于修国	25.00	2011.1	2	pdf	
90	3ds Max 室内设计表现方法	978-7-301-17762-4	徐海军	32.00	2010.9	1		
91	3ds Max2011室内设计案例教程(第2版)	978-7-301-15693-3	伍福军等	39.00	2011.9	1	pdf	
92	Photoshop 效果图后期制作	978-7-301-16073-2	脱忠伟等	52.00	2011.1	1	素材/pdf	★
93	建筑表现技法	978-7-301-19216-0	张 峰	32.00	2011.7	1		
94	建筑装饰设计	978-7-301-20022-3	杨丽君	36.00	2012.2	1	ppt	
房 地 产 与 物 业 类								
95	房地产开发与经营	978-7-301-14467-1	张建中等	30.00	2011.11	4	ppt/pdf	★
96	房地产估价	978-7-301-15817-3	黄 晔等	30.00	2011.8	3	ppt/pdf	★
97	房地产估价理论与实务	978-7-301-19327-3	褚菁晶	35.00	2011.8	1	ppt/pdf	★
98	物业管理理论与实务	978-7-301-19354-9	裴艳慧	52.00	2011.9	1	pdf	★
市 政 路 桥 类								
99	市政工程计量与计价	978-7-301-14915-7	王云江	38.00	2012.1	3	pdf	
100	市政桥梁工程	978-7-301-16688-8	刘 江等	42.00	2010.7	1	ppt/pdf	
101	路基路面工程	978-7-301-19299-3	偶昌宝等	34.00	2011.8	1	ppt/pdf/素材	
102	道路工程技术	978-7-301-19363-1	刘 雨等	33.00	2011.12	1	ppt/pdf	
103	建筑给水排水工程	978-7-301-20047-6	叶巧云	38.00	2012.2	1	ppt/pdf	
建 筑 设 备 类								
104	建筑设备基础知识与识图	978-7-301-16716-8	靳慧征	34.00	2012.1	6	ppt/pdf	★
105	建筑设备识图与施工工艺	978-7-301-19377-8	周业梅	38.00	2011.8	1	ppt/pdf	★
106	建筑施工机械	978-7-301-19365-5	吴志强	30.00	2011.10	1	pdf/ppt	★

请登录 www.pup6.cn 免费下载本系列教材的电子书(PDF 版)、电子课件和相关教学资源。
欢迎免费索取样书,并欢迎到北京大学出版社来出版您的大作,可在 www.pup6.cn 在线申请样书和进行选题登记,也可下载相关表格填写后发到我们的邮箱,我们将及时与您取得联系并做好全方位的服务。
联系方式:010-62750667,yangxinglu@126.com,linzhangbo@126.com,欢迎来电来信咨询。